高等学校建筑电气技术系列教材

建 筑 电 话 工 程

邓亦仁　主　编

尹凤杰　杨奎山　副主编

中国建筑工业出版社

图书在版编目（CIP）数据

建筑电话工程/邓亦仁主编．-北京：中国建筑工业出版社，1997
高等学校建筑电气技术系列教材
ISBN 7-112-03187-7

Ⅰ．建…　Ⅱ．邓…　Ⅲ．房屋建筑设备-电话-工程施工-高等学校
-教材　Ⅳ．TN916

中国版本图书馆 CIP 数据核字（97）第 04642 号

　　本书在通信网，数字信号处理，程控用户交换机的硬件、软件系统，信号方式等有关程控用户交换机和电话通信系统的基本理论方面作了较为全面的介绍；在涉及电话工程设计和安装施工方面的内容，如话务量和中继线的计算，入网方式，程控用户交换机的接地，用户线路，初步设计和施工图设计的程序和方法等内容也作了较详细的阐述。

　　本书不仅适合于建筑类院校电气技术专业的本、专科选作教材，也适合于广大从事建筑电气设计和安装施工的技术人员参考。

高等学校建筑电气技术系列教材

建　筑　电　话　工　程

邓亦仁　主　编

尹凤杰　杨奎山　副主编

*

中国建筑工业出版社出版（北京西郊百万庄）
新华书店总店科技发行所发行
北京市书林印刷厂印刷

*

开本：787×1092毫米　1/16　印张：15¼　字数：371千字
1997年12月第一版　2003年6月第四次印刷
印数：6201—7200册　定价：18.70元
ISBN 7 - 112 - 03187 -7
TU·2456　（8327）

高等学校建筑电气技术系列教材
编审委员会成员

序　言

　　高等学校建筑电气技术系列教材是根据 1995 年 7 月 31 日至 8 月 2 日在沈阳召开的建设部部分高等学校建筑电气技术系列教材研讨会的会议精神，由高等学校建筑电气技术系列教材编审委员会组织编写的。

　　本系列教材以适应和满足高等学校电气技术专业（建筑电气技术）教学和科研的需要，培养建筑电气技术专业人才为主要目标，同时也面向从事建筑电气自动化技术的科研、设计、运行及施工单位，提供建筑电气技术标准、规范以及必备的基础理论知识。

　　本系列教材努力做到内容充实，重点突出，条理清楚，叙述严谨。参加本系列教材编写的教师，均长期工作在电气技术专业的教学、科研、开发与应用的第一线。多年的教学与科研实践，使他们具备了扎实的理论基础及较丰富的实践经验。

　　我们真诚地希望，使用本系列教材的广大读者提出宝贵的批评意见，以便改进我们的工作。

　　我们深信，为加速我国建筑电气技术的全面发展，完善与提高我国高等学校建筑电气技术教学与科研工作的建设，高等学校建筑电气技术系列教材的出版将是及时的，也是完全必要的。

高等学校建筑电气技术系列教材

编审委员会

1996 年 10 月 6 日

前　　言

　　近年来我国通信事业发展很快，这对建筑电气设计、安装施工和物业管理、运行维护均提出了新的课题，本教材着重建筑业电话通信工程设计和安装施工的需要，在程控用户交换机的基本理论，电话通信设计的程序和方法，话务量和中继线的计算，线路选择，系统接地等涉及电话工程的内容作了较详细的阐述。本教材可作为建筑类工科高等院校相关专业的教材以及建筑安装或物业管理部门的培训教材，也可供建筑电气设计人员参考。

　　本教材由重庆建筑大学邓亦仁主编，沈阳建筑工程学院尹凤杰和安徽建筑工业学院杨奎山任副主编。全书由重庆建筑大学覃考教授主审。

　　本书第一章由重庆建筑大学邓亦仁编写；第二、三、四章由沈阳建筑工程学院尹凤杰编写；第五、六、七章由安徽建筑工业学院杨奎山编写，第八、九、十章由南京建筑工程学院宋永江编写，第十一章由西北建筑工程学院田莉娟编写。全书由邓亦仁统稿。

目　录

第一章 绪 论

随着经济的发展和人们生活水平的不断提高,对信息的需求量与日俱增,而电子技术,光电技术,计算机科学的迅速发展,又给信息技术的发展提供了良好的技术和物质基础,使现代通信网得以向数字化、智能化、综合化、宽带化、个人化方向发展,电信业务也日趋多样化。

在电话业务发展的初级阶段,主要是国家和企业的业务电话,当电话普及率达到8%以上,则会出现住宅电话热,发达国家住宅电话已达到电话总量的60%~80%。

发达国家在80年代之前已完成了电话普及工作,即电话普及到每一个企业和每一个家庭。而我们要完成这一任务还有待进一步努力,近年来我国电话普及率提高很快,我国发达地区的电话普及率已达50%以上。我国幅员广阔,各地区发展不平衡,绝大多数地区处于电话发展的高速增长阶段。作为现代建筑电气的设计、施工安装人员,必须对现代电话通信系统作较为全面的了解,以解决现代建筑对通信的要求。

现代电信除了常规的电话音业务之外,还开拓了许多新业务:

(一)语音信箱系统(VMS)

语音信箱的工作原理是将公用电话网的话音信号经过频带压缩,模数转换后,存储于计算机的RAM,以供用户提取话音信号。语音信箱可以免除实时交互通信经常出现的无人应答,电话占线,断线等弊病,可提高接通率,能充分利用线路和交换设备资源,用户只要租用一个语音信箱,就可以享受这一服务,随时提取语音信件。我国已有许多城市已经开办了这一业务。

(二)传真信箱系统(FMS)

传真信箱的工作原理与语音信箱相似,不同之处在于传真信箱存储的是经过数字化和压缩处理的传真文件,传真信箱已成为智能建筑中的商贸业务和办公业务的必要设施。

(三)数据消息处理系统(MHS)

数据消息处理系统是建立在计算机通信网上的,即在电话网络上加挂一台或多台计算机,在计算机硬盘上为每一个注册用户分配一定的存储空间,用户消息的收,发都要通过所分配的硬盘空间,从而实现多种业务,比如电子邮件,文件传送,EDI,图像传送,数字话音等。

1. 电子邮件(E-mail)

电子邮件是通过电话网,运用计算机技术实现各类文件的传送,接收,存储和投递。电子邮件的用户都注册有自己的电子信箱,用户可以从自己的电子信箱中,通过微机的各类终端,电传机等提取信息。近年来由于计算机网络技术发展很快、微机硬件成本急剧降低,其应用日益普及,从而刺激了电子邮件业务在我国的迅速发展。

2. 电子数据交换(EDI)

电子数据交换是目前广泛用于商业活动中,实现标准格式文件的通信和交换,如贸易活动中的订货单，海关的报关文件，银行的结算单等。它是利用电话网实现的计算机通信业务。我国目前在金融业中已经较为广泛地运用了电子数据交换。

3. 传真存储转发

传统的传真通信方式是收，发双方的传真机直接通过电话网络相联，实现相互的传真通信。而传真转发是通过挂在电话网上的计算机控制的传真工作站实现的，传真机与传真工作站通过电话网络相联。它比传真信箱系统（FMS）的功能要强得多，增添了许多新的功能，能实现传真系统与电子邮件系统的互联，适用于国际，长途大容量的传真业务和多用户的专用传真。

4. 可视图文系统

可视图文系统是运用电话网和公用数据分组交换网，开放式地提供公用数据库或专用数据库内的各种信息，比如查找电子号码簿，可得到电话号码，单位名称，邮政编码，业务范围，产品、乘车、船、航空路线等信息，还可运用可视图文系统提供天气预报，商贸、股市、金融等信息。另外可视图文系统还可处理交易型和计算处理型业务。可视图文系统的终端设备以微机为主，微机的普及将为可视图文系统的广泛应用提供良好的环境。

5. 可视电话系统

可视电话是指在双方通话的同时，双方还能看到对方的电话和通电话的人，即实现了面对面的可视图像通信。可视电话可以通过公用电话实现，但分组交换网上实现可视电话通信质量更好。

目前发展较快的电话通信新业务还有数据分组交换业务，会议电视业务，移动通信业务等。随着通信技术和计算机技术的进一步发展，电话通信的功能会更加拓展和完善，但这些功能的实现都是基于电话网和程控数字交换机来实现的。

现代社会正迈入信息时代，信息通信已成为建筑物必备的功能之一，而电话通信网是实现这一功能的基本设施。运用电话通信已成为人们日常生活，生产、办公、商业活动的必不可少的手段。在现代智能建筑中，办公自动化是极其重要的功能之一，在办公自动化中要实现话音，图像、数据，文件的传输和交换，而电话网和程控数字交换机是实现智能建筑对这些多元化通信功能要求的基础。话音通信功能是最常见的基本功能之一。

本教材针对现代建筑对信息交换多元化的要求，在程控用户交换机软、硬件工作原理，电话网的构成，信号传送方式，话务量和中继线的计算，选型原则等方面作了深浅适度的介绍；针对建筑电气中电话通信工程设计和安装施工的特点，在有关设计程序和方法、线路选择、接续设备、编号计划，系统接地等方面，作了较为详细的介绍。

本教材是按 60 学时教学计划编写的（含课程设计），对学生掌握教材的深度和要求作如下建议：

第二章要求了解电话网的总体结构，程控用户交换机在电话网分级结构中的地位和作用，重点掌握电话网中传输损耗的分配，衰减标准和线路传输设计的一般原则。

在数字信号处理这一章中，要求了解模拟信号的抽样方法和抽样定理，信号的量化、编码。要求掌握脉冲编码调制（PCM）技术、时分多路复用和数字信号传输与再生中继的主要原理和方法。

第四章要求了解程控交换机的基本结构形式和工作原理。重点掌握程控模拟用户交换机和数字用户交换机的用户电路，对程控交换机的控制系统只要求作一般了解。

第五章要求对程控用户交换机中各种软件的主要功能作一般性了解。重点理解执行管理程序的功能。通过对交换机处理一次呼叫过程的分析，掌握程控用户交换机的数据和呼叫表格，并掌握典型表格的内容和作用。

第六章要求掌握话务量的计算方法，在实际的工程设计中，交换机处理能力的确定方法及中继线的计算方法。为建筑电话系统工程设计打好基础。

第七章要求了解信号系统在通信线路中的作用。重点了解局间记发器信号和用户信号。

第八章要求掌握程控用户交换机的入网方式的选择方法，各种入网方式的方案比较和用户交换机的编号原则。对国家通信网的电话编号计划要求作一般的了解。

第九章要求掌握程控用户交换机的接地目的和作用，接地系统的设计和安装施工方法。重点要求掌握接地系统的组织，接地线的连接，接地极的安装和高层建筑内程控用户交换机接地的处理方法。

第十章要求掌握电话接续设备、线路材料和用户终端设备的选择方法，以及电话系统中用户线路的安装敷设方法。能在建筑电话系统的设计中正确合理地选择用户线路中的有关设备和材料。

第十一章要求掌握程控用户交换机站和线路系统的设计程序，设计步骤以及设计中应包括的内容。能按照规范的要求对建筑及其他相关工种，如建筑、结构、给排水、供电等工种提出设计要求。能基本完成中、小型建筑电话系统的初步设计和施工图设计。

建议本课程安排一次课程设计或者一次综合作业。通过课程设计或综合作业使学生掌握建筑电话系统的初步设计步骤和方法。建筑电话的施工图设计可以留待毕业设计环节中完成。

第二章 通 信 网

第一节 通信网的构成

通信的目的是实现某一地区内任意两个终端用户间的信息交换。要完成这一目的，必须要解决三个问题：

(1) 信号的发送和接收；

(2) 信号的传输；

(3) 信号的交换。

第一个问题由用户终端设备来解决，如电话机、PC 机等；它的主要功能是进行待发送的信息与信道上传送的信号之间的转换，它还能产生和识别系统内的信令或协议；第二个问题由各种类型的传输设备解决，从最简单的音频传输线到复杂的多路载波设备，微波设备，数字通信设备以及光纤设备等等，它的主要功能是有效可靠地传输信号；第三个问题由各种类型的交换设备来解决，它的主要功能是完成信号的交换，有电路交换、分组交换等等。

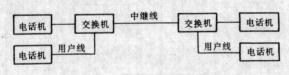

图 2-1 电话通信网络示意图

因此，一个完整的通信网络应有终端设备、传输设备、交换设备三大部分组成。以电话通信网络为例，如图 2-1 示意。

其中：终端设备为电话机，传输设备为用户线、中继线，交换设备为电话交换机。

上述三个组成部分构成一个电话网络的"硬件"。此外还有一套"软件"，即各种规定，如信令、协议等。

通信网从系统工程观点看是一个大系统，它下面有许多子系统，对于子系统有不同的分类方法，主要类型如下：

一、按信道分类

（一）有线通信网

借助于导线进行通信，如架空明线、电缆、光缆等。

（二）无线通信网

借助于无线电波在自由空间的传输进行通信，如长波、中波、短波、微波等方式。

二、按信号分类

（一）模拟通信网

传输和处理模拟信号。

（二）数字通信网

传输和处理数字信号。

（三）数模混合网

数字信号可以经 D/A 转换后在模拟通信系统中传输，模拟信号也可以经 A/D 转换后在数字通信系统中传输。

三、按通信距离分类

（一）长途通信网

如长途电话、报纸传真等。

（二）本地通信网

如市内电话、计算机局部网等。

（三）局域网

校园或厂区用户交换机（PBX）管辖范围内。

四、按信源分类

（一）语音通信网

如电话通信。

（二）数据通信网

如计算机通信。

（三）文字通信网

如电报通信。

（四）图像通信网

如闭路电视、传真通信等。

以上是完成各种专门业务的通信网，称为专业网。其中，电话网是电信网的主体和基础，尤其在数字电话通信网上可以开通电报、传真、数据、可视图文等业务，它是走向 ISDN 的前提。

（五）综合业务数字网即 ISDN，能在一个网内综合完成各种不同业务。

五、按不同使用范围分类

（一）公用通信网即公众网

向全社会开放的通信，由国家通信主管部门——邮电部经营，又称邮电网。

（二）专用通信网

相对于公用通信网而言的，它是国防、军事或国民经济的某一专业部门，如铁道、航运、石油、水利、电力、广播电视等部门自建或向邮电部门租用电路，专供本部门内部业务使用的电信网。

公用通信网和专用通信网是国家电信网的组成部分，公用网在综合经济效益上要优于专用通信网，公用通信网和专用通信网应协调发展。公用通信网和专用通信网的建设应统一规划，统一技术标准和技术体制。

下面只介绍电话通信网。

第二节 电话通信网的等级结构

一、概述

所谓电话网指在本地网和长途网上组织开放电话业务的一种业务网络。从其基本结构上可看出，构成电话网的基本要素是电话终端设备、传输链路、电话交换设备。

电话网可分为公用电话网和专用电话网。专用电话网是某些部门系统内部为业务联络、指挥调度、保密专用等而建的网，网的容量一般较小，基本上是封闭型或半封闭型的网。公用电话网是为全社会服务的网，也称公众网。公用电话网按网路等级结构可分为国际电话网、国内长途电话网和本地电话网。凡纳入公用电话网内的用户均隶属于某一个固定的本地网交换机编号之中。公用网中所有用户均能互相通话（及非话音业务）。网上各项技术标准均是按满足各类用户极长连接情况而制订的，以确保全程全网的通信质量。

国际电话网网络结构均按 CCITT（国际电报电话咨询委员会）规定组建。国内长途和本地电话网是国际电话网的延伸，按相应的国际建议，国家标准和邮电部订立的相关技术标准组建。各种用户交换机及专用交换机（与公用网用户需进行业务往来的专用交换机），也应按照相关的进网要求及技术规定，接入所在地的本地电话网中，并纳入本地电话网统一编号。

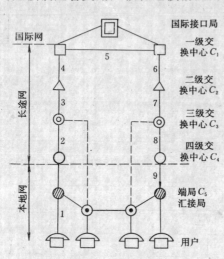

图 2-2　电话网的网络等级结构图

二、我国公用电话网的网络等级设定

我国的公用电话网以自动网为主体，网络结构由长途网和本地电话网组成，共分为五个等级，即一、二、三、四级长途交换中心和五级交换中心（即本地网中的端局级）。公用电话网的五级结构如图 2-2 所示。

我国公用电话网规定，在极长连接时，从发话端局至受话端局之间的通话接续电路，最长允许串接 9 段电路。

三、长途电话网

长途电话网是完成不同城市或地区之间的电话通信，它可简称为"长途网"或"长话网"。

（一）网络结构

长途电话通信通常有以下三种网络结构形式。即：直达式、辐射式、汇接辐射式。

1. 直达式

在直达式网络结构中，每个城市设一个长途交换中心（长话局），各城市长话局之间都有直达式长途电路相连，如图 2-3 所示，是一个简单的直达式网络，该网络中有 A、B、C、D、E 五个城市，每两个城市之间都有直达路由连通，每个路由就是一束长途线路，每个城市就是一个长途交换点。若设长途交换点数为 N，长途线束数为 L_z，则直达式网络中的长途线束数为：

$$L_z = N(N-1) \quad （指单向中继） \tag{2-1}$$

由上式可见：线束数将随交换点数的平方倍增加。因此，当交换点数目较多时，线束的数量将非常可观，而每一个线束的容量却很小，因而利用率很低，这是直达式的主要缺点。

但是，直达式网络中任何两个城市的长话局之间都有直达路

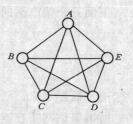

图 2-3　直达式网络

6

由，所以长途话务一般均属于终端话务，接续迅速，对网络的传输要求低。一旦直达路由发生故障，可方便地通过其他城市长话局经一次转接完成迂回接续。例如，当 B 城市要连接 A 城市而直达路由阻断时，则可通过 $B \rightarrow C \rightarrow A$ 或 $B \rightarrow D \rightarrow A$ 或 $B \rightarrow E \rightarrow A$ 的迂回路由接通。所以，直达式能灵活可靠地组织长途通信。

2. 辐射式

在辐射式网络结构中，根据各城市规模及电话业务的多少等因素选择某城市为中心城市，其它城市与中心城市之间均设有直达路由，而其它城市之间的长途电话均需经中心城市的长话局转接。如图 2-4 所示为一个简单的辐射式网络。

设网络中长途交换点数为 N，线束数为 L_F，则：

$$L_F = N - 1 \tag{2-2}$$

由上式可见：在辐射式网络中，长途线束数与交换点数为直线关系。与直达式网路相比，线束数要少得多，在网路中交换点数目较多的情况下表现得更加明显。由于线束数少，要完成网路中同样的长途话务每束线的容量就要相应增加，大线束中出线的利用率比小线束的出线利用率高，因而辐射式中长途线路的利用率要比直达式中长途线路利用率高得多。

在图 2-4 中，B、C、D、E 四个城市之间的长途话务都要通过 A 城市转接，因而网路中大部分长途话务将是转接话务，只有其他城市至 A 城市的话务为终端话务。若网中城市较多，为节省长途线路，采用两级辐射，如 A' 为第二级的中心城市，则非汇接点之间的长途话务将通过两次或三次转接。这样在辐射式网络结构中为完成一次长话接续通常要经过几段转接，因而对网络的传输技术和传输质量提出了较高的要求。另外，在辐射式网络中，当某两个城市之间的长途线路出现故障通信阻断时，将不能通过其他城市迂回转接。

3. 汇接式网络

从以上直达式网络和辐射式网络的分析中，可以看到它们都有各自明显的缺点，因此一般的长话网都不单纯地采用其中的一种，而是把二者结合起来使用，使优缺点互相弥补。这种将直达式和辐射式相结合的网络结构称为汇接式网络，其基本结构见图 2-5 所示。

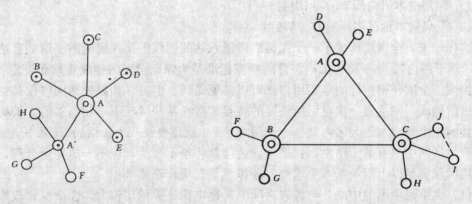

图 2-4　辐射式网络　　　　　　图 2-5　汇接式网络

图中 A、B、C 三个交换点之间均有直达路由相连，而 D、E、F、G、H、I、J 各交换点之间则需经过 A、B、C 这三个交换点中的一个或两个转接后才能连通，例如 D 与 E 之间要经过 A 转接，D 与 H 之间要经过 A 与 C 的转接。A、B、C 是网路中的汇接点，除了承担至本城市的终端话务外，很大一部分是转接话务，并且只有在汇接点之间能够建立迂回路由。但是，在两个非汇接点之间的话务较繁忙，且距离较近的话，也可以在它们之间建立直达路由，如图中 I、J 两城市之间就建立了直达路由，这种直达路由可以是低呼损直达路由也可以是高效直达路由。这样不但减轻了汇接点的转接话务并给汇接点与非汇接点之间提供了迂回路由。

上面所示图 2-5 表示的是一级汇接制网络，也可以组成两级或多级汇接制网络，在幅员辽阔的国家中，长话通信网一般采用多级汇接制网络。

(二) 我国长话网结构

我国的公用长途电话网（简称长话网）是由全国各城市长话局、市话局、各县城的长市合一局及它们的线路构成的。

我国有两千多个县市，相距甚远，个个相连不可能也没必要，应根据情况分级汇接。

目前，我国采用四级汇接辐射式长话网，设四级长话局，如图 2-2 所示长话部分。

(1) C_1 为一级长途交换中心，又称省间中心局，现全国共设 8 个。

包括上海、广州和六大区的中心城市，即华北北京市、东北的沈阳市、华东的南京市、西北的西安市、西南的成都市、中南的武汉市。

其职能是疏通该交换中心服务区的长途话务，包括长途去话、长途来话和转话话务。

(2) C_2 为二级长途交换中心，省中心局，包括各省会城市，全国共 31 个。

其职能是疏通该交换中心服务区的长途话务，包括长途去话、长途来话和转话话务。

(3) C_3 为三级长途交换中心，地区中心局。

其职能是疏通该交换中心服务区的长途话务，包括长途去话、长途来话和转话话务。

(4) C_4 为四级长途交换中心，它是长途自动交换网的长途终端局，是县长途交换中心。

其职能是疏通该交换中心服务区的长途终端业务。

从安全可靠、经济合理的原则出发，邮电部对我国长途电话网结构作如下基本要求：

1）C_1 局个个相连，具有直接路径，保证了各大区之间的直通；

2）C_1 局向本大区内所有 C_2 局辐射；

3）C_2 局向本省内所有 C_3 局辐射；

4）C_3 局向本地区内所有 C_4 局辐射。

这样一来，全国便形成了一个完整的四通八达的四级汇接式辐射网。这些直达电路群称为"基干路由"。基干路由上电路群的呼损标准是为保证全网的接续质量而设定，基干路由网保证了全国任何两地的电话用户都可以接通通话。但是，如果长话网仅仅是由上述基干路由所构成，则接通一次电话所需要的转接次数在某些情况下是相当多的。例如甲大区内某县的一个用户与乙大区内某县一个用户通话，就需要经八个长话局，七段长途电路。可见，若长话网中只有基干路由，长途电话的接续将很不灵活，也不一定完全合理，因此全国长话网除满足以上四条基本要求外，还提出了三项合理要求：

(1) 北京是全国的中心，与各省之间的长途电话业务量比较大，性质也比较重要，所以北京至各省中心局都应有直达电路群。

(2) 在一个大区范围内，各省之间的电话通信较为繁忙，因而要求同一大区内各省中心局之间最好能实现各个相连，这样同一大区内各省之间的长途电话就不一定都要由大区中心局来转接。

(3) 任何两个城市之间（如北京与保定，上海与苏州）只要长途电话业务量较大，且地理环境合理，都可以建立直达路由。两地间的长途话务大部分由这种直达路由疏通，只有这两地的直达线路全忙时，才再从其他路由转接。

长途网增加了这三条后，使接通长途电话的灵活性大为提高，转接次数相对减少，更为经济合理、安全可靠。如图 2-6 所示。

四、本地电话网

本地电话网是相对全国长途电话网而言的局部地区电话网。本地电话网包括若干个端局及汇接局，组成一个闭锁编号区，网内所有用户实行统一号长拨号。

一个本地电话网可以不局限在某一个市内地区，或者农村地区，而是可以根据话务密切程度，将一个市区和部分郊区或全部郊区划分成一个本地网，甚至可以跨地区或跨省组织本地网。这种网络划分的灵活性，为经济合理地建立一个统一的自动电话网提供了条件。

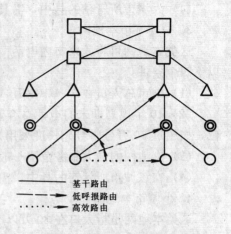

基干路由
低呼损路由
高效路由

图 2-6　长途网的基干结构和
实际结构示意图

本地网划分时需要考虑网内的电话总容量，用户密度及分布，话务联系的密切程度及流量、流向，行政区划分及自然地理条件，通信发展趋势，对这些因素进行综合分析后，确定本地网的服务范围。

（一）本地电话网的特点

本地电话网应具有以下特点：

（1）本地电话网为实行统一组网、统一编号的自动电话网。

（2）一个本地电话网为一个闭锁编号区。同一本地网内各端局用户号长相等，在升位时期内号长最多相差一位。

（3）一个长途区号的范围就是一个本地电话网的服务范围。一个本地网可设置一个或多个长途局，以疏通本地网对外的长途业务，但本地电话网不包括长途交换中心。

（4）本地电话网内部用户互相呼叫时，只拨本地网编号。若与本网以外用户进行国内长途或国际长途呼叫时，须按国内、国际长途的拨号程序拨号。

（二）本地电话网的分类

本地电话网可分为以下几种类型：

1. 京、津、沪、穗特大城市本地网

这类本地网的范围可将原来的市内电话网扩大至整个郊区、郊县的县城及其所属农村。但其最大服务范围（指用户到用户之间的距离）一般不超过 300km，且 40 年规划期末的用户容量小于 5000 万号。

2. 大城市本地网

这类本地网可将原来的市内电话网扩大至郊区，相邻县及其所属农村，但必须同时具备以下四个条件：

（1）省会和城市总人口在 100 万以上的大城市（100 万是指原有城市总人口，不是服务范围扩大后的人口数量）。

（2）40 年后规划期末的电话容量一般不超过 500 万号，本地网的号码位长一般为 7 位。

（3）本地网的最大服务范围一般不超过 300 公里。

（4）大城市所管辖的县中，需具备能进入该城市本地网的条件。

3．中等城市本地网

这类本地网可将原来市内电话网扩大至郊区、相邻县及其所属农村。但必须同时具备以下四个条件：

（1）城市总人口在 30～100 万（指原有城市总人口）。

（2）40 年规划期末的电话总容量一般小于 50 万号，同时本地网的号码位长一般为 6 位，如超过 50 万号时号码长度采用 7 位。

（3）本地网的最大服务范围一般不超过 300km。

（4）在该城市所管辖的县中，需具有能进入城市本地网的条件。

4．小城市本地网

这类本地网是指人口在 30 万以下的城市（但又不是县城的小城市）将所管辖的地区组成的本地网，这类城市一般是新兴城市（如新经济开发区等）。

5．县本地网

对于不具备条件，未能进入特大城市、大城市、中等城市本地电话网的县，可以由县城及其所属农村范围组成一个本地网。这类本地网是最基本的也是最小的本地网。

以上各类本地电话网的服务范围将视通信发展的需要而定。县城及其农村范围是一种本地电话网，大、中、小城市市区及郊区又是一种本地电话网。这两种不同类型的网络是本地网的基本型式，具有网络的普遍性。但是由于经济发展的需要，在大、中、小城市及其郊区组成本地电话网的基础上还可以进一步扩大，例如将其相邻的县及农村范围也包括在内组成一个本地电话网。

（三）本地电话网的结构

对于不同的本地电话通信网，其构成方式不同。我国的本地电话通信网构成方式有以下几种：

1．单局制

单局制本地网适用于小城市本地电话网，在该本地网服务范围内只有一个市内电话局，该市内电话局主要负责市内电话用户间的通话，另外应该能够把每个电话用户和市区内一些其它装有电话通信设备的处所沟通。市区内装有电话通信设备的处所，除市话局外，主要还有：

（1）长途电话局：市话用户通过市话局和长话局之间的中继线可以与其它城市的电话用户进行长途通话，所以是市话网中不可缺少的部分。

（2）用户交换机（PBX）：市区内有些机关、工厂、学校为了内部通话方便装有用户小交换机，而市话用户也常常要和用户交换机的分机进行通话，因此，市话局和这些用户交换机之间应该用中继线连接起来。

（3）特种业务台：特种业务台是为电信业务和社会服务而设的，如申告电话障碍、查找用户号码、了解电信业务、询问时间，等等其他多种信息服务。每个用户都可以通过市话局呼叫这些特种业务台，所以市话局和这种特种业务台之间应设有中继线。单局制本地网的示意图如图 2-7 所示。

其有效电话号码为 4 位，电话总容量≤8000 部。

2. 多局制

随着城市的扩大，电话用户将分布于更广阔的市区内。这时，用户与电话局之间的平均距离加长，因而用户线路的投资将增大，同时电话局给话机的供电电流将减小，通话电路的衰耗增大，随着本地网的不断扩大，这种矛盾将越来越突出。因此，当本地网发展到一定容量时应该在市区内实行分区，每区建立一个电话分局。负责本区内电话用户的通话，这样就构成了分局制本地网。各分局之间用中继线连接起来，不同分局的两个用户要通话，就通过这两个用户的线路和局间中继线来完成。在本地网内建立若干分局以后，虽然增加了少量的局间中继线路但换来了用户线路平均长度的缩短。这在经济上和通话质量上都是有利的。多局制本地网的示意图如图 2-8 所示。

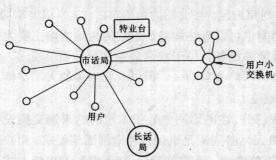

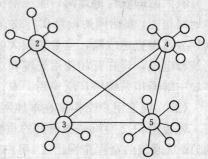

图 2-7　单局制本地网　　　　　　图 2-8　多局制本地网

由于每个分局的最大容量为 10000 号，分局数不得超过 8 个，所以这种本地网容量一般不超过 80000 号。分局制本地网的用户号码，一般采用五位制，在这种本地网中，各分局之间中继线的连接方法一般采用直接中继法，即各分局个个相连。

3. 汇接制

当本地网的容量发展到几万号时，就需要考虑将五位制的本地网改为六位制、七位制甚至八位制的本地网。

在六位制的本地网中，假设每个分局装 10000 号，则分局数可以多达 80 个，本地网的最大容量可达 80 万号；在七位制的本地网中，分局数可以多达 800 个，本地网的最大容量可达 8000 万号。目前，我国有若干城市电话号码为 8 位，不少大城市电话号码为 7 位。显然，电话容量大并不意味着一定要装满，容量大了对安排网络结构和号码形式都有好处。

分局数目增多，服务区域扩大，局间中继线的数量和平均长度都相应增大，使得中继线路的投资比重增加，甚至超过用户线路的投资。这时，各分局间的中继线如仍采用直接中继法，实行个个相连，则局间中继线群将急剧增加，也就是每两个分局间的话务量是不大的，这样会使中继线的利用率降低，这显然是不经济的。所以当分局数很多时，局间中继线不能再采用直接中继法。这时，在市话网分区以后，可以把若干个分区组成一个联合区，整个市话网由若干个联合区构成，这种联合区叫做汇接区。在每个汇接区内设汇接局，下属若干个电话端局。

我国汇接制本地网一般采用来话汇接制，即汇接区内各电话局两两相连，从别的汇接区来的电话都要经过汇接局到分局再到电话用户。汇接制本地网如图 2-9 所示。

(四) 市话网与农话网

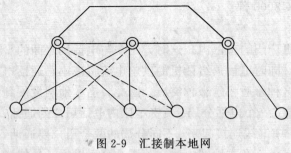

图 2-9　汇接制本地网

市话网即市内电话网，服务范围仅限于城市市内而不包括郊区和农村，它是本地网中的主要组成部分。市话网的编号计划与本地网相同，网络结构也与本地网相同。由于市话话务量大，但相距较近，局间中继线一般采用市话电缆和光缆。市话网中一般包含无线寻呼和蜂窝移动电话，市话交换机一般为自动式，现在绝大多数为数字程控交换机。

农话网即农村电话网，服务范围包括县城和乡村。编号计划同本地网，网络结构也与本地网相同，农话网的设置和行政管理体制相适应。县设汇接局和农话台，乡镇设端局，县局到乡镇设直达线路，业务量较大的端局间也可设直达线路。农话的传输线路主要为架空明线和电缆，现在开始使用光缆和小容量微波设备。由于农话话务量小且相距较远，一点多址中继通信系统将广泛使用。农话交换机一般为自动式，但也有相当多的人工交换局。

（五）程控用户交换机在本地网中的地位

程控用户交换机是通信网的重要组成部分，在电话网中处于本地网的末端交换设备的地位。从通信的全程全网出发，用户交换机入网必须满足电话网的全网通信要求。用户交换机分别接入本地网的相应端局下面，不属于单独的一个交换等级。接入端局的中继方式可分为用户级入网或选组级入网，与接口的端局统一编号，（中继线号码或分机用户号码）。用户交换机的局内传输损耗计算在用户分机到接口端局之间的用户电路之内，损耗不大于7.0dB。

五、国际电话网

国际电话通信通过国际电话局完成，每一个国家都设有国际电话局，国际局之间形成国际电话网。

国际电话网目前已覆盖全球，为了满足国际电话通信可靠性和发展的要求，同时考虑目前电话数量和质量在区域上的不平衡性。国际电信联盟规定全球分 9 个区，即北美、非洲、欧洲、南美、南太平洋、独联体、东亚、远东和中东，其中欧洲分为两大区。每个大区设一个以上国际局，如纽约、开罗、伦敦、巴黎、里约热内卢、悉尼、莫斯科、东京和新德里等。我国位于东亚区，北京、上海、广州都设有国际局，我国的国际电话通信要靠这些国际局进行转接或中继，另外，根据业务需要还在广州和南宁设立了两个边境局，疏通内地与港澳地区之间的话务量。

由于国际局之间距离较远，通话路数较多，铺设线路多为光缆或卫星线路，如太平洋海底光缆、印度洋上空的卫星等，这样的线路距离长，投资大，不可能两两相连。

国际电信联盟规定，国际局分为三级，一级局（CT₁）一个大区至少一个，需两两相联以满足各大区之间通话畅通。而二级局（CT₂）和三级局（CT₃）只对本大区的一级局有线路，这样可以节省投资。当然，通话量较大或相距比较近的二、三级局之间可以有直达线路。CT₃连接国际和国内电路，CT₂

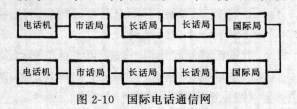

图 2-10　国际电话通信网

和 CT₁ 则连接国际电路。在实际应用中，根据业务需要往往把国际电路限制为 6 段，一般包括国内部分在内的国际呼叫最大串接电路数是 12 段，其中国内部分为 6 段。其电路如图 2-10 所示。

总之，国际电话通信网是由国际局、长话局、市话局及各种类型的传输介质构成的。打国际电话一般要经过市话局、长话局和国际局，其中本市有国际局的可不通过长话局，如北京、上海等地。

第三节　传　输　线　路

一、中继线和用户线的定义

在一个电话网中，设有若干个交换局，如图 2-11 所示。其中 A、B、C 为三个交换局，局内装有交换机，交换可能在一个交换局的两个用户之间进行，也可能在不同的交换局的两个用户之间进行，两个交换局用户之间的通信有时还需要经过第 3 个交换局进行转接。在电话交换术语中，用户与交换机间的线路称为用户线；两个交换机之间的线路称为局间中继线。连接在一个交换局上的两个用户 a 和 a' 之间的接续称为本局呼叫；用户 a 从交换局 A 呼叫另一交换局 B 的用户 b 的接续，对交换局 A 来说称为出局呼叫，而对交换局 B 来说称为入局呼叫。转接呼叫也是一种入局呼叫，只是被叫用户不连接在本局内。

为了使任何两个电话用户之间的通话效果令人满意，所收到的话音清楚，就必须规定话路的各个组成部分的允许衰减值。

在电话通信网中，传输线路指的就是用户线和中继线。

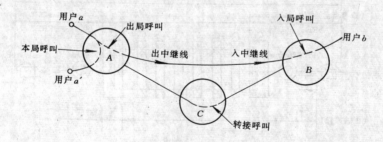

图 2-11　电话交换的基本任务

二、电话网中传输损耗的分配

衡量电话传输的主要指标之一是全程损耗及参考当量值。在一次通话的过程中，要经过市内和长途电话网中各级的每段电路衰减，如用户线路、长市中继线、进局设备、交换设备和终端机等所引起的各部分衰减之和。因此在工程设计中必须依据在极长连接情况下，将规定的全程传输损耗合理地分配到组成通路的每个分段，而且要保证在每个分段内都不许超过分配给定的衰减值，从而才能确保在全网内任何两地的用户互相通话时获得满意的话音效果。

（一）国际网传输损耗分配

当两个国际长途电话用户通话时，全程传输损耗及参考当量规定均不大于 36.5dB。前面我们讲长途电话网时已经提到过我国电话网由四级长途交换中心和本地端局组成，国内长途网的四线电路链最多由 4 个电路段组成的，应符合 CCITT 规定，国际接口局与国内用户之间电路的发送参考当量不大于 21.5dB。接收参考当量应不大于 12.5dB。在满足此规定的基础上对国内通话电路各段允许的传输损耗进行分配，即可满足各种国内业务的通话连接。国际通话连接时，我国国内系统参考当量限值及传输损耗分配如图 2-12 所示，其中用户线损耗≤7dB。

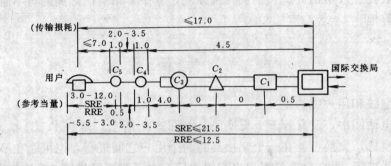

图 2-12　国际通话时，国内系统参考当量值及传输损耗分配（单位：dB）

（二）国内长途网传输损耗分配

当前在我国正处于数字网和模拟网并存阶段，当电话网是数字网或模拟网时所规定的损耗值是不同的。

（1）当国内长途网为模拟网时，规定任何两个用户之间进行长途通话时，应按图 2-13 分配各段损耗及其参考当量。全程参考当量应不大于 33dB；全程传输损耗应不大于 33dB。

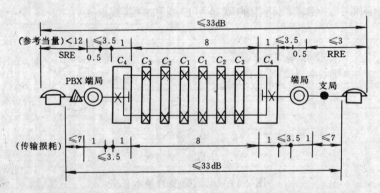

图 2-13　长途模拟网全程参考当量和传输损耗分配示意图（单位：dB）

（2）当国内长话网是数字网时，任何两个用户之间，进行长途通话时：全程参考当量应不大于 22dB；全程传输损耗应不大于 22dB。极长连接时的传输配置如图 2-14 所示。

（3）当国内长话网是数模混合网时，长途电话经该网络传输时，其传输损耗应介于数字网和模拟网之间，按不同的通话连接配置不同的损耗值。

（三）本地电话网全程传输分配

本地网传输也分为数字网和模拟网以及数模混合网几种情况。各种情况所规定的传输损耗分配是不同的，下面分别说明。

（1）当本地网中两个用户之间通话时，所经电路为二线交换和模拟传输时：全程参考当量应不大于 30dB，全程传输损耗应不大于 29dB，传输分配如图 2-15 所示。

（2）当本地网中两个用户之间通话，数字交换、数字传输时、全程参考当量应不大于

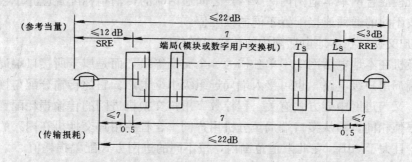

图 2-14　长途数字网全程参考当量和传输损耗分配示意图（单位：dB）

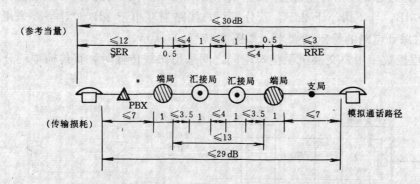

图 2-15　本地模拟网传输参考当量和传输损耗分配（单位：dB）

22dB（或 18.5dB）；全程传输损耗应不大于 22dB（或 18.5dB）。传输分配如图 2-16 所示。

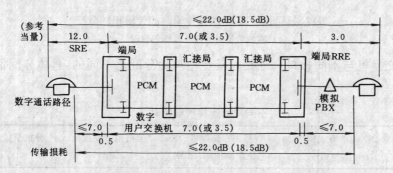

图 2-16　本地数字网传输参考当量和传输损耗分配（单位：dB）

在这里需要说明两点：

（1）当程控数字端局交换机能区别长话、市话通话，具有自动可变损耗功能时，若识别为本地网内通话，此时四线电路发端为 0dB，受端自动调节为 3.5dB（不包括供电桥损耗 0.5dB）；当识别为长途通话时，自动调节为 7.0dB。此时本地网内通话全程传输指标小于等于 18.5dB。

（2）若程控数字交换机不具备自动可调损耗功能，则四线环路净损耗在各种接续时，均固定调至发话支路 0dB，受话支路 7.0dB（不包括供电桥损耗 0.5dB）。此时本地电话网内通话的全程传输指标小于等于 22dB。

（3）在数模混合网中本地网内两个两户之间通话时的传输指标配置应介于数字网和模拟网之间，按不同的通话连接配置不同的损耗值。

（四）用户交换机在本地电话网中的传输损耗分配

用户交换机在本地电话网中不单独作为一个交换等级，而是属于所接口端局的末端设备，可接入端局用户级电路，也可接入端局选组级中继电路。它的传输分配与接口端局设备制式有关，又与进网中继方式有关。程控数字用户交换机进网的传输损耗配置与端局的用户线损耗限值相同，即从接口端局至分机用户间（含程控用户交换机在内）的传输损耗应小于7dB，且大于2dB。在此限值范围内，按不同的进网方式配置损耗值。

（1）长途四线链路延伸至程控数字交换机用户电路时，四线环路上传输损耗的配置与图2-14中发受支路损耗的配置相同。但要求分机用户至用户交换机二线端之间的传输损耗应不大于7dB，且不得小于2dB。若分机用户线路损耗小于2dB时，需要采用假线补偿至2～3dB，以保证电路的稳定度要求，如图2-17（a）所示。

（2）程控数字用户交换机至接口端局之间采用二线传输时，其传输损耗分配见图2-17（b）所示。

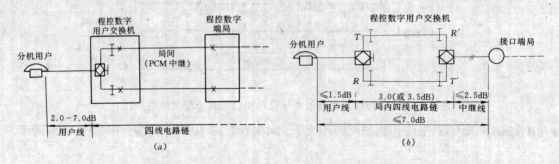

图 2-17 局间采用不同线路传输时的传输损耗分配
(a) 四线传输时；(b) 二线传输时

程控用户交换机与不同接口局连接时其传输损耗分配是不同的，具体分配情况见表2-1。

不同局间连接传输损耗 表 2-1

接口端局制式	中继线损耗（dB）	程控用户交换机四线链路净损耗（dB）	分机用户线损耗（dB）	分机至接口端总损耗（dB）
模拟端局	≤2.5	3	≤1.5	≤7.0
程控数字局	<1.0	3.5	≤2.5	≤7.0
	1.0～2.5	3	2.5～1.5	≤7.0
模拟局或者程控数字局	>2.5时，应采用程控用户交换机四线延伸至接口端侧即加装pcm传输设备，四线链路净损耗3.5		≤3.5	≤7.0

综上所述，用户交换机的传输损耗，应满足网上要求的由分机用户至接口端局（含用户交换机局内损耗）之间总损耗不大于7dB的规定，具体各路损耗的配置，应在工程设计中视具体情况而定。

第三章　数字信号处理

第一节　数字信号与模拟信号

人们在生产和社会活动中，总是离不开信息的传递，信息的传递是通过信号来实现的，根据信号的波形，可分为数字信号和模拟信号两大类。

数字信号的幅值被限制在有限个数值之内，它不是连续的，而是离散的。如图 3-1 (a) 中二进制码，每个码元（由一个脉冲构成）只取两个（0、1）状态中之一；图 (b) 是多电平码，其每个码元只能取四个（3、1、−1、−3）状态中之一。属于数字信号的信源有：电报符号和数字数据等。

与此情况相反，如果信号的幅值是连续的，而不是离散的，则为模拟信号。例如电话的话音信号和传真、电视的图像信号都是模拟信号，如图 3-2 所示。

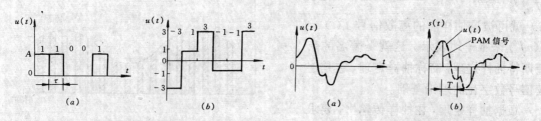

图 3-1　数字信号波形　　　　　　　图 3-2　模拟信号波形
　(a) 二进制码；(b) 多电平码　　　　　 (a) 连续信号；(b) 抽样信号

对于不同的信源，通常可构成不同的通信系统。现代通信中，可以把它们归为两大类：一类称为模拟通信系统；一类称为数字通信系统。

数字通信和模拟通信在电子管发明之后，都得到了迅速地发展，向着长距离和多路化电信业务的开拓。电话的模拟通信虽有直接传递语言信息的优越性，但它也存在着一个很大的弱点，这就是在远程通信中，随着通信距离的加长，噪声积累也越来越大，于是这就迫使人们去寻求解决的办法。1937 年里弗提出了利用电脉冲的二进数字码组传递语言信息的方式，称作脉冲编码调制方式（简称 PCM）。它首先把语言模拟信号变换为数字信号后进行传输，到达对方后再把数字信号还原为语言模拟信号。这种方式由于在信道中传输的是有脉冲和无脉冲的数字信号，当信道上的噪声积累达到将近难以识别数字脉冲的有无时，可以设置一个再生中继器，对数字脉冲进行识别后，再生成开始传输时的脉冲波形，然后再向前方传输。如果传输距离很长，可在沿途设置更多的再生中继站。因此，只要每次再生不发生错误（误码），则不会造成由于传输距离很长而形成的噪声积累，在理论上其传输距离可以无限延伸，因此这种以数字通信方式传输模拟信号的方法得到了迅猛发展。随着程控交换机的诞生，可使传输与交换实现一体化，使每一次转接中不必再进行解调和重新调制。办公自动化和非话信息交换的发展，各种通信信息的交换，使许多国家重视和加强了数字交换技术的研究，并在 70 年代中期推出了程控数字交换机。最早的程控数字交换机主要用于话音交换，为了实现话音的数字交换，首先要使话音信号数字化。

一、模拟信号的数字化

话音信号的数字化一般要经过三个基本步骤，即：抽样、量化和编码。

（一）抽样

模拟信号数字化的第一步是在时间上对信号进行离散化处理，即将时间上连续的信号处理成时间上离散的信号，这一过程称之为抽样。从信号传输的角度考虑，对抽样的要求应是用时间离散的抽样序列代替原来时间连续的模拟信号，并要求能完全表示原信号的全部信息，也就能由离散的抽样序列能不失真地恢复出原模拟信号。

人们在实践中发现，为了保证把人的话音信号从发话用户传送到受话用户，通话电路并不需要一直维持在接通状态，只要每隔一定时间接通一次。如图 3-3 所示，对于话音信号，每隔一定时间 T，传送一小段时间 τ，这就是抽样传输。抽样后的脉冲系列称为脉冲幅度调制信号（PAM）。

设连续时间信号为 $f(t)$，其最高截止频率为 f_m，如果用时间间隔为 $T_s \leqslant \dfrac{1}{2f_m}$ 的开关信号对 $f(t)$ 进行抽样，则 $f(t)$ 就可被这抽样后的离散信号 $f(t)=f(nf_s)$ 来唯一地表示。这就是著名的奈奎斯特抽样定理，简称抽样定理，它是连续信号数字化的理论基础。

根据抽样定理，在抽样传输中，要求抽样频率大于所传输的信号最高频率的两倍及以上。目前电话通信的频带取 300

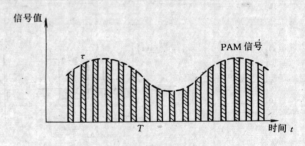

图 3-3　话音信号的抽样

至 3400Hz，故抽样频率必须至少是每秒 6800 次，现普遍采用每秒 8000 次。抽样周期是抽样频率的倒数。

（二）量化

模拟信号数字化的第二个步骤，是对连续变化的样值幅度进行离散化处理，这一离散化处理过程就称之为量化。

话音信号的幅度在某个范围内是连续的，因此它的各个采样值在幅度上也是连续的。亦即在信号的一个有限的幅度范围内可以得到无限多个幅度电平。但由于人耳只能辨别有限大小的强度变化，故可选择上述离散幅度电平来构成和原始连续信号相近似的信号。实际的量化可以描述为：将信号样值分级取整，即将信号可能取值分成若干级，每个信号按四舍五入方法就近取某级的值。这种近似方法，使收端的信号在恢复时会产生一些失真，所造成的影响类似混入的噪声。把这种由于量化而产生的噪声称为"量化噪声"。量化噪声的大小完全取决于所表示的数值与准确值之间的差别。通常用量化信噪比来表示量化噪声对通信质量的影响。实用中总是希望量化信噪比大一些好，一般要求达到 26dB，即信号与噪声之比为 20，而且希望对不同幅度的信号，这个比值的变化不要太明显。

根据分级方法不同，量化可以分为线性和非线性两种。前者的分级是均匀的，后者的分级是不均匀的。

线性量化的方法，不管样值幅度的大小，把全部考虑范围内的数值均匀地划分量化级。比如，用八位二进制数表示－10V到＋10V的电压范围，就把这20V的范围均匀地分成256级，每级大约为80mV。图3-4表示的是只有八个量化级的简单情况，如图中所示，标准的量化级被假定为0.5V、1.5V、2.5V等八个值。如果样值在0～1V内，被确定为0级，以0.5V近似地表示，同样的办法可以处理落在各量化级内的样值。

由于它的量化级是均匀的，每个信号样值量化时可能造成的误差从0～$\Delta/2$，且在此区间的分布也是均匀的，由此造成的量化噪声也是相等的。换句话说，不管信号的大小，它们在量化时形成的噪声是相等的。这样的话，信号大时信噪比也大，信号小时信噪比也小，本来信号小时听起来就吃力，再加上信噪比小，更使信号质量下降。实际上，语音信号的幅度是按照指数概率分布的，即小信号总是大部分，大信号出现的可能性按指数规律下降。这种方法会造成大部分情况下信号质量很差的后果。

量化噪声的大小与量化级的大小直接有关，为了降低量化噪声，可以考虑减小量化级的方法。但是，如果是均匀减小的话，势必使可编码的动态范围减小，难以满足话音编码的要求。

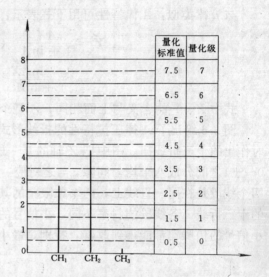

图3-4　线性量化示意图

如果增加编码的位数，虽然可以维持动态范围不变，但将使机器更加复杂，而且会延长传输时间。一种可行的办法是实行非均匀量化。

非均匀量化是在保持总码位不变的情况下（即总的量化级数不变），使量化级的大小不同，信号小时采用小量化级，信号大时量化级自动变大。这就是非线性量化。这种做法以牺牲大信号时的信噪比，换取小信号信噪比的提高，是一种经济可行的办法。

实现非均匀量化的技术是采用压扩的方法，压扩的方法有两种，一种是模拟的，另一种是数字压扩。前者是在编码前将模拟信号作对数放大，使小信号得到较大的放大量，而大信号的放大量较小，从而使信号得到压缩或扩展，然后再进行线性编码。在恢复话音信号时，也是对模拟信号作相反的压扩处理。数字压扩是用非线性编码的方法实现非均匀量化的。两种方法相比较，前者由于对模拟信号进行处理，不但电路复杂，而且精度很低，现在已经很少采用了。后者实现起来比较方便，且精度也能满足要求，是目前采用最多的方法。

为了使经压扩的信号能准确地恢复出话音来，收发两端的压扩应该完全相等。CCITT建议了两种压扩标准，一种称为μ律压扩特性，另一种称为A律压扩特性。μ律的近似表达式为：

$$Y = \frac{\ln(1 + \mu X)}{\ln(1 + \mu)} \qquad (3-1)$$

式中　$X=\mu/v$，为压扩器归一化输入电压；

　　　　$Y=\mu/v$，为压扩器归一化输出电压；

　　　　μ 是压扩参数。

从上式可以看出，当 X 较小时，X、Y 之间的关系近似为线性；而对于较大的 X，Y 近似为一个对数关系，压扩的程度取决于 μ 值，如图 3-5 所示。μ 越大对小信号越有利，通常 $\mu=100$ 时，已能满足信噪比的要求。目前使用的是 $\mu=255$。语言是个交流信号，压扩也应是正负对称的。

与 μ 律类似，A 律特性可用下式表示：

$$\left.\begin{aligned} Y&=\frac{AX}{1+\ln A} \quad (\text{当 } 0<X<1/A)\\ Y&=\frac{1+\ln AX}{1+\ln A} \quad (\text{当 } 1/A<X\leqslant 1) \end{aligned}\right\} \tag{3-2}$$

式中 X、Y 的含义与上面相同，A 是个常数，A 不同时有不同的压扩特性。

图 3-6 给出了 A 律压扩特性的折线形式，便于数字压扩时采用。图 3-6 中是当 $A=87.6$ 时作出的十三折线律。图中把 X 轴的 $0\sim\pm1$ 区间分为八个不均匀的小区间，而把 Y 轴的 $0\sim\pm1$ 之间分成八个均匀间隙，与之对应。于是形成了 16 个线段折线，实际上过零点处的四个线段是在同一直线上，两个象限中的其余线段的长度按区间依次扩大一倍，成为图中的十三折线。各线段的斜率不同，小信号的斜率最大，随信号的增大，斜率逐渐减小，使小信号的信噪比都能得到改善，特别是最小信号的改善最为明显，可达 24dB。

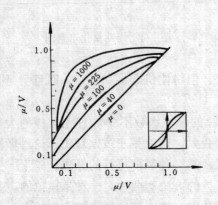

图 3-5　μ 律压扩特性

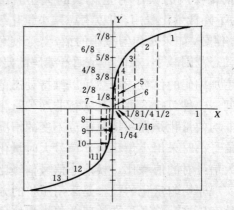

图 3-6　$A=87.6$ 的十三折线律

A 律压扩，即用 2048Hz 时钟和 8kHz 取样，是中国和欧洲体制；另一类是 μ 律，即用 1544Hz 时钟和 8kHz 取样，是美洲和日本体制。

（三）编码

抽样值经过量化以后，就可以进行编码了。所谓编码就是用一组二进制脉冲来代表已量化的样值幅度，每一位二进制数字码只能表示两种状态之一，即"0"和"1"。而两位二进制数字码则可有四种组合：00、01、10 和 11，其每一种组合就叫一个码组，这四种码组就可表示四个不同的数值，所以用二进制编码所需位数取决于量化等级的级数。编码方法很多，下面所介绍的只是话音编码常用的一种——逐次反馈比较编码法。

这种编码方法采用多次二分法比较，确定信号样值所处的量化级，并将每次比较结果用二进制码表示，就可得到正确的编码。仍以 0～8V 区间内分为八个量化级为例，说明这个比较的过程。图 3-7 就表示了这种比较编码的概念。假定一个样值为 5.1V，按照二分法的原则第一次比较用的标准值应是 4V，结果样值大于比较用的标准值，编码为"1"，且保留该标准值。第二次比较时再取一个对分的电压，连同保留的值，共有 6V，结果是样值小于标准值，编码为"0"，且取消所加的 2V 电压。第三次比较时用的标准值应是原保留的电压加上再次对分的电压，即 5V，结果是样值电压大，第三位的编码为"1"。全部编码为 101，即以第五个量化级表示。该级的标称值是 5.5V，那么量化误差就是 0.4V。

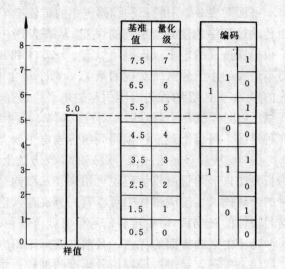

图 3-7 逐次比较法的概念

常用的二进制编码关系有三种即：一般的二进制码、循环码（也叫格雷码）和折叠二进制码，表 3-1 是以四位码为例说明各种码型与量化电平的对应关系。

码型及量化电平的对应关系　　　　　　　　　　　表 3-1

量化电平值	一般二进制码	循 环 码	折叠二进制码
0	0000	0000	0111
1	0001	0001	0110
2	0010	0011	0101
3	0011	0010	0100
4	0100	0110	0011
5	0101	0111	0010
6	0110	0101	0001
7	0111	0100	0000
8	1000	1100	1000
9	1001	1101	1001
10	1010	1111	1010
11	1011	1110	1011
12	1100	1010	1100
13	1101	1011	1101
14	1110	1001	1110
15	1111	1000	1111

下面对表 3-1 中的三种编码码组的传输电平误差加以比较。这里的传输电平误差是指由传输过程中的误码所引起的误差。从表 3-1 中可以看出，在一般二进制码中，任何一组错一位码所造成的电平级误差可以有 1、2、4 和 8 共四种可能的情况。在双向语声信号出现概率最大的小信号区所对应的第 7、8 两个量化电平级也同样如此；循环码的小信号区所对应的第 7、8 两级的误码可能引起的电平级误差可以有 1、1、3、7 四种情况；而折叠二进码情况，同样是在小信号区所对应的第 7、8 两级的误差可能引起的电平级差是 1、1、2、4 四种情况。根据上述三种编码码组传输电平误差的对比可知，以采用折叠二进码为优。

另外，从对双向语声信号编码的实现方法上看，采用折叠二进码编码也是较方便的。因为折叠二进码的最高权值码位可用来表示双向信号的极性，其余的码位则用来表示双向信号的绝对值。在编码过程中可以首先判决输入信号的极性，并分别以"1"或"0"来表示信号极性的正或负，而后再将信号整流就可以用一般的二进制码编码方法编出其余的各位码。

基于上述两方面的优点，目前在实际编码方案中多采用折叠二进码进行编码。

综上所述，经过对模拟信号幅度的抽样、量化和编码后，就得到了以二进制编码"0"和"1"表示的数字信号，这就是 PCM 信号，但是从 PCM 终端编码器发出的脉冲序列是不适合直接在线路中传输的，为了使码型适合在线路上传输，常用的方法是在编码器输出端再加一个码型变换器。

二、传输码型

目前，线路传输中经常采用的码型有交替反转码（AMI）和三阶高密度码（HDB$_3$ 码）。

（一）AMI 码

传号交替反转码（即 AMI 码）是伪三进制码的一种，是在 PCM 基群传输中较常采用的一种码型。其码型变换的方法是用交替变换的法则，所以叫做传号交替反转码。变换方法是，二进制序列中的"0"码仍编为"0"；而二进制序列中的"1"码则交替地变为"+1"及"-1"。例如：

二进制序列：……10010100011

AMI 序列：……+100-10+1000-1+1 变换后的码序列是+1、0 及-1 三个电平级组成的双极性序列，但这个三电平的双极性序列实际代表的还是"1"、"0"的二进制码，所以也称伪三进制码。

AMI 编码的缺点是原二进序列中的"0"码变换后仍然是"0"码。如原二进序列中连"0"码过多，则变换后的 AMI 序列中仍然是连"0"码多，这不利于定时信息的提取，为了解决这一问题，即有目的地控制最大连"0"数，又提出了其它码型变换方法，如 HDB$_3$ 和 4B3T 码等。

（二）三阶高密度码——HDB$_3$ 码

HDB$_3$ 码是 PCM 基群传输码型之一。欧洲各国的 PCM30/32 路系统一般都是采用 HDB$_3$ 码作为传输码型的。它的基本想法是，若出现的连"0"数多于 3 个时，则第 4 个"0"就用一个传号代替，以便增加定时时钟信息的含量，有利于时钟信号提取。编码规则设计应具有能识别这个插入的传号。

HDB$_3$ 的编码规则：

二进制信号序列变换为 HDB$_3$ 码，按下列规则进行：

（1）HDB$_3$ 码是伪三进制码，它的三个状态可用 B$_+$、B$_-$ 和 0 来表示；

（2）二进制信号序列中的"0"码在 HDB_3 码中仍编为"0"，但对四个连"0"应用特殊规则（见第 4 点）；

（3）二进制信号中"1"码，在 HDB_3 码中应交替地编为 B_+ 和 B_-（传号交替反转）。在编四个连"0"时要引入传号交替反转规则的"破坏点"（见第 4 点）；

（4）二进制信号的四个连"0"按下列规则进行编码：

1）如果 HDB_3 码的前一个传号的极性与前一个破坏点的极性相反，则四个连"0"的第一个"0"应编为"0"；如果 HDB_3 码的前一个传号的极性与前一个破坏点的极性相同，则四个连"0"的第一个"0"就编为传号，即 B_+ 或 B_-。这一规则保证了相续破坏点具有交替的极性，因而不会引入直流成分。

2）四个连"0"的第二个"0"和第三个"0"总是编为"0"。

3）四个连"0"的最后一个"0"总是编为传号，其极性应破坏传号交替反转规则，以便于接收端对破坏点的识别，这种破坏点可按其极性用 V_+ 或 V_- 来表示。

简单地说，HDB_3 码是一种四"0"取代码，它的"取代节"是：000V 或 B00V。这两个取代节的选用原则是：使任意两个相邻 V 脉冲间的 B 脉冲的数目为奇数。这一限制的结果是：相邻 V 脉冲的极性改变，也就是 V 脉冲序列是符合极性交替改变法则的。

交换举例说明如下：

二进序列：…10000 1011 000001

AMI 码：…＋10000－10＋1－1 00000＋1

HDB_3 码：… $B_+ B_-$ 00V B_- ＋0 $B_- B_+$ 000 V_+ 0 B_-

上述举例的假定条件是：假设前一破坏点为 V_+，且其后至第一个传号前有奇数个 B。

第二节　数字通信的特点及性能指标

一、数字通信的特点与优、缺点

（一）数字通信的特点

（1）由于数字通信采用时分复用，这就要求严格的同步和减小定时抖动，以便达到正确接收每一个码元和正确分离出各路信号。

（2）由于在量化编码过程中必然会产生量化误差，因此量化噪声是数字通信中的特有噪声，也是影响数字通信的主要因素。

（3）由于采用判决识别来接收每一个码元，因此在噪声干扰等较小，在不造成误判的条件下，经过判别再生后，就可完全把噪声干扰清除掉，再生出正常的波形继续传输，因此无噪声积累，可实现长距离高质量的传输。另外，当数字信道的衰减发生轻微变动时，并不影响信码的判决识别，因此对通信质量的提高，有显著效果，这一特点是模拟通信无法比拟的。

（4）数字通信的通信质量，最终取决于误码率。而信道的信噪比只是间接地对通信质量发生影响。数字通信的传输效率是采用比特率或比特/秒/赫兹（bit/s/Hz）来衡量。显然每个码元所占的时隙越窄，则时间利用率愈高，但时隙愈窄，比特率愈高，所占信道频带就愈宽，因此它受到信道频带的限制。

（二）数字电话通信的优缺点

数字通信包括数字传输和数字交换两个方面：

1. 数字传输方面

（1）抗干扰能力强　模拟信号在传输过程中会受到外界的和通信系统内部的各种噪声的干扰，传输线路越长，噪声的积累也越多，从而影响了通信的质量。而数字信号只有"0"和"1"两种状态，只要在线路上加入再生中继器，将受到一定干扰的数字信号予以再生，再发送到下一个传输线段，就可以有效地克服传输线路上的干扰。显然，数字传输的抗干扰能力较模拟传输的抗干扰能力强。

（2）便于各种控制信号的传送　为了在交换机之间建立通话回路，必须传送一系列线路信号，如示闲、摘机、应答、挂机等。这些信号本身就是数字信号，它们可以很方便地在数字传输系统中传送和在数字码流中插入或提取。

（3）便于保密　数字信号在传送过程中，很容易加入保密措施使之难以破译。

2. 数字交换方面

（1）交换网络阻塞小，容量大　数字交换采用时分复用方法，可以组成容量很大而阻塞率很低的交换网络。数字交换网络由大规模集成电路构成，工作速度快，呼叫建立的时间短。

（2）节省机房面积　数字交换设备与模拟交换设备相比，体积小，重量轻，节省了机房的面积。

（3）便于引入远端用户集线器　远端用户可以通过集线器以较少的线路接到交换局，节省线路投资。

3. 通信网的发展

便于开展新业务，形成综合业务数字网。由于数字通信系统可以传递各种业务的数字信息（包括计算机信息），同时数字信号便于存储，交换，因此可利用计算机控制各种信息的交换，这样就构成综合业务数字网（ISDN）。

数字通信与模拟通信相比，其主要缺点是占用信道频带宽，然而随着微波和卫星信道以及光缆信道的迅速发展（其信道频带宽度很宽），使得数字通信占用频带较宽的矛盾逐步缩小。

二、数字信道的主要性能要求

（一）信息传输速率

这是一个反应信道传输效率的指标，它是指数字信道每秒钟所传输的二进制码元数，其单位为"比特/秒"。但是这个指标还不能看出信道的传输效率，因为传输速率与所占用的频带有关，信道的频带越宽，其传输速率越高。为了能真正地体现出信息的传输效率，我们采用了单位频带信息传输速率这样一个质量指标，其单位为 bit/s/Hz（比特/秒/赫兹）。例如，每秒 2Mbit 的信码通过 2MHz 的信道，则单位频带信息传输速率为 1bit/s/Hz。

（二）信道误码率

在模拟信道中，噪声干扰是影响信道传输质量的重要指标之一。在衡量信道噪声对通信质量的影响时，常用一个相对量即信号电平与噪声电平之比来表示，简称信噪比。这个概念反映在数字信道中，常用误码率来衡量信道噪声对通信质量的影响。误码率定义为：

$$P_e(误码率) = \frac{错误接收的码元数}{传输的总码元数} \tag{3-3}$$

显然，提高信道信噪比（信号功率/噪声功率）可使误码率减小，因此缩短中继段长段（中继器之间的距离）后，信噪比可得到提高，从而使误码率获得改善。

第三节　脉冲编码调制技术

脉冲编码调制（PCM）通信系统是数字通信系统中的主要形式之一，采用基带传输的PCM通信系统如图 3-8 所示。它由三部分组成，即：第一部分是信源编码部分的模数变换（A/D）；第二部分是信道部分的再生中继；第三部分是信源解码部分的数模变换（D/A）。

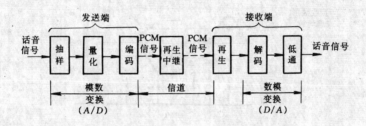

图 3-8　PCM 通信系统（基带传输）

其中第一部分话音信号的数字化（A/D）——抽样、量化、编码，我们在第二节中已作了较详细的介绍，这里不再重复，只介绍另外两部分。

一、数字信号的再生中继

在第二节中我们也介绍过，数字信号在端机内部通常以不归零（NRZ）的单极性脉冲流的形式进行传输的，如图 3-9 所示。所谓不归零是指传号码（"1"码）在一个码元所占用的整个时间内，其幅值没回到零，但这种数字信号形式不适宜于长距离传输，这是因为它的频谱中含有直流

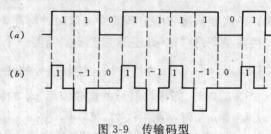

图 3-9　传输码型
(a) 单极性不归零码；(b) 双极性归零码

分量，同时低频部分的能量较大，在信道中受到变量器等的很大衰减而无法传输。所以常用的是归零（RZ）的双极性码。它的优点是：

（1）因为双极性码的脉冲极性是交替的，它没有直流成分，低频部分的能量也很小；

（2）由于是归零的，脉宽变窄，各码间的相互干扰可以减小。

在发送端，为了适应信道的传输特性，有时需要将已编好的信码，再通过码型变换，变换成线路码型。

但是归零的双极性脉冲信号，在传输过程中也还会受到衰减和失真，也会叠加上噪声，使接收的信码波形产生畸变，如图 3-10 所示这种波形畸变，将随着传输距离的增加而加大，因此如不及时在信道中的某点上对信号进行及时修整，那么信码传输到接收端时，将无法恢复成原始脉冲信号。这种在信道中及时对信码波形进行修整的部件叫再生中继器。在再生中继器中，首先将接收的信号进行均衡放大，使均衡放大后的波形（"1"码时）在识别判决时刻的幅度大而平坦，同时均衡后的波形无码间干扰。另外为了确定在什么时刻进行

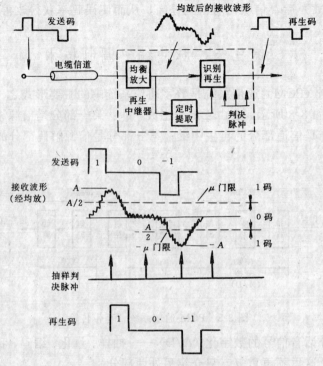

图 3-10 再生中继的过程

判决，还需要从接收的信码流中提取时钟脉冲，以达到位同步的目的。

接收信码是"1"码还是"0"码，需要一个识别判决标准，这就是判决门限电平 $\mu_{门限}$，通常取 $\mu_{门限}=\frac{1}{2}A$，A 为均放后的接收信号的峰值。在判决时刻，即在抽样判决脉冲出现时刻（见图 3-10），如果均放后的接收波形 $\mu_{收}$ 的幅度：

$|\mu_{收}|>\mu_{门限}$ 时，则判决为"1"码；

$|\mu_{收}|<\mu_{门限}$ 时，则判决为"0"码。

由图 3-10 可知，判决再生后的脉冲（再生码）是被整形的脉冲，如果噪音干扰信号的幅度较小，它将不足以使接收的信号达到错误判决电平，则再生码的波形与原始发送脉冲是完全一样的。因此在传输过程中叠加进来的噪声干扰被完全清除掉了，这是 PCM 通信系统之所以能获得高质量传输的原因。

二、数字信号的还原（D/A）变换——解码、低通重建

在接收端把接收的 PCM 信号变成话音信号的过程是再生、解码和低通重建。

在接收端的再生过程与在信道中的再生过程相同，经过再生将接收信号整形为再生码。此再生码在进入解码之前，通常需要码型反变换，将线路码型变换成原始编码码型。加入解码器输入端的码型被变换成单极性码，通过记忆电路将串行码变换成并行码，当一个样值的码字都到齐后，通过解码网络将信码变换成 PAM（已经量化），这个 PAM 信号就是编码前的 PAM 信号（已经量化），所以解码过程是编码的反变换过程。

经解码后的 PAM 信号中包含原始话音信号的频谱，所以通过低通滤波器的重建过程，就可恢复成话音信号，如图 3-11 所示。

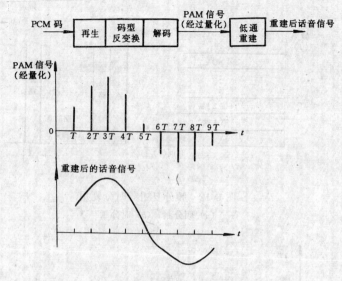

图 3-11　数字信号的解码、低通重建

第四节　时分多路复用技术

一、时分多路复用的基本原理

多路信号互不干扰地沿同一信道上传输，称为多路信道复用。目前多路复用的方法分为两大类：即频分多路复用和时分多路复用。频分多路复用的方法用于模拟通信，数字通信是采用时分复用的方法来实现多路通信的。

（一）频分多路复用

在频分制中是利用各路信号在信道上的传输频带不同的特征来互相分开各路信号的，因此可以实现多路复用。所以为了实现频分多路复用，各路信源要先经过调制，再送往信道上，如图 3-12（a）所示。

在频分制中存在的最大优点是各路信号可以同时传输。但分割用的带路滤波器不理想时，将出现信号频谱混叠，从而使各路间互相串扰，并且由于电路的非线性，还会出现寄生频率成分；造成各路间互相串扰。

（二）时分多路复用

时分多路复用是通过抽样来实现的，对每一用户（信源）在指定时间内接通信道，其它的时间内为另外用户接通信道。具体地说是将时间分成许多小段，称为时隙，每个用户占用一个指定的时隙，如图 3-12（b）所示。

在图 3-13 所示是一个三路时分复用的时隙分配的例子。时隙 1 为第一路接通时间，时隙 2 为第二路接通时间，时隙 3 为第三路接通时间。时隙 1 前一个时隙作为标志码位时隙，它与三个话路时隙一起构成一个帧，以时间 T_s 表示。传送标志码的目的是使接收端能识别每一帧的起始，从而找到话路时隙分配的顺序。当所有各话路都分配一次占用机会后再进行第二轮分配占用，就这样以此类推地循环下去。按抽样定理要求，语声信号的抽样频率

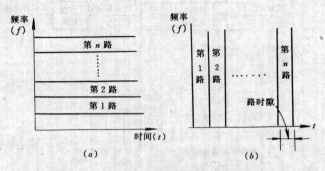

图 3-12　频分复用与时分复用

(a) 频分制；(b) 时分制

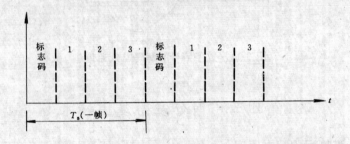

图 3-13　时分制时隙分配示意图

为 $f_s = 8\text{kHz}$，则帧周期时间 $T_s = \dfrac{1}{f_s} = 125\mu s$。PCM 时分多路复用系统示意图如图 3-14 所示。

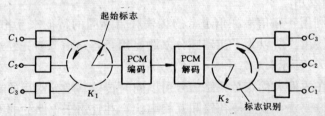

图 3-14　PCM 时分多路复用示意图

在图 3-14 中画出了三个用户的通话情况，这些用户分别以三路信号 C_1、C_2 和 C_3 来表示，各路接通时间由电子开关 K_1、K_2 不停地通断来完成。电子开关接通时刻相当于对信号进行抽样，再经过 PCM 编码，传输和解码最后由开关送给相应的用户。为了符合抽样定理的要求做到无失真传输，开关通断的频率应不小于 8kHz，即使得每路的抽样周期间隔不大于 $125\mu s$。另外，为了使收、发两端用户能在时间上一一相应的对准，即两端 C_1、C_2 和 C_3 能无误地相应接通，在发送端一定要加入起始标志码，在接收端设有标志码识别装置。若相应时隙发生错误时，识别装置应有自动调整能力使其调整到正确位置。在时分复用系统中用"帧同步"这一术语来表示标志码的识别和调整功能。

综上所述：时分复用系统收、发两端的同步，广义来看主要应包括两个方面：

（1）时钟频率的同步，使收端的时钟频率与发端的相同；

（2）帧时隙的同步，在收端要判断发来的标志时隙的位置是否与收端的相对应，若不对应，则需进行调节使其对应，以便收端能正确地将信号送给相应的用户。

二、时分复用系统中的帧同步

从上面的分析中，我们知道在时分复用系统中收、发两端必须同步，为能使收、发两个端机正常工作，使收、发各路相互对应，在发送端加入同步标志码。为了完成同步功能，在接收端还需有两种装置：一是同步码识别装置，识别接收的 PCM 信号序列中的同步标志码的位置；二是调整装置，当收、发两端同步标志码位置不对应时，需要对收端进行调整使其两者位置相对应，这些装置就是帧同步电路。

图 3-15 是最简单的逐步移位同步方式原理方框图。图中所示的时钟提取框的作用是从接收的 PCM 信号序列中提取信号序列的基本时钟作为接收端的工作时钟，这样就可保证收、发两端时钟频率相同。时钟提取电路提取的时钟通过禁止门送入位时钟与本地帧码产生电路，将产生的本地帧码在同步识别电路中与接收的 PCM 信号序列进行比较、识别。如本地帧码与 PCM 信号序列中的帧码（即同步标志码）的码型相同，且时间

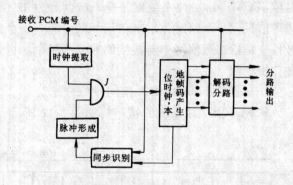

图 3-15 逐步移位法同步电路原理方框图

位置一致，则同步识别电路无信号输出，禁止门不关闭，这时系统是处于同步工作状态，系统正常工作。如本地产生的帧码与接收 PCM 信号序列中的同步标志码在时间位置上不一致，则同步识别电路有误差校正信号输出，以控制脉冲形成电路产生一输出脉冲使禁止门关闭，则时钟被禁止，接收端电路就处于停止状态，一直等到本地帧码与接收信号序列中的帧码的时间位置一致时才能使禁止门开启进入正常工作状态。禁止门关闭时每扣除一个时钟脉冲就使接收端停转一步，即相对于接收序列本地帧码移动一步，故称为逐步移位。

逐步移位同步法的比较识别及移位调整过程如图 3-16 所示。图中所示的 PCM 信号中，符号"×"代表信息码，其为"1"还是"0"是随机的。图（a）所示是本地帧码比 PCM 序列中帧码超前两位的情况，这时系统处于不同步状态。在图中第一个比较时刻是本地帧码对准信号序列中的"0"码（这里帧同步码型是一位"1"码），这样就使识别电路有校正信号输出，这一校正信号通过控制门作用使时钟被扣除一位，时钟被扣除后本地帧码产生器会再产生一个"1"码，即本地帧码向后移一位再继续与 PCM 信号系列比较，如图 3-16（b）所示。这次比较是对准信号序列中的信息码"1"码，这时识别电路没有输出，不能再进行

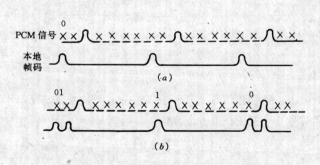

图 3-16 逐步比较移位过程说明

扣除和调整。在这种情况下，本地帧码与接收信号序列中的帧码并没有对齐，即系统并未同步。因为是对准了信息"1"码，致使同步系统暂时"误认"为同步，这种现象称为假同步。这种假同步是随机出现的，且持续时间也是随机的。一旦本地帧同步码对准信号序列的"0"码时又要进行扣除和移位，只有调整到本地帧码与接收信号序列中的帧码对准时才算进入真正的同步状态，如传输过程中同步码不出现差错，同步状态就一直能维持下去。

三、PCM 30/32 路系统帧结构及时钟信号的产生

在前面我们讲时分多路复用的基本原理时指出，时分多路复用的分割方式是用时隙来分割的，每一路信号分配一个路时隙，帧同步码和其他业务信号指令码再分配一个或两个时隙。PCM 30/32 路系统就是全系统共分为 32 个路时隙，其中 30 个路时隙用来传送 30 路语声信息，一个路时隙用来传送帧同步码，一个路时隙用来传送业务信号指令码。业务信号指令是指在通信网中与接续的建立和控制，以及网络管理有关的电信号，通信术语中叫做"指令"。

（一）PCM 30/32 路系统的时隙分配

PCM 30/32 路系统的帧结构如图 3-17 所示。

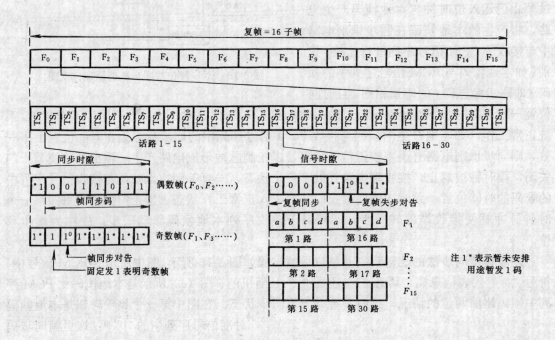

图 3-17　PCM 30/32 路系统的帧结构图

根据 CCITT 建议中规定：

（1）每个路时隙的比特数为 8，编号是 1～8；

（2）每帧的路时隙数为 32，编号是 0～31，分别以 TS_0、TS_1、TS_2……TS_{31} 来表示；

（3）TS_1 到 TS_{15} 与 TS_{17} 到 TS_{31} 分配给编号 1～30 的 30 个话路；

（4）TS_0 的 8 个 bit 用作帧同步；

（5）TS_{16} 用来传送信号码。

每一个话路要求的信号码数是 4bit，也就是一个 TS_{16} 只能用来传送两个话路的信号码。这样 30 个话路就需要有 15 个 TS_{16}。为此，又提出了复帧的概念，每个复帧包含 16 个子帧，其中有 15 个子帧的 TS_{16} 用来传送 30 个话路的信号码，另一个 TS_{16} 作为复帧同步，如图 3-17 所示。

从图 3-17 中可以看到：16 个子帧（$F_0 \sim F_{15}$）组成一个复帧，每个子帧又分作 32 个时隙（$TS_0 \sim TS_{31}$），每个时隙中安排 8bit 数字信号。F_0、F_2、F_4……等偶数帧的 TS_0 时隙的第 2 到第 8 比特发 0011011 帧同步码组，第 1bit 没安排用途，暂发"1"。F_1、F_3、F_5……等奇数帧的 TS_0 时隙的第 2 比特固定发"1"，以用来区别奇数帧或偶数帧，第 3bit 作帧同步对告。对告信号是：当本局接收端同步时向对方局发"0"；失步时发"1"。其他各位没安排用途，暂发"1"码。F_0 子帧的 TS_{16} 时隙前四比特发 0000 码作复帧同步定位，第 6 比特作复帧失步对告。其余子帧的 TS_{16} 时隙，即 $F_1 \sim F_{16}$ 子帧的 TS_{16} 时隙分别用来传送 30 个话路的指令信号，具体安排如图 3-17 所示。

按照图 3-17 所示的帧结构，并根据抽样定理，子帧频率应为 8000 帧/s，即子帧周期为 125μs。所以，PCM 30/32 路系统的总数码率是：

$$f_T = 8000(帧/s) \times 32(时隙/帧) \times 8(bit/时隙)$$
$$= 2.048(Mbit/s) \tag{3-4}$$

（二）PCM 30/32 路系统时钟信号的产生

从上面问题分析中我们可以看出，在 PCM 系统中应产生帧、路、位三种时钟信号。由于是时钟信号都要求有严格的时间关系。对 PCM30/32 路系统，其时钟时序关系如图 3-18 所示。图中，$TS_{10} \sim TS_{31}$ 叫做路时隙，与之相对应的时钟信号就叫路时钟，$b_1 \sim b_8$ 是进行 8bit 编码的位时钟信号。产生这些时序时钟信号的电路叫做时钟系统。

图 3-19 是发送端时钟系统方框图，图中，时序分配器可用计数分频器与组合逻辑电路来实现，为防止输出的时钟脉冲有"毛刺"现象，其计数分频器多采用扭带环形计数分配器来实现。图 3-20 示出了发送端时钟关系图。

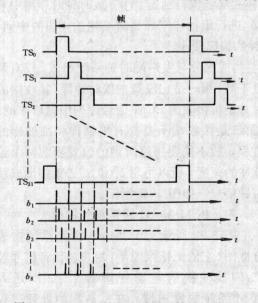

图 3-18　PCM 30/32 路系统时钟的时序关系

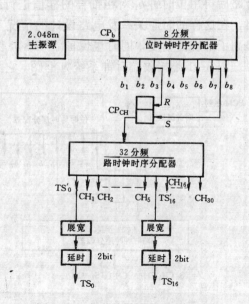

图 3-19　发送端时钟系统方框图

在图 3-20 中，CP_{CH} 是路脉冲的时钟源，它是由位时钟 b_3 和 b_7 触发 RS 触发器而形成的。由 CP_{CH} 经分频和时序分配而产生的路时钟 TS'_0、CH_1、CH_2、……CH_{30} 等时间关系如图 3-20 所示。

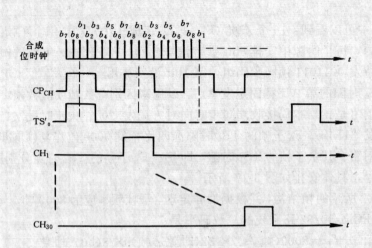

图 3-20 发送端时钟时序关系图

在图 3-20 中，TS'_0 作帧同步时隙的路时钟，由图中可看出，TS'_0 脉冲宽度只对应 4 个位时钟宽度，且 TS'_0 的起始位置是对应位脉冲 b_7。为了使帧同步时隙占满 8 个位时钟宽度，在电路中设置了展宽电路，为了使帧同步时隙起始位置对应于位脉冲 b_1，还加入了延时 2bit 电路。经展开和延时后就得到了帧时钟脉冲 TS_0。指令信号路时隙 TS_{16} 的形成与 TS_0 的形成过程完全相同。

图 3-20 中所示的 $CH_1 \sim CH_{30}$ 的路时钟是用作分路抽样的抽样时钟。这个抽样脉冲的宽度是较宽的，用这个时钟脉冲的抽样叫做粗抽样。将粗抽样的样值脉冲进行多路合成，在合路后再用位时钟 b_1 对粗抽样的样值进行细抽样并展宽保持到 b_8 结束。从时钟时序图中看出，在这样的时序关系及电路设计的情况下用 b_1 进行细抽样刚好是对准粗抽样值的中间，提高了系统的精度，同时也保证了 $b_1 \sim b_8$ 位时钟的编码顺序。

图 3-21 是接收端时钟系统方框图。它的主要构成部分与发送端时钟系统相似，仅有两点不同：第一是它没有主振时钟源，接收端的时钟是由接收的 PCM 信号序列中提取来的；第二是接收端不需要有粗抽样和细抽样的过程，故不需要将路时钟的位置提前两个位脉冲的宽度，所以可用 b_1 和 b_4 去直接形成路时钟信号，如图 3-21 所示。

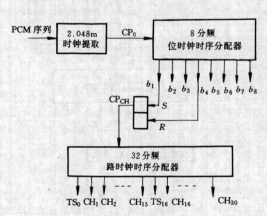

图 3-21 接收端时钟系统方框图

四、PCM 30/32 路系统的构成

图 3-22 所示为 PCM30/32 路系统构成方框图。它的工作原理是：用户的话音信号经二/四线变换的差动变量器 1～2 端送入 PCM 系统的发送端。在发送端的处理过程

是：放大、低通滤波、抽样、合成及编码，其编码是由 8 个位时钟脉冲控制的，编成 8 位码。语声的编码信号、同步码及指令信号码在合成电路中合成，最后由码变换电路变换成适合于信道传输的码型并送往信道。接收端首先将接收的信号经整形、再生，再由帧同步系统控制接收端时钟系统产生解码所需要的位时钟和分路所需要的路时钟脉冲。在位时钟脉冲控制下对 PCM 信号进行解码，由路时钟控制分路，最后经低通滤波电路和放大电路后就可送至用户。

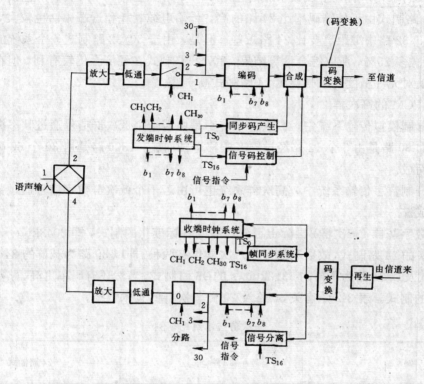

图 3-22　PCM 30/32 路系统构成方框图

第五节　PCM 的一次群和高次群

目前 PCM 通信方式发展很快，传输容量已由一次群 2048kbit/s（千比特/秒）的 30/32 路发展到二次群的 120 路，三次群、四次群，以至五次群……等等。传送信道除采用电缆、微波中继外，已扩展到光缆，卫星通信等。除可开通电话、电报、传真等业务外，还可传输可视电话，彩色电视、高速数据流等信息。不但可用于地面通信，也可用于宇宙通信；以及遥感、遥控、遥测等方面。

（一）PCM 的一次群

30/32 路采用 13 折线近似于 $A=87.6$ 对数压扩律的压扩特性，话路数为 30 路（另有两路作其它用），输出码率为 2048kbit/s。另一种是 24 路，采用 14 折线近似于 $\mu=255$ 对数压扩律的压扩特性，通话路数是 24 路，输出码率为 1544bit/s。

据有关资料分析，30/32 路制式的帧结构比较完善，如振铃用标志信号方式的程控电子交换机中，而且每一路用 4bit 来传输标志信号，因此，就可以满足长途交换中多种业务信号的需要。同步方式采用码组同步，同步恢复时间快，有利于传输数据。30/32 路制式国际上建议采用 13 折线近似于 $A = 87.6$ 的压扩特性，在小信号时信噪比虽比采用 15 折线近似于 $\mu = 255$ 的压扩特性的 24 路制式低 6dB，但在规定的话音动态范围内，仍能满足国际电路指标的要求，要实现这种压扩特性的电路也比 μ 特性容易些。现在国际电路上规定以 A 特性为准，为国际通信所必需的转换，其设备均由采用 μ 特性的国家解决。这样，从整个数字通信发展的系列来看，干线数字通信选用 30/32 路作基群（即一次群）也较有利。

30/32 路制式由于传输码率比 24 路的高，传输电缆衰耗和近端串话也较大，故在同样条件下，30/32 路中继距离要比 24 路短些。但是，由于 30/32 路制式一个系统的话路数目比 24 路制式多 25%，所以综合计算结果，30/32 路制式在经济上仍较有利，但在技术上的复杂性以及对元件精度要求则要比 24 路制式高一些。

（二）PCM 的高次群

在频分制模拟传输系统中，高次群系统都是由若干个低次群信号通过频率搬移迭加送构成的，例如 60 路是由 5 个 12 路经过频率搬移迭加而成，1800 路是由 30 个 60 路经过频率搬移迭加而成。

在时分制数字传输系统中，高次群系统也可由若干个低次群数字信号通过数字复用设备汇总而成。

由于数字基群（一次群）国际上已建议有两种标准化的制式，即 2048kbit/s 的 30 路和 1544kbit/s 的 24 路制式，故数字信号的二次群也有两种。即以 30 路为基群的 8448kbit/s 的 120 路制式及以 24 路为基群的 6312kbit/s 的 96 路制式。当然还有码率更高、路数更多的三次群以上的制式。表 3-2 是有关 30 路及 24 路一次群的技术数据。

一次群技术数据举例 表 3-2

	30 路制式	24 路制式
1. 话音频带	300～3400Hz	300～3400Hz
2. 采样速率	8000Hz	8000Hz
3. 毕特数/采样	8	8
4. 时隙/帧	32	24
5. PCM 通路/帧	30	24
6. 输出比特速率	2048kbit/s	1544kbit/s
7. 编码率	A 律，$A = 87.6$	μ 律，$\mu = 255$

图 3-23 是二次群复用示意图。

在图 3-23 中，有两类多路复用方式即：

（1）（一次）PCM 多路复用：用于模拟/数字或数字/模拟交换；

（2）（二次）数字多路复用：把来自一次 PCM 多路复用的多路数字信号组合成单一的数字信号，或反之。

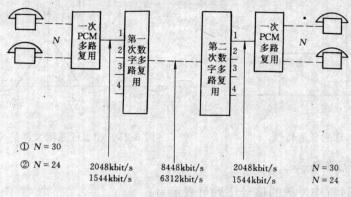

① N = 30

② N = 24

2048kbit/s　　8448kbit/s　　2048kbit/s　　N = 30

1544kbit/s　　6312kbit/s　　1544kbit/s　　N = 24

图 3-23　一次 PCM 信号的第二次复用

第六节　数字信号的传输与再生中继

一、数字信号传输的码间干扰

数字信号可用不同的波形来表示，由傅里叶变换定理可知，对任一信号，其时间波形与频谱总是一一对应的。一般而言，数字信号的有效时宽是有限的，则其所对应的频谱函数就是有限的。

在实际传输系统中，任何传输信道的频带宽度都不可能是无限的，也就是说，任何信道都是有带限的。所以无限带宽的信号通过有限带宽的信道的传输对信号波形一定要产生影响。假定信道传输特性用一等效理想低通特性近似表示，如图 3-24 所示，图中所示的传递函数为

$$H(\omega) = \begin{cases} ke^{-j\omega t_d}, & |\omega| \leqslant \omega_c \\ 0, & |\omega| > \omega_c \end{cases} \tag{3-5}$$

式中　t_d——信号通过滤波器的延时时间；

ωt_d——表示滤波器是线性相移特性；

k——通带内传递系数，可令 $k=1$；

ω_c——低通滤波器截止角频率，带宽$-\omega_c \sim \omega_c$。

如设单位冲击脉冲 $\delta(t)$ 通过此等效低通网络传输，其输出响应为：

$$Y(t) = \frac{\omega_c}{\pi} \cdot \frac{\sin\omega_c(t - t_d)}{\omega_c(t - t_d)} \tag{3-6}$$

上式中 t_d 表示信号通过网络的固定延时。另外，当把这一网络认为是线性时不变系统时，且不考虑信号间的相对时延关系，则 t_d 可以省去，上式可以简化为

$$Y(t) = \frac{\omega_c}{\pi} \cdot \frac{\sin\omega_c t}{\omega_c t} \tag{3-7}$$

按上式画出的响应波形如图 3-25 所示。

从图 3-25 可以看出，在 $t=0$ 时有输出最大值，且波形有很长的拖尾，其幅度是逐渐衰减的。从图中还可以看出，其响应值在时间轴上具有很多零点，第 1 个零点是 $\frac{1}{2f_c}$，且以后

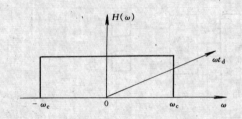

图 3-24、理想低通特性

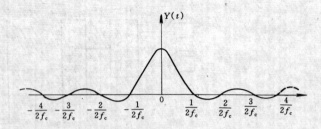

图 3-25　理想低通滤波器的冲击响应

各相邻零点的间隔都是 $\frac{1}{2f_c}$。

在实际传输过程中发送的信号序列可表示为：

$$S(t) = \sum_{n=-\infty}^{\infty} a_n \cdot \delta(t - nT) \tag{3-8}$$

由于线性系统具有选加性，所以输出响应应是输入信号各分量的响应之和。假定等效理想低通滤波器的截止频率为 f_c，且 $f_c \neq \frac{1}{2T}$，若在上式中只考虑 $n=1$ 和 $n=2$ 的简单情况，即只有 $a_1=1$，$a_2=1$，其余都为零的情况，其输出响应如图 3-26 所示。由图可看出，两个输入脉冲的响应总是相互影响的，这一影响就叫码间干扰，它产生的原因是由于传输系统的带限使输出信号产生无限长的拖尾所致。

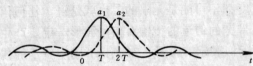

图 3-26　有符号间干扰的脉冲序列响应示意图

对数字信号传输的检测只需判决所传输数字信号的离散值而不需要识别全部波形。例如，对二进制传输，只需要在特定的时刻判决"1"或"0"的数值而不需要识别其它时间是何种波形。因此，在数字信号传输中可采用抽样判决的方法对传输的信号进行检测判决。采用抽样点判决的方法就可以实现消除符号间干扰或使符号间干扰（又称码间干扰）为最小的数字信号传输。

从图 3-25 中可以看出，当输入脉冲序列满足 $T = \frac{1}{2f_c}$ 条件，或者说以 $2f_c$ 的速率发送脉冲序列时，则在输出的响应最大值点的数值就仅由本码元所决定，因此在最大值点处进行抽样判决就可以消除码间干扰，如图 3-27 所示，图中响应的发送序列可写作：

$$S(t) = \sum_{n=-\infty}^{\infty} a_n S(t - nT) \tag{3-9}$$

其中，a_n 是二进制信号的取值，可取"1"或"0"；$T = \frac{1}{2f_c}$，f_c 是等效理想低通滤波器的截止频率，即 $0 \sim f_c$ 是通频带，带宽为 f_c。

从图 3-27 中可以看出，在传输速率和信道带宽满足上述关系时就可做到无码间干扰传输，这就是数字信号传输的一个重要准则——奈奎斯特第一准则。这一准则的具体含义是：当数字信号序列通过某一信道传输时，作到码元响应的最大值点处不产生码间干扰的极限传输速率是平均每赫、每秒两个符号，对于二进制传输就是 2bit/s/Hz。

二、再生中继及其实现方案

PCM 数字信号在实际信道中以基带方式传输时，由于信道带宽限制及各种失真和干扰等限制了传输距离的增长。为了实现远距离传输，在两个端局之间的适当距离上要加入再生中继站来校正失真，并经判决和再生以恢复出原被传送信号的码型，再重新向下一站传送。这种经再生形成再继续传输的方式就叫再生中继传输。其系统构成如图 3-28 所示。

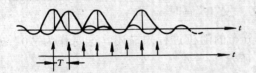

图 3-27　最大值点处抽样判决示意图

图 3-28　再生中继链路示意图

再生中继器构成方框图如图 3-29 所示。图中 $S_{01}(t)$ 是前一站的输出信号，$S_r(t)$ 为再生中继器的输入信号，这一输入信号是经过信道传输有衰减、失真并受到干扰的。所以，$S_r(t)$ 基本上失去了信号 $S_{01}(t)$ 的形状。中继器的第一个作用是把有衰减和失真的信号进行均衡校正和放大，使信号具有适当的电平和较好的波形。判决电路就是一个门限检测电路，形成电路在时钟控制下产生原信号的波形，最后经过输出电路向下一站传输。

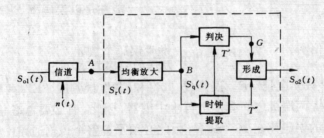

图 3-29　再生中继构成方框图

为了减少码间干扰的影响以形成较准确的信号，这里的判决电路是采用抽样判决的方式，因此需要有一个时钟提取电路以提取所需要的时钟信号。图 3-29 中各点所对应的波形如图 3-30 所示。图中 T' 是提取的时钟信号，它用作对均衡放大后的信号进行抽样，G 是判决电路的输出信号，当样值信号超过判决门限时，$G=1$；否则，$G=0$。T'' 是由时钟信号 T' 延时 1/2 个码元宽度而得到的，它用来使形成电路形成占空比为 50% 的数字信号码。

三、误码及误码率

PCM 通信传输系统中，最重要的质量指标是误码率和抖动，这两者在中继传输过程中都具有累积特性，它们最终在 PCM 端和解调时形成噪声。

传输信道中的噪声和干扰将以迭加的形式随信号一起进入判决电路，这些迭加的噪声和干扰就是判决再生电路产生误码的主要原因。

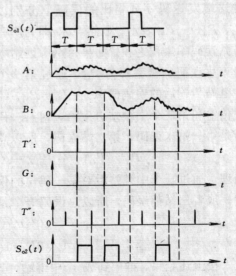

图 3-30　再生中继器各点对应的波形

对于二进制传输，当不考虑噪声和干扰时，可假定判决点的理想判决值是"E"或"0"。当考虑有附加噪声干扰时，判决值将是信号与噪声之和。如噪声以 $n(t)$ 表示，并设判决时刻为 $t=T$，则判决信号为：

$$\mu(t) = \begin{cases} E + n(T) & \text{发"1"码时} \\ 0 + n(T) & \text{发"0"码时} \end{cases} \tag{3-10}$$

假设噪声 $n(t)$ 可用均值为零的高斯概率分布的随机过程来描述，这时作为"0"或"E"码的信号与噪声之和的概率分布如图 3-31 所示。

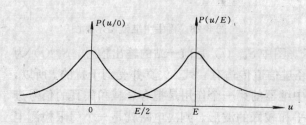

图 3-31　二进制信号与噪声之和的概率分布

图中，$P(\mu/0)$ 和 $P(\mu/E)$ 表示条件概率分布，$P(\mu/0)$ 表示发送信号为"0"时判决值的概率分布；$P(\mu/E)$ 表示发送信号为"E"时判决值的概率分布。当判决时刻出现与信号反向的噪声，且当噪声瞬时值超过所设置的判决门限时就要产生错误判决，这种错误判决的可能性是以误码率 Pe 来度量的，误码率的定义是：

$$Pe = \lim_{N \to \infty} \frac{\text{发生误码个数 } n}{\text{发送的总码数 } N} \tag{3-11}$$

其中，误码个数 n 应是"E"误判成"0"和"0"误判成"E"两种情况之和。

在实际通信中，两端机之间有多个再生中继器，因此，有必要考虑总误码率。对于 PCM 通信系统，要求总的误码率在 10^{-6} 以下。因此必须了解整个传输通路中误码率累积的问题，以便根据总的误码率要求来确定各中继段误码率指标的分配。

PCM 传输示意图如图 3-32 所示。由 M 个中继站组成，其中第 M 个中继器装在接收终端机内，链路中每个站输出的码序列与原发送端发送码序列相比的误码率分别以 P_1、P_2……P_M 表示。显然，P_M 即为所有各站误码率累积之和。如果每个中继站本身产生误码的概率都为 P_{e1}，通过第一个中继站传输后的误码概率为：$P_1 = P_{e1}$。经

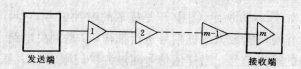

图 3-32　PCM 传输链路示意图

过传输和第二个中继站再生后，对某一码位误码的条件为：第一站误码，第二站未误；或者是第一站未误码，第二站误码，所以总误码率应为两者之和，即：

$$P_2 = P_{e1}(1 - P_{e1}) + (1 - P_{e1}) \cdot P_{e1} = 2P_{e1}(1 - P_{e1}) \tag{3-12}$$

同理，通过三个中继站后对某一码位的误码条件是：在三站中有一站误码，其余两站未误码；或者三站都误码，所以总误码概率是：

$$\begin{aligned} P_3 &= C'_3 P_{e1}(1 - P_{e1})^2 + C_3^3 \cdot P_{e1}^3 \\ &= 3P_{e1}(1 - P_{e1})^2 + P_{e1}^3 \end{aligned} \tag{3-13}$$

按上述结果，推广到 M 个中继站，其某一个码位的误码条件是：有奇数个站误码，其余的未误码。所以总误码率应为：

$$P_M = C'_M P_{e1}(1 - P_{e1})^{M-1} + C_M^3 P_{e1}^3 (1 - P_{e1})^{M-3} +$$
$$C_M^5 P_{e1}^5 (1 - P_{e1})^{M-5} + \cdots\cdots \qquad (3\text{-}14)$$

一般，P_{e1}很小，P_{e1}^3以上各项可忽略不计，则

$$P_M = C'_M P_{e1}(1 - P_{e1})^{M-1} \doteq M P_{e1}[1 - (M - 1)P_{e1}] \doteq$$
$$M P_{e1} - M(M - 1)P_{e1}^2 \qquad (3\text{-}15)$$

当 $M P_{e1} \ll 1$、$M(M-1)P_{e1}^2 \ll M P_{e1}$时，上式可近似表示为：

$$P_M = M P_e \qquad (3\text{-}16)$$

上式表明，全程总误码率 P_M 为一个中继段的误码率 P_{e1} 再乘以再生中继站的数目，即传输链路的总误码率是按再生中继站数目成线性关系累积的。

例如，PCM 通信系统要求总误码率为 $P_M = 10^{-6}$，根据传输距离估算，中继站数目 $M = 100$，则根据上式可算出每个再生中继站的允许误码率为：$P_{e1} = 10^{-8}$。

第四章　程控用户交换机的硬件系统

第一节　程控用户交换机的硬件结构

用户交换机的发展趋势是程控用户交换机，程控用户交换机按其技术结构可以分为程控模拟交换机和程控数字交换机两类。属于程控模拟交换机的有空分式电子交换机和脉幅调制（PAM）的时分式交换机，属于程控数字交换机的有增量调制（DM）的时分式交换机和脉码调制（PCM）的时分式交换机。

模拟程控用户交换机在过去十几年的广泛应用中，由于其技术成熟，服务性能较多，至今仍在美国和日本等工业大国国内占有一定市场，其交换网络起初是使用笛簧接线器一类金属接线器，最近几年大多使用固体接点元件。由于后者的体积小，耗电也较少，正逐步取代前者，图 4-1 示出了模拟程控用户交换机的硬件结构。

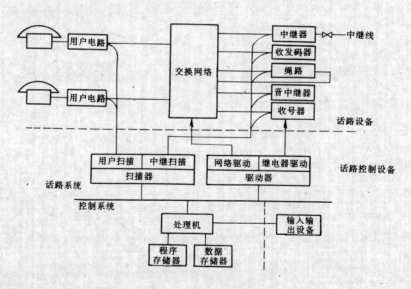

图 4-1　程控模拟用户交换机硬件结构

由图 4-1 可见，模拟程控交换机硬件由话路系统和控制系统两大部分组成。话路系统又可分为话路设备和话路控制设备，控制系统包括处理机和输入输出设备等。

为了完成各种交换接续的功能，模拟程控交换机的话路设备包括交换网络、用户电路、绳路、收号器和各种中继器以及收、发码器。如果将发送某些信号音的功能划分出来，还要配置专门的信号音中继器，如忙音器、振铃器和回铃音等。而模拟程控交换机的控制设备是用计算机中的控制程序来取代布线逻辑控制电路，拨号信号和其他控制信号传到计算机，计算机用软件来分析这些信号，以确定在交换矩阵中应建立怎样的路径，或者确定应执行什么功能。在建立了路径以后，模拟话音信号仍通过模拟交换矩阵传送，计算机仅用来提供控制功能。因此模拟程控用户交换机仅在控制部分是"数字的"，而在其交换部分仍是"模拟的"。

数字程控用户交换机的主要特征是其交换矩阵中的信号是数字化的，如图4-2所示，它也由话路设备和控制设备组成。

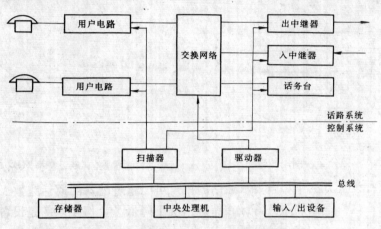

图 4-2　程控数字用户交换机硬件框图

话路设备的具体组成随交换机的类型和用途而异，最基本的话路设备是用户线、中继线的终端接口以及提供连接通路的交换网络。此外还有一些信号部件也连接到交换网络，对用户交换机而言，还具有话务台。

交换网络是话路设备中的核心设备，需要建立连接关系的其他话路设备，如用户设备、中继设备、信号部件等都要终接在交换网络上。交换网络可在处理机控制下，建立任意两个终端之间连接，数字交换机应采用数字交换网络，直接对数字化的话音信号进行交换。显然，各种话路设备应以数字复用线接至交换网络。

程控用户交换机的控制设备是处理机。

第二节　程控用户交换机的交换网络

一、空分交换网络的构成

空分交换网络一般采用笛簧接线器、剩簧接线器或速度较快的电子接线器等，作为话路网络的接续器件，笛簧、剩簧、电子接线器可做成任意容量的基本交换单元，但当容量变大时，继电器等的数量要急剧增长，不够经济。故宁可做成多级交换网络，而不采用过大的基本单元。

最简单的空分交换网络可以是一个由 $N \cdot N$ 个接点组成的矩阵，如图4-3所示，它可以实现 N 条入线与 N 条出线之间的临时接续，只要相应的接点闭合，则任一入线可与任何一条出线接通。由于出线数不少于入线数，因此这种网络是无阻塞的，在任何时候，只要有入线要求接通出线，总是可以接到一条出线上的。

用这种交换网络实现电话交换虽然是可行的，但不经济，因为随着 N 值的增大，交叉点的数目将随入（出）线数的平方增加。

如果这个交换网络所接的入线是用户线，由于每线的话务量很小，则对于每条用户线的 N 个交叉点的使用效率是非常低的，在大部分时间内它们都是空闲的，而在用户通话占用的时间内，N 个接点中每次通话只有一个接点是使用着的，其余 $N-1$ 个接点是空闲的。

如果通过调查得知，忙时同时出现的通话对数为 M，就可以先把 N 个用户线收敛为 M 条线，在 M 条线之间进行交换，然后再扩散为 N 条用户线，如图 4-4 所示。

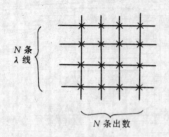

图 4-3　空分交换网络矩阵

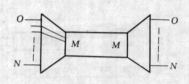

图 4-4　多级交换网络示意图

在上面这种设置方法中，当要求通话的用户可能超过配备的通话路数 M，那么就必须允许出现呼损，这样，虽然服务等级在特殊情况下降低了，但换取的是设备数量大大地减少。

上面设想，可以由 3 种不同类型的交换网链接起来实现，一般称为多级交换网。如图 4-5 所示，这 3 种交换网分别称为集中型、分配型和扩展型，有时也叫集中级、分配级和扩展级。

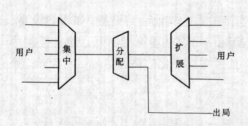

图 4-5　三级交换网络示意图

（一）集中级

这一级的特点是入线数 N 大于出线数 M，其主要功能是进行话务集中，把数量较多但不经常使用的 N 线上的话务量集中到数量较少但承担较大话务量的出线上去。

由于出线少于入线，在用户级的 N 个用户中，如有 M 个用户正在通话，第 $M+1$ 个用户摘机要求呼出时，将因为没有可用的出线而产生呼损，因此这一级是交换机产生呼损的原因之一。

（二）分配级

这一级的特点是入线数与出线数大致相等。它的主要功能是进行交换。这一级通常位于集中级与扩展级之间，入线上的话务量来自集中级，经这一级进行分配交换送至扩展级。如果这一级的出线是不分组的，一般是无阻塞的，因为入线数和出线数相等，在任何时刻，任一入线总可找到一条出线。但如果出线是分组的，则对于某一组出线而言，则因为入线数大于出线数，就可能出现阻塞。电话交换机中的选组级是典型的分配级，其出线分为若干组，如本局、出局、长途、特殊服务等。

（三）扩展级

这一级的功能与集中级正好相反，其特点是入线数 M 小于出线数 N。用在用户级时，出线接用户，入线接于分配级的输出端，其主要任务是把数量少但较繁忙的链路上的话务是扩展到为数众多的用户线上去。

二、数字电话交换原理

通过上面分析我们可以看到，在空分制交换机中，进行交换的每个话路（用户）都占有一条专用的导线，空分交换网络是由交叉接点（金属接点或电子接点）组成的，通过接点闭合把一个用户与另一用户接通来完成交换任务，如图4-6所示。交换通路的传输大多是双向的，在通路上传输的信号一般是模拟信号，而数字交换则是另外一种交换方式，进行交换的每个话路（用户）在一条公共的导线上占有一个指定的时隙，其信息（二进制编码的数字信号）在这个时隙内传送，多个话路的时隙按一定次序排列，沿这条公共导线传送，如图4-7所示。

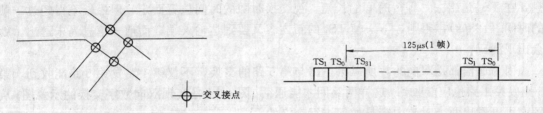

图4-6　空分交叉接点示意图　　　　　图4-7　多个时隙沿一条导线传输示意图

上述的公共导线就是一条时分多路复用电路，多个话路的时隙在其上按规定的顺序排列，因此在数字电话交换机中，和数字交换网络相连接的线路并不象空分交换机中那样单独分开的用户线或中继线，而是每条线路含有多路话音通路的标准时分多路复用线，如图4-8所示。

以下图4-9来说明时分数字交换的概念。设有几套PCM系统进入数字交换网络，应能使得任一套PCM系统的任一话路时隙的8bit编码信息，通过交换网络而交换到其它PCM系统或本系统的任一时隙中去。图4-9中表示了第一套PCM中的第2时隙与第 n 套PCM的第3时隙；第二套PCM中的第3时隙与第一套PCM的第22时隙；以及第 n 套PCM的第21时隙与第2时隙之间实现了交换。

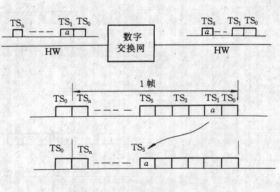

图4-8　时分多路复用示意图

从图4-9中可知，如果只有一套PCM系统，仅需完成在同一套PCM系统的各个时隙之间的交换；当有多套PCM系统时，交换范围应扩大到各PCM系统之间，也就是完成不同的复用线之间的时隙交换。总之，离不开时隙交换。

现在我们举一个具体例子来说明上述交换过程。如果要某条PCM上的第1路和第5路进行交换，即把第一路传送的信息 a 交换到第5路去，就必须把时隙 TS_1 的内容 a 通过数字交换网络送到 TS_5 中去，如图4-8所示。所以说数字交换的实质是时隙内容的交换，也就是将时隙 TS_1 的内容在时间位置上搬到 TS_5 中去的交换。

这里值得注意的是，当 TS_1 到来时，出端 TS_5 的时隙尚未来到，要把 TS_1 的内容送到 TS_5，当 TS_1 到达后，需要等待一段时间（$4 \times 3.9 = 15.6 \mu s$），等到 TS_5 到达时，才能将信

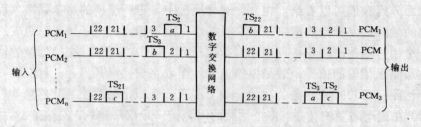

图 4-9　时分数字交换

息 a 在 TS_5 送出去。等待时间的长短，视交换时隙的时间位置而定，但最长不得超过一帧的时间（$125\mu s$），否则，下一帧 TS_1 的新内容又要到达输入端，而前一信息尚未送出，就会出现漏码。

因为通信都是双向的，所以第 1 路与第 5 路的交换，不仅第 1 路发第 5 路能收到，第 5 路发第 1 路也应能收到，这样两路间才能通话。图 4-10 是实现双向数字交换的示意图，从图中可以看出两个时隙内容是如何进行交换的。

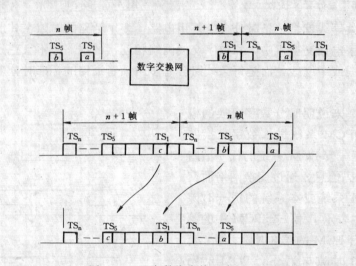

图 4-10　双向数字交换示意图

在图 4-10 中，TS_5 所传送的信息 b 不可能在同一帧的时间内交换到 TS_1 去，这是因为 TS_5 到来时，同一帧的 TS_1 已经过去，所以 TS_5（第 n 帧）中的信息，必须在下一帧（第 n +1 帧）的 TS_1 到来时，才能传送出去，这样就完成了从 TS_1 到 TS_5 和 TS_5 到 TS_1 的信息交换。从数字交换内部来看，建立了 $TS_1 \rightarrow TS_5$ 和 $TS_5 \rightarrow TS_1$ 两条通路，也就是说，数字交换的特点是单向的，要完成双向通话，就必须建立两个通路（一来一去），即四线交换。

从时隙交换的概念可以看出，当输入端某时隙 TS_i 的信息要交换到输出端的某个时隙 TS_j 时，TS_i 时隙的内容需要在一个地方暂存一下，等到 TS_j 时隙到来时，再把它取出来，就可以实现从 TS_i 到 TS_j 的交换了。可以将信息暂存一下并可在适当时刻取出的理想器件是随机存储器，因此时隙交换是用以随机存储器为主组成的电路实现的。

三、时间接线器原理

时间接线器用来完成在一条复用线上时隙交换的基本功能，简称 T 接线器。

（一）时间接线器的构成和工作原理

时间接线器采用缓冲存储器暂存话音的数字信息，并用控制读出或控制写入的方法来实现时隙交换。因此，时间接线器主要由话音存储器和控制存储器构成，如图 4-11 所示。

话音存储器用来暂存数字编码的话音信息。每个话路时隙有 8 位编码，故话音存储器的每个单元应至少具有 8bit，话音存储器的容量，也就是所含的单元数应等于输入复用线上的时隙数，这里指的输入复用线，不一定是一套 32 路的 PCM 系统，因为实际上还要将各个 PCM 系统进一步复用，使一条复用线上具有更多的时隙，以更高的码率进入时间接线器，从而提高其效能。假定输入复用线上有 512 个时隙，则话音存储器要有 512 个单元。

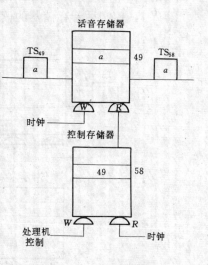

控制存储器的容量通常等于话音存储器的容量，每个单元所存储的内容是由处理机控制写入的。在图 4-11 中，控制存储器的输出控制话音存储器的读出地址。如果要将话音存储器输入 TS_{49} 的内容 a 在 TS_{58} 中输出，可在控制存储器的第 58 单元中写入 49 的内容。

图 4-11　时间接线器

下面来说明完成时隙交换的过程。各个输入时隙的信息在时钟控制下，依次写入话音存储器的各个单元，时隙 1 的内容写入第 1 个存储单元，时隙 2 的内容写入第 2 个存储单元，依此类推。控制存储器在时钟控制下依次读出各单元的内容，读到第 58 单元时（对应于话音存储器输出 TS_{58}），其内容 49 用来控制话音存储器在输出 TS_{58} 读出第 49 单元的内容，从而完成了所需的时隙交换。

为输入时隙选定一个输出时隙后，由处理机控制写入控制存储器的内容在整个通话期间是保持不变的。于是，每一帧都重复以上的读写过程，输入 TS_{49} 的话音信息，在每一帧中都在 TS_{58} 中输出，直到话终为止。

显然，控制存储器每单元的比特数决定于话音存储器的单元数，也就是决定于复用线上的时隙数。

话音存储器和控制存储器都采用随机存取存储器（RAM）求实现的。运行灵活、方便、可靠。

（二）控制方式

就控制存储器对话音存储器的控制而言，可有两种控制方式：

（1）顺序写入，控制读出；

（2）控制写入，顺序读出。

在图 4-11 中，话音存储器是顺序写入，控制读出。所谓控制读出，就是读出地址受控制存储器的控制。

图 4-12（a）表示了控制写入、顺序读出的时间接线器，原理与上述相似，不同的不过是控制存储器用来控制话音存储器的写入。当第 i 个输入时隙到达时，由于控制存储器第 i 个单元写入的内容是 j，作为话音存储器的写入地址，就使得第 i 个输入时隙中的话音信息写入话音存储器的第 j 个单元。由于是顺序读出，在第 j 个时隙到达时，读出话音存储器第

j 个单元的内容，这正是第 i 个输入时隙中的话音信息，于是完成了第 i 个输入时隙与第 j 个输出时隙之间的交换。

图 4-12 (b) 表示顺序写入、控制读出。与图 4-12 (a) 相比较。在图 (a) 中，控制存储器的第 i 个单元存入 j，控制话音存储器的写入地址；图 (b) 中，控制存储器的第 j 个单元存入 i，控制话音存储器的读出。控制写入或控制读出又可称为随机写入或随机读出。

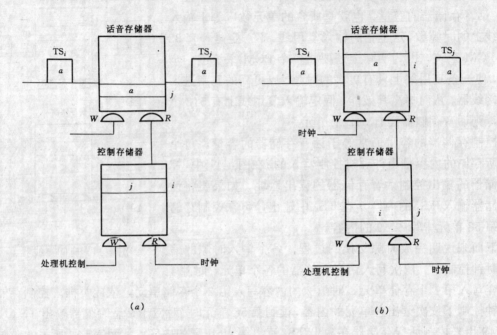

（a）　　　　　　　　　　　　　（b）

图 4-12　两种写入、读出方式

四、空间接线器的原理

空间接线器用来完成不同复用线之间的交换功能，而不改变其时隙位置，简称为 S 接线器。

（一）空间接线器的构成和工作原理

空间接线器由交叉点矩阵和控制存储器构成，如图 4-13 所示为一个 4×4 的交叉点矩阵和相应的控制存储器。4×4 的交叉点矩阵有 4 条输入复用线和 4 条输出复用线。任一条输入复用线可以选通任一条输出复用线。值得注意的是，每条复用线上具有若干个时隙，否则就变成传统的空分接线器了。因此，输入与输出的选通应针对某一时隙而言。例如，第 1 条输入复用线的第 1 个时隙可以选通第 2 条输出复用线的第 1 个时隙，它的第 2 个时隙可以选通第 3 条输出复用线的第 2 个时隙，它的第 3 个时隙可能选通第 1 条输出复用线的第 3 个时隙等等。所以，空间接线器不进行时隙交换，而仅仅实现同一时隙的空间交换。

各个交叉点在哪些时隙应闭合，在哪些时隙应断开，这决定于处理机通过控制存储器所完成的选择功能。如图 4-13 所示，对应于每条入线有一个控制存储器，用来控制该入线上每个时隙接通哪一条出线，所以其容量等于每条复用线上的时隙数，而每个存储单元的比特数则决定于用来选择输出线的地址码位数。例如，交叉矩阵是 32×32，每条复用线上有 512 个时隙，则应有 32 个控制存储器，每个存储器有 512 个字，则每个字有 5bit，可选择 32 条出线。

46

在图 4-13 中，第 1 个存储器第 7 个单元由处理机控制写入了 2。第 7 个单元对应于第 7 个时隙，当每帧的第 7 个时隙到达时，读出第 7 个单元中的 2，表示在第 7 个时隙应将第 1 条入线与第 2 条出线接通，也就是第 1 条入线与第 2 条出线的交叉点在第 7 时隙中应该接通。在每一帧期间，所有控制存储器的各单元的内容依次读出，控制矩阵中各个交叉点的通断。

（二）控制方式

就控制存储器对交叉点矩阵的控制而言，可有两种控制方式：

（1）按输入线配置的输出控制方式；

（2）按输出线配置的输入控制方式。

在图 4-13 中的空间接线器属于第一种控制方式，按输入线配置控制存储器，控制存储器的内容是输出线号码，用作输入线在各个时隙的输出控制。

第二种控制方式按输出线配置控制存储器，控制存储器的内容是输入线号码，称为输入控制，如图 4-14 所示。

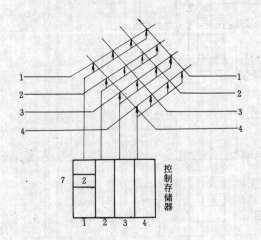

图 4-13　输出控制式空间接线器

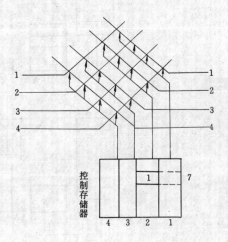

图 4-14　输入控制式空间接线器

在图 4-14 中，如果仍然要使第 1 输入线与第 2 输出线在第 7 时隙接通，应使第 2 个控制存储器的第 7 个单元写入输入线号码 1。

输入控制方式有一个优点：某一输入线上的某一时隙的内容可以同时在几条输出线上输出。如果在 4 个控制存储器的第 k 个单元中都写入了输入线号码 i，可使得输入线 i 的第 k 个时隙中的内容同时在输出线 1—4 上输出。对于输出控制方式，这是做不到的。这种同时输出实际是重接，对于正常的通话是不允许的，但可使某些数字化信号音从一个入端同时输出到需要发送信号音所有输出端。

当空间接线器的出入线数相等时，两种控制方式所用的控制存储器的数量也相等。控制存储器也由随机存储器（RAM）构成，交叉点矩阵可采用高速门电路组成的数据选择器，如 8×8 矩阵可由 8 个 8 选 1 的选择器构成。

五、数字交换网络的工作过程

小容量的数字交换机可以仅仅由时间接线器构成单级 T 数字交换网络，完成时隙的功能。空间接线器不具有时隙交换功能，所以，不能仅仅由 S 级构成数字交换网络。由于一条复用线上的时隙数不能无限地增加，因此单级 T 接线器不能适应容量很大的交换机，而要引入 S 级来扩大交换范围。

数字交换网络有两种基本结构：TST 型和 STS 型，其中用得较多的是 TST 型三级网络，下面分别介绍。

图 4-15　TST 交换网络

（一）TST 型交换网络

1. TST 交换网络的工作原理

TST 是三级交换网络，两侧为 T 接线器，中间一级为 S 接线器，如图 4-15 所示。S 级的出入线数决定于两侧 T 接线器的数量。设每侧有 32 个 T 接线器，图 4-16 为其原理图。

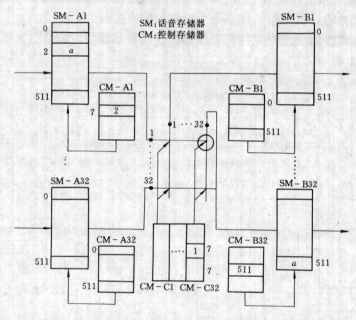

图 4-16　TST 网络工作原理

在图 4-16 中，每个 T 接线器可完成 512 个输入时隙与 512 个输出时隙之间的交换。相当于可容纳 16 套 32 路 PCM 系统，输入话音存储器用 SM-A1 到 SM-A32 来表示，控制存储器用 CM-A1 到 CM-A32 表示；输出侧话音存储器用 SM-B1 到 SM-B32 表示，控制存储器用 CM-B1 到 CM-B32 表示。

S 接线器为 32×32 矩阵，对应地连接到两侧的 T 接线器。控制存储器有 32 个，用 CM-C1 到 CM-C32 表示，按 32 条出线而配置，是输入控制方式。

输入侧 T 接线器采用顺序写入，控制读出方式；输出侧 T 接线器采用控制写入，顺序读出方式，反之亦可。假设要实现第 1 个 T 接线器的第 2 输入时隙与第 32 个 T 接线器的第 511 输出时隙的交换，以此说明 TST 网络的工作原理。

由于输入侧第 1 个接线器接到 S 级第 1 条入线，输出侧第 32 个 T 接线器接到 S 级第 32 条出线，故必须使第 1 条入线与第 32 条出线在某一时隙建立连接。由于每条线上有 512 个时隙可用，处理机在 512 个时隙中寻找一个空闲时隙，设选中第 7 个时隙，就在 CM-A1 的第 7 个单元中写入 2。在 CM-B32 的第 7 个单元中写入 511，在 CM-C32 的第 7 个单元中写入1,这些第7单元均对应于第7个时隙,为区别于输入侧T接线器的输入时隙和输出侧T接线器的输出时隙,可称其为内部时隙。

在每一帧中,在第2输入时隙写入SM-A1的第2单元中的话音信息,在CM-A1的控制下于第7内部时隙到达时读出。由于CM-C32的第7单元中写入1,表示在第7内部时隙所对应的时刻,第32条输出线与第1条输入线的交叉点接通,上述话音信息就通过S级,并在CM-B32的控制下,写入SM-B32的第511个单元。当第511输出时隙到达时,存入SM-B32的第511个单元的话音信息又被读出,送到第32个T接线器的输出线,完成了交换过程。

从上述过程可以看出,TST网络是由T接线器和S接线器配合工作,时隙交换加上同一时隙的空间交换,就可以实现任一入线和任一出线在任何时隙之间的交换功能。

2. 双向通路的建立

通话时话音信息要双向传送,数字交换网络只能单向传送信息,所以对于每一个通话接续,在数字交换网络中应建立来去两条通路,如图4-17所示。

与图4-16对照看,称第1个T接线器的第2个输入时隙为A方,第32个T接线器的第511个输出时隙为B方,则除了建立A→B的通路外,还应建立B→A的通路,用来将SM-A32中511输入时隙中的内容传送到SM-B1的第2输出时隙中去。

图4-17 双向通路

为此,必须再选用一个内部时隙,使S级第32条入线与第1条出线在该时隙接通。

为便于选择和简化控制,可使两个方向的内部时隙数具有一定的对应关系,通常可相差半帧。设一个方向选用第7时隙,当一条复用线上的内部时隙数为512时,另一方向选用第7+512/2=263时隙。在计算时,应以512为模,相差半帧的方法称为反相法。此外,也可以采用奇偶时隙的方法,当一个方向选用偶数时隙2P($P=0,1,2\cdots$),另一个方向总是选用奇数时隙2P+1。

在图4-16中,如果采用反相法,为了建立B→A的通路,应在以下控制存储器中写入适当内容:

CM-A32:第263单元中写入511。

CM-C1:第263单元中写入32。

CM-B1:第263单元中写入2。

3. 控制存储器的合用

由于双向通路所选用的内部时隙具有一定关系,输入侧和输出侧T接线器的控制存储器可以合用。图4-18表示了控制存储器的合用和双向通路的建立情况。

发送侧和接收侧T接线器中对应的控制存储器可以合用,用CM-AB1到CM-AB32表示。仍以前述的A方和B方为例,A→B选用第7内部时隙,B→A选用第263内部时隙。在分设控制存储器时,要在CM-A1的第7个单元写入2,在CM-B1的第263单元写入2,现在只要在CM-AB1的第7个单元写入2,就可以控制A方的发和收。同样,在CM-AB32的第263单元中写入511,可以控制B方的发和收。

假设0-255时隙称为相位1,256-511时隙称为相位2,则SM-A在相位1由CM-AB的

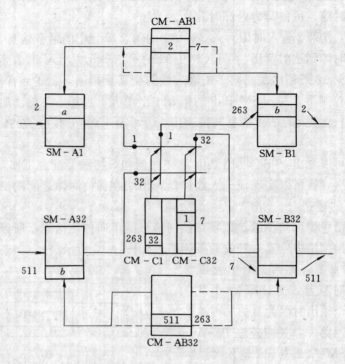

图 4-18　CM 合用和双向通路的建立

前半部（0-255 单元）控制读出，在相位 2 由 CM-AB 的后半部（256-511 单元）控制读出；而 SM-B 在相位 1 由 CM-AB 的后半部控制写入，在相位 2 由 CM-AB 的前半部控制写入。具体地说，例如对于 SM-A1，在第 7 内部时隙读出 CM-AB1 第 7 单元内容 2，控制读出 SM-A1 的第 2 单元内容；对于 SM-B1，是在第 263 内部时隙去读出 CM-AB1 的内容 2，控制写入到 5M-B1 的第 2 单元。

在 S 级中，第 1 输入线与第 32 输出线的交叉点在第 7 时隙接通，由 CM-C32 的第 7 个单元中写入 1 来控制；第 32 输入线与第 1 输出线的交叉点在第 263 时隙接通，由 CM-C1 的第 263 单元中写入 32 来控制。于是，A、B 双方所发送的话音信息都能在选定的内部时隙通过 S 级，从而实现双向通路的建立。

（二）STS 交换网络

数字交换网络的另一种基本结构是在两侧用 S 接线器，中间一级用 T 接线器，构成 STS 网络，如图 4-19 所示。

设某输入复用线上的时隙 i（A 方）要与另一输入复用线上的时隙 j（B 方）完成通话。输入 S 级的多条出线选用某一条，也就是选用某一个 T 接线器，由处理机在通路选择时确定。设选用图 4-19 最下面一个 T 接线器，当 i 时隙到达时，A 方发话信息 a 经输入 S 级相应交叉点写入 T 接线器话音存储器的第 i 单元，在 T 级控制存储器控制下，于时隙 j 读出，经输出 S 级相应交叉点写入 T 接线器话音存储器的第 i 单元，在 T 级控制存储器控制下，在时隙 j 读出，经输出 S 级相应交叉点而送到 B 方。实际上，当时隙 j 到达而 A 方发话信息 a 送到 B 方的同时，B 方发话信息 b 也写入 3T 级话音存储器的第 j 个单元，使得时隙 i 到达时，A 方可以接收 B 方的发话信息 b。显然，输入 S 级和输出 S 级的控制存储器可以合

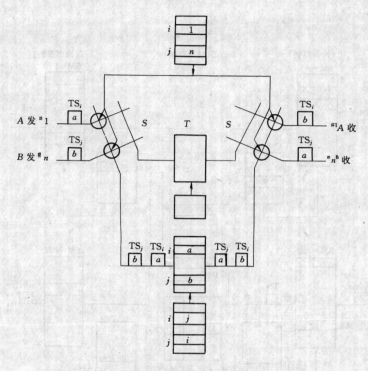

图 4-19　STS 交换网络

用。

在图 4-19 中,双向信息 a 和 b 在 T 级话音存储器占用两个单元,也可以合用一个单元,则应先读出后写入。例如,当时隙 j 到达时,先将 A 方发话信息 a 取出送到 B 方,再将 B 方发话信息 b 写入同一单元。

(三)关于 T-S-T 网络几个问题的讨论

1. 二级 T 接线器的控制方式

在图 4-16 中所介级的 T-S-T 交换网络的二级 T 接线器的控制方式为:A 级(输入侧 T 接线器采用输出控制;B 级(输出侧 T 接线器)采用输入控制。

从图 4-16 中可见,SM-A 的写入单元号和输入信号时隙号相应,如 TS_2 的 A 信号写入到 2 号单元中去,同样,SM-B 的写入单元号(读出单元号)和输出信号时隙号相对应。

若在 SM-A 或 SM-B 中有若干单元损坏不能使用时,则意味着相应输入或输出通路不能使用。

现在来把两级 T 接线器的工作方式对换一下,即 A 级采用输入控制,B 级采用输出控制,如图 4-20 所示。这样二级 T 接线器的话音存储器中要写入的话音信号正好和内部时隙相对应。如图所示,我们选定的内部时隙为 TS_7,则二级话音存储器在 7 号单元内存放 A 话音。这样采用哪一个单元决定于 CPU 选择的空闲路由(内部时隙)。同样在发生上述故障时只影响一条内部路由,只要把这条路由示忙不用就可以了,不影响外部通路。

另外,在图 4-20 中控制存储器的地址号正好和输入、输出信号相对应,这样还便于检查哪几条路由正在通话。

2. 关于二级 T 接线器的控制存储器合用的问题

二级 T 接线器的控制存储器可以合并,这一点我们在前面已经说过。

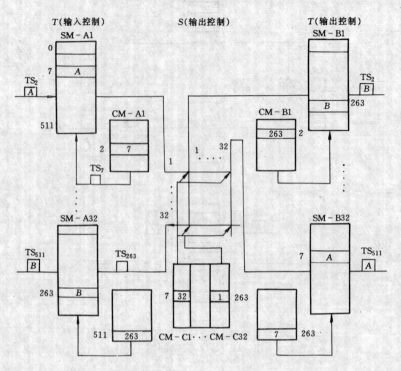

图 4-20 T-S-T 网络另一方案

在图 4-18 中，如果要控制存储器合用，则只要在相差半帧的地址，（图中为 7 和 263）写入同样的输入时隙就可以了。

在图 4-20 中，则更为方便，同一地址写入相差半帧的二个内容，例如在 CM-A 的 2 号单元写入 7 和 263。但实际上在同一地址写入二个内容是会有困难的，为不致增加控制存储器的字长，人们想出了办法，发现相差半帧的二个数实质上只有最高位不同，其余位都一样。例如 7 的二进制数为 000000111，而 263 的二进制数为 100000111，因此只要在控制存储器内放一个"7"在读出时向 SM-A 送"7"，而把这个 7 的最高位倒相，变成 263 以后送给 SM-B 就可以了。

3. 关于网络可靠性的问题

T-S-T 网络在可靠性上是比较差的，因此必须另加措施，一般采用双套网络，提高可靠性的另一途径可采用例行测试和校验等措施。

例行测试是定期对交换网络送入测试码，然后将输入和输出信息进行比较。

检验是对两套网络的信息进行实时比较，如发现不符，则通知 CPU 处理。

4. 关于网络阻塞问题

在一般情况下，T-S-T 网络存在内部阻塞。下面分析图 4-16 中的情况。

在图 4-16 中，占用 A→B 方向的路由使得占用 T-S-T 网络中相应控制存储器的 7 号单元，即在 CM-A1 的 7 号单元写入 2，CM-B32 的 7 号单元中写入 511，CM-C32 的 7 号单元写入 1。这时若第二条 PCM 复用线上有一输入，设为 TS_1，要接至第 32 条 PCM 复用线的 TS_{510}，这时 CPU 就不能再选 TS_7，因为这时需要在 CM-A2、CM-B32 和 CM-C32 的 7 号单元中写上 1、510 和 2，就发生了矛盾，即 CMB-32 的 7 号单元已被占用，即已写上 510，所以不能占用，这就出现了矛盾，即入线和出线有空，内部时隙不能占用，在极端情况下会出现阻塞现象。

在图 4-20 中同样也有阻塞现象，只不过把 CM-A，CM-B 换成 SM-A、SM-B 而已。

在数字程控交换机中交换网络是很大的，线束容量也很大，如 FETEX-150 的交换网络最多能交换 2048 条 PCM 复用线或 $30 \times 2048 = 61440$ 条话路。又如 AXE-10 的交换网络最多也能交换这么多话路，因此在数字程控交换机的网络中，实际上其阻塞率是很低的，据估算可达 10^{-6}，即可近似为无阻塞网络。

（四）多级交换网络

在实际应用中，各交换机制造厂商采用了不同组合，下面介绍几种不同组合的例子，供参考。

1. T-S-S-T 网络

采用这种网络结构的有日本 NEC 公司的 NEAX-61 系统，法国 THOMSON-CSF 公司的 MT-20 系统，日本日立公司的 HDX-10 系统等。

2. T-S-S-S-T 网络

采用这种网络结构的有法国 CIT-ALCAEL 公司的 E_{12} 系统等。

3. S-S-T-S-S 网络

采用这种网络结构的有意大利 TELETTRA 公司的 DTN-1 系统，美国 GTE 公司的 No. 3 EBX 系统等。

4. T-S-S-S-S-T 网络

采用这种网络的有美国西方电气公司的 No. 4ESS 等系统。

还有其他组合，不再一一列举。

第三节　出入中继器

中继器是指交换机与交换机之间连接时的接口电路，又称中继电路。

中继器的名目繁多，在步进制交换机中只有两种：出局中继器和入局中继器；在纵横制交换机中，多了一种局内中继器——绳路，绳路的作用是传输话音、馈电、振铃以及控制拆线等。在程控交换机中，又增加了许多品种的中继器，但每种中继器的功能都单纯化了。例如原先由绳路负责的振铃和送回铃音的两项功能，分别由振铃中继器和回铃音中继器完成，这样在完成一次通话接线的过程中，将要换接几种不同的中继器，但利用计算机高速控制的有利条件，并不影响接续速度。而中继器的分工细、功能的单纯化，将带来中继器利用率提高，因而总数减少的好处。下面列出主要的一些中继器的名称和作用。

用于通话的中继器有：

（1）入中继器：接到入局中继线上，用于入局来话。

（2）出中继器：接到出局中继线上，用于出局去话。

（3）绳路：用于局内通话。

用于信号的中继器有：

（1）发端记发中继器：向主叫送拨号音，接收主叫用户发来的号码脉冲。

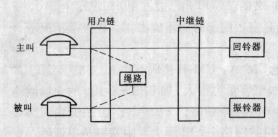

图 4-21　由振铃器振铃而预占绳路

（2）振铃中继器：发送振铃电流用。

（3）回铃音中继器：发送回铃音用。

（4）忙音中继器：发送忙音用。

在模拟程控交换机中，如图 4-21 所示，各种中继器在工作时，由中继器扫描器定时对它们进行扫描监视，以发现各种信息。例如：从绳路两端可发现主、被叫的挂机信号，从振铃中继器上可发现被叫应答信息等等。绳路和出入中继器由若干继电器或触发器组成，这些继电器或触发器的不同状态组合，构成了中继器的各种电路状态，不同的状态完成不同的功能，以适应呼叫处理中各个阶段的不同要求。在程控交换机中，除去直接受 a、b 线回路控制的继电器外，一般由处理机控制。图 4-21 说明了由振铃器（RGT）和回铃器（RBT）来完成振铃和回铃音功能的情况。

当被叫空闲时，建立 RGT 到被叫和 RBT 到主叫的连接，以便向被叫振铃和向主叫送回铃音。同时，必须预占一条空闲的绳路及相应的连接通路，在图中用虚线表示。当处理机检测到被叫应答，就接通绳路而切除 RGT 和 RBT。

以上是模拟程控交换机的中继器的工作情况，虽然各种交换机所配置的中继器功能不完全相同，但中继电路至少应具有如下功能：

（1）为本局用户与中央局用户之间提供音频通路；

（2）能够向中央局发出接续请求，并拨号；

（3）能够检测到中央局来的振铃呼叫信号。

在数字用户程控交换机中，中继器主要有两种，一种是模拟中继器，另一种是数字中继器。

一、模拟中继器

模拟中继接口用于连接模拟中继线，是程控数字用户交换机与公用网或专用网的模拟线路间的中继接口设备，它接至市话交换机的用户电路，为用户交换机的分机用户提供半自动入网方式。

模拟中继器电路的功能与模拟用户电路相似，因为它们都是与模拟线路相连。它具有以下功能：

（1）电池馈电；

（2）忙闲监视；

（3）信号发送和接收；

（4）过压保护；

（5）发送接收电平的调节；

（6）阻抗、插入损耗、时延、噪声、串音、失真等各种传输参数的分配，

（7）为各种模拟传输线路提供话音、信号及测试接口；

（8）单路编码器完成话音信号的模—数—模的转换。

图 4-22 示出了模拟接口电路的方框图。

二、数字中继器

数字中继器是将传输速率为 2048kbit/s 的 PCM30/32 路数字电路接至数字交换网，对

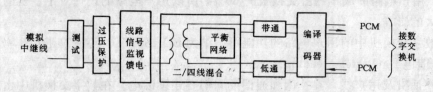

图 4-22　模拟接口电路的方框图

于数字交换机它的出入端都是数字信号,当然无模/数和数/模转换问题,但中继线连接交换机时有复用度、码型变换、帧码定位、时钟恢复等同步问题,还有局间信令提取和插入等配合的问题。所以数字中继器概括来说是解决信号传输、同步和信号配合三方面的连接问题。图 4-23 所示为其框图。

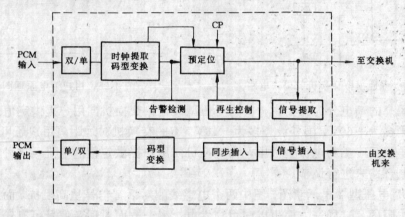

图 4-23　数字中继器方框图

它的基本功能如下:

(1) 为 PCM 传输设备提供基群 (PCM30/32 路) 的接口;

(2) 完成局内的单极性不归零码和 PCM 传输线上 HDB$_3$ 码之间的变换;

(3) 在 PCM30/32 路中的第 16 时隙提取、插入随路信号;

(4) 在 PCM30/32 路中的第 0 时隙提取时钟和帧同步信号,对抖动和滑码进行控制。

第四节　程控用户交换机的用户电路

一、模拟程控用户交换机的用户电路

空分模拟程控用户交换机的用户电路与一般程控交换机相似,可由继电器或电子器件组成,但不同的是由计算机通过扫描和驱动来控制用户电路的。

图 4-24 所示为采用继电器的用户示意图。a、b 线的一侧经外线接到用户话机,另一侧接到交换网络。线路继电器 L 接收用户呼叫信号,通过动接点的闭合将呼叫信息经由扫描器传送给 CPU,切断继电器 CO 是由 CPU 通过驱动器进行控制。例如,当 CPU 控制用户接通交换网络时,同时也控制 CO 继电器动作,以切除 L 继电器的回路。

二、程控数字用户交换机的用户电路

在程控数字交换机中,由于交换网络的数字化和集成化,直流和电压较高的交流信号都不能通过,许多功能都由用户电路来实现,所以对电路性能的要求大为增加。而在市话交换机中，用户电路的成本约占交换机的 60%，所以用户电路的设计对于整机的成本和体积起着很大的影响。

程控数字交换机中的用户电路的功能可归纳为 BORSCHT。包括 7 项功能，分别如下：

（一）馈电 B（Battery feeding）

对用户话机及用户线，在空闲和通话期间都要连续馈电。在数字交换机中由用户电路负担这一任务。

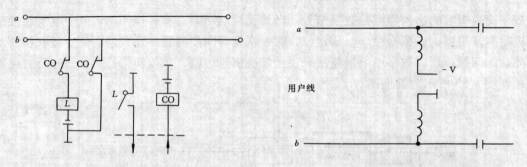

图 4-24　程控模拟交换机的用户电路　　　　图 4-25　用户馈电原理图

目前对用户的馈电分为两类：一类为电压型馈电，交换机向用户提供定值的电压，馈电电压在我国多为 $-60V$，国外设备多为 $-48V$。有的交换机对远距离用户还可用增压（增加 $24V$）馈电。另一类为电流型馈电，由交换机向用户提供定值的电流，这种馈电方法要采用反馈控制环路来进行调节。

图 4-25 是电压型馈电示意图。图中两个电感线圈对话音信号呈高阻抗，而对直流馈电电流则是低电阻的，这样一方面可以向用户供电，另一方面对话音信号可有较小损失，馈电电压还可能随用户线距离的增长有所提高。

目前此项功能已开始由集成电路实现。

（二）过压保护 O（Overvoltage protection）

用户线是外线，可能受雷电袭击或高压电线碰撞，如果高压进入交换机，内部会被毁坏。因此用户线进局时首先接到总配线架（MDF）上，在总配线架上有避雷器（又称保安器），过去常用炭精云母片，现在有的采用气体放电管，这是第一次对高压进行过压保护。但由于保安器输出的电压仍可能达到上百伏，而这个电压对集成化的用户电路及数字交换网络来说，仍存在破坏性，所以用户电路也采用了过压保护电路，这是第二次对过电压进行防护。

用户电路中的过压保护原理是利用二极管组成箝位电路，如图 4-26（a）所示。$D_1 \sim D_4$

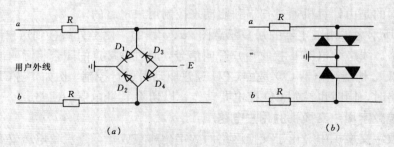

图 4-26　过压保护电路

56

箝位二极管平时都受到电源电压所加的反偏置。对于 1-E1（绝对值）以内的正常电压，二极管都处于截止，只有当输入电压大于 1-E1 值时，二极管导通，过压被箝位在 1-E1 以内，因此起保护作用。图中 R 也可采用热敏电阻，电流大时，阻值增大，也起到过压保护作用。

目前在有些交换机中已采用和气体放电管相似的单片器件来实现这一功能，其接通时间仅几毫微秒，如图 4-26 (b) 所示。

（三）振铃 R（Ringing）

振铃电压较高，我国定为 90V±20V 交流电压，在数字交换机中，这样的高电压是不允许进入交换网络的，因此，铃流经由用户电路送出，由软件控制振铃继电器的动作，以向被叫用户振铃，当被叫应答时，应答信号可由环路监视电路检测或由振铃回路监视电路检测，立即截止送铃流回路，停止振铃。

（四）监视 S（Supervision）

通过用户扫描点的监视，可以检测用户话机的摘机、挂机状态和号盘话机的拨号脉冲。这种监视电路的工作原理是利用用户线通、断两种状态形成不同的环流而被检测。图 4-27 为检测监视电路示意图，图中 R_a、R_b 分别串联在 a、b 线回路中，当用户状态有变化时，在电阻上流过不同的电流，由检测电路检出并和基准预置值相比较，判断后输出至扫描电路。

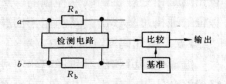

图 4-27　用户状态检测示意

图 4-28 为富士通 FETEX-150 数字交换机用户电路的部分功能示意图，由图可见，用户环路状态由监视电路检测，8 个用户组成一组经复用后输出串行的扫描信息。在向被叫用户振铃时，若被叫取机应答，由截铃电路检测后输出扫描信息，这是对被叫用户的应答扫描的检测。

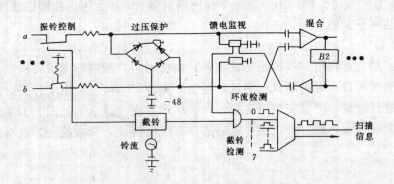

图 4-28　FETEX-150 用户电路部分功能示意

用户回路状态的变化反映在扫描监视点，各个用户电路扫描点的信息还必须传送给处理器。

对于程控数字交换机而言，并不是每个用户电路都有一条线通往处理机，而是若干个用户合用一条时分复用线，在各自的时隙位置中，以一定的周期传送其扫描信息。图 4-28 中已表明了这一点，复用器将 8 个用户的扫描信息串行传送。实际上可以有多个 8 用户组进一步复用后，将扫描信息存放在暂存用的存储器中，由处理机定时读取，存入 RAM，如

图 4-29 所示,如在 FETEX150 中,暂存扫描信息的存储器是专用的,称为扫描存储器。

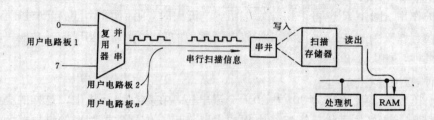

图 4-29　扫描信息的传送

扫描信息写入扫描存储器是由硬件控制的,按一定的周期传送和写入。从扫描存储器读出则是由处理机的软件控制的,读出周期相当于扫描周期,写入周期小于读出周期,以保证处理机总是读出最新的用户回路状态值。

（五）编译码 C（CODEC）

编译码器由编码器和译码器组成。在实际应用中,编译码器通常与滤波器以及增益调整器配台使用,完成 A/D 和 D/A 变换功能。

目前常用单路编译码器,即对每个用户实行编译码,然后合并成 PCM 的相应时隙串,一般采用集成电路实现这一功能,同样也可采用集成电路实现编码器前和译码后的滤波以及信号放大等功能。

（六）混合电路 H（Hybrid circuit）

模拟用户线为二线,经模/数转换的数字信号是采用四线传输,所以必须要进行 2/4 线转换,这由混合电路来完成。老式混合电路采用混合线圈,现采用集成电路来完成,图 4-30 为混合连接框图,混合电路完成 2/4 线的平衡和不平衡转换,平衡网络是对用户线的阻抗平衡匹配,有些数字交换机用户电路平衡网络有多种,甚至可由处理机软件由控制完成,使得尽可能达到平衡的效果。

（七）测试 T（Test）

测试功能是负责将用户线接至测试设备,以便对用户线进行测试,所以说测试功能实际上是提供测试入口,可由测试台测试,接通测试继电器接点或电子开关,把用户内外线分开,分别进行测试,测试结果可在操作台显示屏上直接显示,见图 4-31 所示。

除上述上项基本功能之外,用户电路还具有极性倒换、衰减控制、收费脉冲发送等功能。

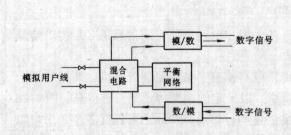

图 4-30　混合连接框图

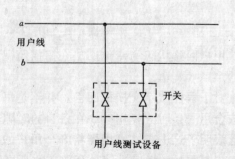

图 4-31　用户线测试功能

用户电路的功能如图 4-32 所示。

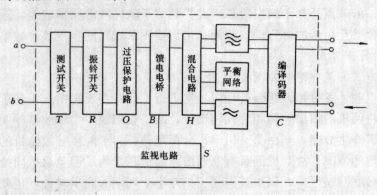

图 4-32　用户电路功能框图

在实际应用中，用户电路的上述 7 项功能仅由两片集成电路来完成。一块芯片完成馈电、监视、振铃控制和 2/4 线转换功能，另一块芯片完成编、译码器及数字滤波器三个功能。

第五节　程控交换机的控制系统

程控交换机的控制系统由处理机和外围设备组成，由存储程序控制，完成各种复杂的交换与管理功能。程控交换机的控制方式分为集中控制和分散控制两种。

一、集中控制方式

所谓集中控制是指整个交换机的所有的控制功能，包括呼叫处理和维护管理功能，都集中由一部处理机完成，这部处理机被称为中央处理机。为安全可靠，一般需要有两部以上的处理机共同工作，以便在一部处理机出现故障时，不致造成系统中断。

集中控制的主要优点是处理机能掌握整个系统的状态，功能的改变一般都在软件上进行，比较方便。但是这种集中控制的最大缺点是软件包要包括各种不同的特性功能，规模庞大，不便于管理，而且易于受到破坏。

虽然集中控制方式可以具有多台处理机，但除了极少例外，都采用双机系统。早期的程控交换机一般采用双机的集中控制方式。两部处理机之间的关系一般有以下几种：

（一）微同步方式

微同步方式的基本结构见图 4-33 所示。

两台完全相同的处理机同时进行相同的操作。两者在同一输入信号上工作，但只允许有一台机器执行控制功能，因此又称为双机并行工作方式。两部处理机在处理过程中，不断地通过比较电路进行核对，如果两部处理机的某一步处理结果不一致，则表示其中一部发生故障，需要进一步查明哪一部出了故障，并立即将呼叫处理自动转换到正常工作的处理机上继续工作，在此期间服务可靠性降低，直至故障排除为止。

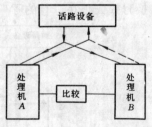

图 4-33　微同步方式

微同步方式的主要优点是对处理机的常见故障具有理想的保护作用，较易发现硬件故障，而一般不影响呼叫处理，另外是软件的"单一性"，即对于软件来说，如同只有一台处理机一样。

微同步方式的缺点是对于偶发故障，尤其是对于软件故障保护较差，这些故障可能会导致系统的部分甚至全部的再启动。此外，由于要不断进行同步复核，效率也不高。

（二）负荷分担方式

负荷分担方式的基本结构如图 4-34 所示。

负荷分担也叫话务分担，两台处理机独立进行工作，在正常情况下各承担一半话务负荷，为此，可将两机的扫描时钟相位互相错开，某机在扫描中发现的新呼叫由该机负责处理到底。当一机产生故障，则由另一机承担全部负荷，为了能接替故障机的工作，必须互相了解呼叫处理的情况，故双机间具有互通信息的链路。为了避免双机同抢资源，必须有"互斥"措施（硬件或软件），双机具有相位相差半个周期的同步时钟，也就是避免同抢的措施之一。

负荷分担的主要优缺点是

（1）过负荷能力强：由于每台处理机都能单独处理整个交换系统的正常话务负荷，故在双机负荷分担时，可具有较高的负荷能力，能适应较大的话务波动。

（2）可能阻止软件差错引起的系统阻断：程控交换机的软件系统非常复杂，不可能绝对保证软件不存在残留差错。这种程序差错往往要在特定的环境和处理过程中才会显示出来，由于双机独立工作，不象微同步那样总是在执行相同的程序，故程序差错不会在双机上同时出现，加强了对软件故障的防护性。

（3）在扩充新设备，调试新程序时，可使一机承担全部话务，另一机进行脱机测试，从而提供了有利的测试工具。

负荷分担由于双机独立工作，在程序设计中要避免资源同抢，双机相互联系也较频繁，这就使得软件比较复杂，而对于处理机的硬件故障则不如微同步方式那么较易发现。

（三）热备用方式

热备用方式与同步复核方式相似，但两个处理机之间不作同步复核，平时由一部处理机工作，另一机备用。当主机发生故障时利用恢复程序将备用机投入联机工作，由于呼叫处理数据是存放在两机均能存取的公用存储区内，所以已建立的呼叫不会受到影响，仅在转换时损失正在进行的呼叫。热备用方式见图 4-35 所示。

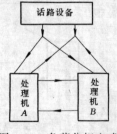

图 4-34　负荷分担方式

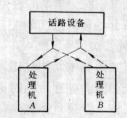

图 4-35　热备用方式

（四）N＋1 方式

在某些多机工作的系统中采用 N＋1 的组配方式，在这种工作方式中，有一台处理机专门作为备用机，当 N 台工作的处理机中任一台出现故障时，备用机立即接替。这种方式的优点是备用机数目能降低至最少，但是在故障修复前，不能再有其它处理机发生故障。

二、分散控制方式

分散控制方式是指采用多部处理机以一定的分工方式协同工作，承担整个交换机的控制功能。分散控制方式可分为功能分担与容量分担。在实际使用中，往往是两者相结合。

（一）功能分担

功能分担就是处理机之间按功能进行分工。常用的方法是把处理机分成两类，分别承担若干项特定的功能。一种称为外围处理机，另一种称为中央处理机，外围处理机负责外处理与话路设备关系比较密切，操作比较简单但很频繁而时实性要求比较严格的各种作业，例如对用户摘机呼出、应答、挂机等状态的监视，号盘脉冲的识别接收，以及对用号振铃等控制任务。这种处理机采用的是微处理机，在不同的数字交换机中叫法可能不一样，有的称为局部处理机，还有的称为用户交换机和预处理机等。这种处理机有时针对各种话路设备分设，例如专门控制用户电路或用户级的用户处理机，专门控制中继器的中继处理机，以及专门控制信号设备的信号处理机等。中央处理机负责进行与话路设备无直接联系，操作比较复杂的高一级呼叫处理，例如号码分析，路由选试等，中央处理机还负责系统维护管理，例如系统时钟管理，存储器管理，以及人机通信、故障诊断和恢复处理等。这样安排可使中央处理机摆脱大量繁琐任务，使其工作量减少 30% 左右，因而使中央处理机控制的交换机容量扩大。在交换机容量相同时，与集中控制比较，采用分散控制方式可以使用能力较弱的处理机，从而降低整机成本。另外由于外围处理机又使用了价廉的通用微处理机，其优越性就更加突出。

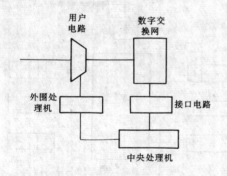

图 4-36　功能分担方式

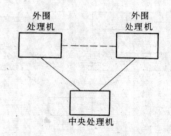

图 4-37　功能分担与容量分担
相结合的两级处理机结构

功能分担通常按照处理要求与管理范围，把处理机分成不同的"级别"。按照上述分工的处理机构成功能分担的两级结构，如图 4-36 所示，其中一级是中央处理机，处理全局性高一级的任务，另一级是外围处理机，处理局部性的低一级的任务。

（二）容量分担

容量分担是指把交换机的所有用户分为若干群，每群设一个处理机，专门从事该群用户的呼叫处理工作，多个处理机并行工作，完成功能相同的任务。每台处理机能承担多少个用户的处理工作，要由交换机的系统结构、功能划分、处理机的类型和处理能力等因素来确定。

容量分担的优点是机动灵活，处理机的数量习随着容量的扩充而逐步增加。但是每个处理机都必须具备承担各项功能的能力，即存储呼叫处理的全部程序，而功能分担则与此相反，只要存储一部分特定的程序就可以了。

（三）功能分担与容量分担相结合

在实际应用中，单纯的功能分担与容量分担只用于用户小交换机，对于地区（市话）交换机，都是采用两者相结合的方式，兼取两者的优点。具体的办法是，先从功能分担出发，划分为外围处理机与中央处理机，然后在此基础上，进一步进行容量分担，使每个外围处理机负责一群用户的呼叫处理任务，当然这些任务是按功能分担原则划分给外围处理机的。图 4-37 示出这种功能分担与容量分担相结合的两级处理机结构。对于大容量的交换机，把中央处理机的功能进一步一分为二，划分为呼叫处理机与主处理机，前者主要负责呼叫处理，后者主要负责系统管理，这样就形成了三级结构。其中呼叫处理机又可按容担分担方式设置多个，分别处理一部分呼叫任务，如图 4-37 所示。

三、分布式控制

随着微处理机的迅速发展，分散控制程度可以更高，而采用全微机的分布式控制方式，可更好地适应硬件和软件的模块化，比较灵活，适用于未来的发展，出故障时影响小。

在分布式控制中，每个用户模块或中继模块基本上可以独立自主地进行呼叫处理。作为分布式控制的示例很多，如 S1240 的数字程控交换机就是采用分布式控制方式。如图 4-39 所示。信号控制功能分散在各个终端电路中，呼叫控制功能分散在多个控制单元中，而交换网络控制可分散在交换网络本身。

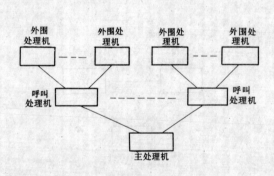

图 4-38　功能分担与容量分担
结合的三级处理机结构

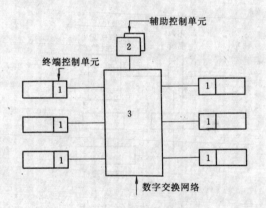

图 4-39　分布式控制
1—信号控制；2—呼叫控制；
3—交换网络控制

62

第五章　程控用户交换机的软件系统

第一节　程控用户交换机软件概述

在程控交换机中，软件是必不可少的一个重要组成部分。没有软件，程控交换机就不能实现各种控制，正是由于软件和硬件的有机结合，才得以有程控交换的实现。

一、程控交换机中常用语言简介

程控交换机的软件主要采用高级语言，部分交换机软件也采用汇编语言编写。最初的时候，人们曾广泛使用汇编语言编写，但是随着降低生产成本的要求和人们在软件维护中所遇到的困难很快就倾向于使用高级语言了。但是随着交换机容量日趋增大，功能增强，要求人们对软件进行优化，因此采用高级语言编写的软件也往往有一部分对效率要求较高部分仍用汇编语言编写。所以目前许多人采用的是高级语言和汇编语言混合使用的方法，二者共存于软件系统中，而不是纯粹地用高级语言编写软件系统。程控交换机采用的高级语言有其特殊要求。编程语言力求简单、有效。常见到的有 PL/M 语言和 C 语言。在我国采用了 PL/M 语言，更多的有 C 语言。也有不少用户交换机的软件系统是用汇编语言编写的。

国际电报电话咨询委员会（CCITT）建议了三种程控交换机的语言。它们是 CHILL 语言、SDL 语言和 MML 语言。CHILL 语言（CCITT HIGE LEVEL LANGUAGE）是 CC ITT 推荐的高级程序设计语言，它是程控交换机系统的标准语言。CHILL 语言具有功能强，灵活，易于模块化、结构化，独立于机器等优点，在 1980 年 11 月 CCITT 会议上，CHILL 语言被定义为国际标准语言。除了 CHILL 语言外，CCITT 还建议了规范性描述语言 SDL 语言（SPCIFICATION AND DESCRIPTION LANGUAGE）和交互式人-机对话语言 MML 语言（MAN-MACHIE LANGUAGE）。

这三种语言是针对交换机生存周期的不同阶段而提出的。它们在用途上不仅可用来开发程控交换机，还可以用于其他的通信软件。在一个软件工程中，三种语言用于不同使用阶段，如图 5-1 所示。

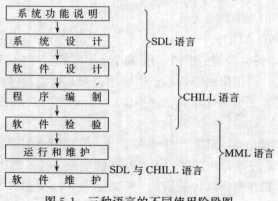

图 5-1　三种语言的不同使用阶段图

由图可知，SDL语言主要用于软件系统设计，即设计的前阶段，它包括系统功能的规格和描述、软件系统的设计、软件的详细设计阶段，主要用于软件的编程阶段。在软件系统中，因此要求有二种语言的转换和连接手段。MML语言是维护人员和输入/输出终端之间通信用的语言。

总体说来，SDL语言用于说明描述程控交换系统的功能和规范语言，MML语言是人机语言。这两者与CHILL语言相结合形成了解决程控交换系统中程序设计、操作维护等问题的专用高级语言系列。

下面分别简要地介绍一下三种语言各自的特点和功能。

1. CHILL语言

CHILL语言是CCITT建议用的用于程序设计的高级语言，它是80年代的语言。它主要用于程控交换系统中的专用程序设计。CHILL语言不仅继承了现有各种高级语言的主要优点，还弥补了现有各种高级语言应用于程控交换系统的不足。

一个高质量的程序，其基本要求是正确可靠和简单清晰。在满足程序设计模块化的前提下，尽量做到占内存少，运行时间短，同时还应做到便于修改、调试，便于移植，通用性强等。CHILL语言的设计则不仅考虑了以上各项要求，它的编译系统还具有较强的差错检验功能，能使程序设计中的大部分差错在早期编译阶段就能被检测出来。有利于提高程序的可靠性，同时改善了程序的可读性和可维护性，以及采用模块化设计方法使之更适合于多处理系统的通用环境。

实际的CHILL语言逻辑上由三部分组成：

（1）运算的描述；

（2）运算对象的描述；

（3）程序结构的描述。

下面看一个简单的CHILL语言程序的例子以了解它的结构：

```
程序头        ADD：MODULE；
语法要求      DCL A，B，K INT；      数据的描述
              MAIN：PROCO；
              A：＝100；            运算的描述
              B：＝200；
              K：＝A＋B；；
语法要求      END MAIN；
程序结束      END ADD；
```

在CHILL语言中，各类语句的描述、程序的编排等都应符合CHILL语言所规定的语法规则。这些语法规则，则用语法图表示。语法图是用来规定程序语法成份的一种明确而有效的方法。这样使读者更加明确和易于掌握。

2. SDL语言

SDL语言是一种图像语言。SDL用于系统设计，它用简单明了的图形形式对系统的分块，每块的各个进程以及进程的动作过程和各状态的变化进行了具体的描述。用SDL语言描述的功能简单明了，它在通信软件的研制，管理，维护和文档等方面充分发挥了作用。

SDL语言有两种形式：

SDL/GR 形式（Graphic Representation）和 SDL/PR 形式（Textual Phrese Representation）。前者是一种图形表示方法，便于设计者进行阅读；后者是一种类似于程序描述语言中的文字描述方法，适合于面对机器进行加工和运行。

这两种形式的语法是相同的，它们之间可以通过抽象语法进行相互转换。

SDL 语言用途十分广泛。除了用来说明程控交换机的各种功能要求的技术规范外，它还协助高级功能文件描述各种功能的变化情况。现在它的应用领域已扩展到电话、电报、信号系统、数据交换、用户接口等等程控交换机的诸多方面。对于程控交换系统来说，最能体现 SDL 语言的重要功能的例子有：呼叫处理过程，维护和故障处理，系统控制和人机接口等。

在软件系统设计的开始，首先要对其功能进行描述。SDL 作为一种描述性语言详细地描述系统的各项功能。为以后软件设计的各个阶段提供了基础。

3. MML 语言

MML 语言是一种交互式人-机语言。近年来许多国家在程控交换系统中都用它来在终端之间进行输入输出通信，同时在进行软件的安装调试和维护人员的维护检验过程中，MML 语言发挥了很好的作用。由于它的易于操作和可读性强，可以简单地用参数输入输出，适用于各种用户交换机和大型的计算机系统，因此目前广为各国间电讯组织所喜爱。

以上是当今世界上国际电报电话咨询委员会建议的三种语言。SDL 语言是说明和描述语言，MML 语言是人机语言。这两者与 CHILL 语言相结合形成了解决程控交换系统中程序设计、操作维护等问题的专用高级语言系列。值得一提的是，在近代的一些交换机软件中，对于实时性要求严格的部分，如号码数字接收、中断服务等，一般仍用汇编语言编写。

二、程控交换机软件的一般结构

程控交换机的软件非常复杂，其程序可达几万条甚至几十万条。总体说来，程控用户交换机的软件可分为运行软件和支援软件两大部分。运行软件是程控用户交换机运行的必须部分；支援软件比运行软件大得多，它的任务是将设计、开发、运行到管理整个软件计算机化。

运行软件大致可分为三个部分：系统软件、应用软件和数据。交换机软件的系统软件由操作系统构成，统一管理交换机的所有硬件软件资源。操作系统是交换机硬件和应用软件之间的接口。其主要功能和特点将在下一节中作详细介绍。应用软件是直接面向用户服务程序，它包括呼叫处理、运行管理、维护管理三部分。

程控交换机支援软件的任务主要是在从设计、开发到运行整个软件的软件周期中来完成程控交换机的软件、设计、开发、生产、管理和维护工作，是一种"支援软件的软件"，从而节省了大量的人力劳动。支援软件大体上包括几个方面：软件开发支援软件、应用工程支援软件、软件加工支援软件和交换局管理支援软件。

程控交换机的软件系统组成分类如图 5-2 所示。

下面分别介绍构成交换机系统的运行软件和支援软件的组成和功能。

1. 运行软件

运行软件是程控交换机对外营运的工作部分。在它的系统构成上，如下图 5-3 所示。

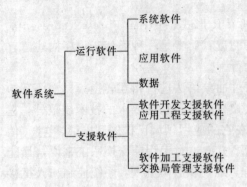

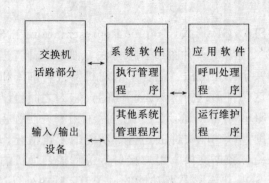

图 5-2　程控交换机软件系统的组成　　　　图 5-3　程控交换机运行软件的组成

　　交换机的应用软件是对外联系的主要部分。除了呼叫处理、运行和维护管理软件外，系统还必须有一个统一管理软硬件资源、支持多进程并行处理软件的实时操作系统，系统软件的核心部分是执行管理程序（又称为操作系统），故有些时候也把系统软件笼统地叫做操作系统。这几个部分在交换机中的相对典型比例分配如图 5-4 所示。

　　下面首先介绍应用软件的构成及应用软件各部分的主要功能和作用。

　　（1）应用软件　应用软件是直接面向用户，为用户服务的程序，它的最基本的目的简而言之就是建立和释放呼叫。因此交换机工作的时候，支援整个系统运作的运行软件的直接任务是呼叫处理。呼叫处理程序负责整个交换机所有呼叫的建立与释放以及交换机各种电话服务功能的建立于释放。呼叫处理接收来自用户终端和中继线的信号，按照程序规定的逻辑以及已知数据进行处理，然后输出控制和状态信息，指导外设运行。呼叫处理所依据的部分数据，如中继群号，电话号码，接口安装位置或物理地址等随交换局而定。因此这些数据常称为局数据。呼叫处理集中体现了交换机软件的两个基本特点：实时性和并发性。在所有的应用程序中，呼叫处理程序是最为复杂的一部分。一方面是因为每一次呼叫几乎要涉及到所有的公共资源，要使用大量的数据，而且在处理过程中，各种状态之间的关系非常复杂；再者从软件的发展来看，呼叫处理的修改频次可能是最高的，这是因为计算机的硬件技术在不断地发展变化，用户对程控交换机的服务功能会不断地提出新的需求，因此，呼叫处理程序必须模块化，唯有如此，才使得程序的编写条理清晰和具有好的可读性，便于程序的修改和增删服务功能。呼叫处理系统的这一部分内容将在本章后一部分作具体的阐述。

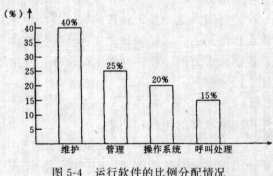

图 5-4　运行软件的比例分配情况

呼叫处理系统的功能主要有：

　　1）交换状态管理　由交换状态管理程序负责呼叫处理过程中的不同状态（如空闲状态、收号状态等）间的状态转移和管理。

　　2）交换资源管理　在呼叫处理过程中，有许多外设（如电话、中继器、交换网络等）需要由呼叫处理程序进行测试和调用，交换资源管理程序负责此类工作。

　　3）交换业务管理　该程序负责呼叫处

理中不断出现的新业务（如闹钟服务、热线服务、缩位拨号、股票市场中的电话委托业务等）的管理。

4）交换负荷控制　根据交换业务的负荷情况，交换机对超负荷进行临时性发话和出局呼叫的限制。

为了保证系统的安全运行，应用软件中还配备了系统维护和运行管理程序。

系统维护程序的基本功能是完成系统故障的诊断和定位，协助维护人员尽快发现并排除故障。运行管理程序用于维护人员存取和修改有关用户和交换局的各种数据、统计话务量、收费监查、业务变更、负荷控制、进行人机对话等等各项业务。

以上这三类软件（呼叫处理、系统维护、运行管理）与局数据的关系如图 5-5 所示。

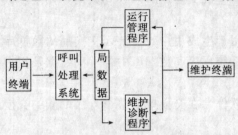

图 5-5　程控交换机中的工作程序与局数据

局数据提供了呼叫处理和维护诊断所需要的工作数据。另一方面，局数据又可由运行和管理程序修改。呼叫处理程序仅负责处理用户终端发出的状态信息或命令，而运行管理和系统维护程序则处理由操作人员通过维护终端输入的命令，包括修改局数据和调用某个程序段等。

（2）系统软件　交换机软件的系统程序由操作系统构成。操作系统是交换机硬件和应用程序之间的接口，它统一管理交换机的所有硬、软件资源，合理组织各个作业的流程，协调处理机的动作和实现各个处理机之间的通信。

如前所述，系统软件的核心部分是执行管理程序。鉴于要在第二节专门讲解执行管理程序的内容，这里便不再累述。

2. 支援软件

程控交换机的支援软件比运行软件大得多，它的工作任务在前面已有所提及，实际上就是为了实现交换机系统中整个软件的生产、设计、运行、管理、维护的自动化。因为管理程控交换机这样一个如此庞大的系统是人力远不能及的。支援软件大体上包括以下几个方面：

（1）应用工程支持软件　这一部分软件与建筑电气设计自动化类专业密切相关。它被用来参与交换局的基建项目工程的规划、设计、安装等工作。该软件的通用性强，不同的交换局可根据各自的特点和需要向程序输入它们的具体数据，从而得到交换局所需要的软硬件各项数据。

它包括以下几个程序：

交换网规划程序　提供最优的电话交换网设计。

话局工程设计程序　它可以提供话局的设备及其数量等。

装机工程设计程序　它可以用来提供话局机房内的各种数据。如设计机房的房屋平面布置图，确定机器的排列等。它还可以确定机架布局（包括机架上的各种设备），配线架布局等。它也可以提供交换机内各部分的连接，如电源的布置（包括电源设计、路由、测试等），同时规定其他各种连接导线的布置和排列等。当设计人员根据本交换局的特点向装机工程设计程序输入各种参数时，系统便会自动给出相应的数据和布局图。在很大一部分程度上方便了电气设计人员的设计工作。

安装测试程序　对装机后的各项性能进行测试。

（2）软件加工支援软件　它可以按照交换局的要求生成并装入各种特定的程序和数据。它包括：

局数据生成程序　用来生成交换局的各种局数据，如路由数据、局数据等，并装入机器的数据库。

用户数据生成程序　用于生成用户数据装入交换局的数据库。

交换程序的组合　将系统程序和数据库中各种局数据及用户数据组合起来形成某一种交换局的特定程序。

（3）交换局管理支援软件　在交换机的整个寿命期间的交换局资料的管理工作。它的工作范围有：

资料的搜集和分析　如交换局的话务量的统计和分析。

资料的编辑　各种资料的编辑建立、查询、检索、编排和管理。

交换局资料的变更　对变更后的结果进行统计和存挡。

资料的输入/输出。

（4）软件开发支援软件　该软件系统是用于建立源文件和建立机器语言的目标文件。与大多数计算机程序的生成过程一样，它也包括以下三个组成部分：

源文件生成程序和汇编程序　把用高级语言或汇编语言编成的源程序翻译成计算机能识别的机器语言的目标程序。

连接程序（LINK）　它把各种独立的模块连接在一起，装配成一个完整的程序。

调试程序　当程序编好后，需要用调试程序检验其正确性。经过调试成功的程序方可在机器上试运行。

第 二 节　执 行 管 理 程 序

我们在介绍程控交换机系统软件中已提及执行管理程序的作用，其地位相当于一个计算机系统中的操作系统。在所有软件中，操作系统是紧挨着硬件的第一层软件，是对硬件系统的首次扩充，并在操作系统的统一管理和支持下运行，因此操作系统在交换机系统中占据着一个非常重要的地位，它不仅是硬件与所有其他软件的接口，而且是整个交换机系统的控制和管理中心，操作系统已成为现代程控交换系统中一个必不可少的关键组成部分。总体说来，操作系统是交换机系统中的一个系统软件，它是这样一些程序模块的集合——它们能有效地统一管理和控制交换机系统中的硬件和软件资源，合理地组织交换机工作流程，并为用户提供各种服务概念，使得人们能够灵活、方便、有效地使用交换机系统。这就是说，有了操作系统，应用程序就不必了解它的运行环境。这样，同一个应用程序，既可适用与单处理机结构，又可适用与多处理机结构。

一、执行管理程序的主要功能介绍

在不同的交换机中，操作系统的具体结构可能会有所不同，但它们的基本功能大致相同，这些功能包括：

(1) 进程管理和调度；

(2) 信号处理；

(3) 存储器管理；

(4) 文件管理；

(5) I/O 处理；

(6) 交换网络管理；

(7) 资源管理；

(8) 时间管理；

……。

随着用户需求的逐渐提高和科学技术的不断发展，操作系统的功能还将会有更多的扩充和日臻完美。

二、交换机程序的执行管理特点

1. 进程的管理和调度

进程是为了实现程序的并发性而产生的。它是并发程序的执行过程。一个进程由程序、数据、和进程控制三部分组成。程序和数据是进程的实体，用来说明具体进程的行为模式。进程控制块是用来描述进程执行情况的一个数据块。它是进程存在的唯一标志，它随进程的创建而建立，随进程的消灭而撤消。执行管理程序提通过进程控制块实现对进程的管理和调度。

根据在执行过程中的不同情况，进程可分为三种状态：

运行状态、就绪状态和等待状态。在任何时刻，所建立的进程只能有一个。就绪状态表示该进程正占用系统处理器，就绪状态表明进程准备占用，而等待状态中的进程暂时不能为系统处理器所运行，系统等待某种事件或信号产生以后才可能进入就绪状态。

进程的状态可以随外部事件或自身的原因而发生转换。图 5-6 给出了进程状态间的相互转换关系。

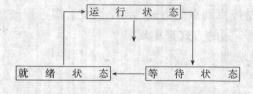

图 5-6　进程状态转换图

对交换机软件而言，每一项任务都可以由一个单独的进程来执行。

进程管理占用涉及进程的建立和消灭，进程单独把 CPU 的涉及分配给不同的进程请求，这些进程请求都是由进程管理建立的。每一个进程请求只有和相应的请求相互结合在一起才有意义。信号规定了进程所要执行的具体任务，进程调度则负责寻找相应信号与进程请求结合。在进程管理建立进程期间，进程调度等待激励信号，并保持在不激活状态，直至收到一个进程请求为止。

信号不仅规定了进程所要执行的具体任务，而且也规定了任务的时间特性。它有不同的优先级，在任务同时出现时，进程调度根据信号的优先级来确定执行激励的先后次序。可以为不同优先级的信号分别建立一个队列，这样就能允许不同的信号同时产生。

处在某种状态中的进程，在这种状态中能够接收的信号可能不是唯一的，它可以从某种信号中接收一种，并根据所接收的信号作出相应转换。例如，在号码接收进程中，它可以接收拨号数字，也可以接收拨号超时信号。对于后者，该进程将立即被消灭。为了表明进程可以接收的信号，在进程请求中可以安排一个在相应状态中可以接收的信号清单。

当激励信号到来时，进程调度把最高优先级的信号与相应的进程请求结合在一起，从而开始进程的执行。但具有最高优先级的信号也有可能不是最先处理，因为和这个信号有关的进程请求可能在接收信号的时刻处在不能接收信号的状态。此时，信号就保持在等待状态。

2. 信号处理

由进程管理建立的进程请求一般处于调度唤醒执行状态。唤醒取决与该进程请求所需要的激励信号是否到来。这个信号可能由其它的进程请求发来，也可能由外围硬件电路产生。

信号处理的主要功能是：

（1）从一个进程请求传送信息到另一个进程请求；

（2）确定是否要把信号发送到另外一个外围硬件电路，或者确定在其他 CPU 内是否有一个目的地；

（3）管理信号优先级和队列的次序。

信号由名称、优先级、信息及地址组成。

1）名称　名称是信号的唯一标识符，它用来控制信号的可接受性。当一个信号的名称出现在目的地请求的可接受信号清单中时，该进程就可以接受这个信号。

2）优先级　每一个信号都有一个优先级，进程调度根据这个优先级来调度相应的进程请求。

3）信息数据　当从一个进程请求进入到另一个进程请求时可能需要传送信息，此时要在该信号中加入一组表达所需信息的数据。

4）地址　由于信号是按点到点的方式传送，因此，源进程请求必须指定目的地进程请求的地址。这可以用三种不同的方式来实现：

利用进程请求值传送地址

利用逻辑名传送地址

利用端口标志传送地址

3. 存储管理

在交换机中，存储器是一重要资源，为了充分而有效地利用这一资源，操作系统应具有存储器管理功能。

存储管理有多种方法，这里我们主要介绍在交换机软件中常用的一种存储管理方法：分段存储管理。

一个连续的存储区可以由一些大小不同的段组成，段是一个大小能够动态变化的存储空间。对于软件程序，为存储方便，也可将程序分成若干个段，这里的段是由一些逻辑上有关联的程序模块组成，它实现相对独立的某个功能。每一个程序段在存储区中都有一个相对的存储段。因此，段既定义了一个物理存储区的大小和属性，也可以描述相应程序的逻辑功能。在分段存储管理中，每一段的大小和属性可分别用一个段来定义。段的属性包括段的操作方式（如读、写、执行）、段的物理地址以及根据该段信息的重要性赋予该段的保护级别等。段的物理地址由段号及段内位移量（OFFSET）组成。

段的链接一般都采用动态链接方式，即在系统软件生成时，只把维持系统运行所必要的程序装入内存，而把其它程序装在外存（如后备存储器），仅在需要时才将所需程序调入内存运行。这样做主要是由于静态链接占用的内存量太大，而且有些程序使用的频率很低（如故障定位程序，它仅在检测到故障时才被调用，而程控交换机的管理率是非常低的），如果将其驻留在内存就会出现占而不用的浪费资源现象。

为了扩大交换机的存储空间，这里引入了虚拟存储器的概念。虚拟存储器并不是一个真正的存储器实体，它仅仅是一种设计技巧。通过虚存，可以为用户提供比实际存储器大得多的随机访问空间。在采用虚拟存储器的系统中，外存被当做内存使用，对用户来说，犹如系统具有一个容量很大的内存储器，显然这为用户编制程序带来了很大的方便。在采用虚拟存储器的时候，用户编制程序使用的是逻辑地址。逻辑地址以段（页）为单位，它必须经过三种翻译机构才能转换成实际存储器的对应物理地址。

在分段虚拟存储器中，所有空闲的存储区并不一定是一个地址完全连续的整体，它们往往是由一些分离的、大小不同的地址空间所组成。在这些空间内部，各自的地址是连续的，但它们互相之间则不一定连续。存储区分配就是要合理地分配这些空闲区，使所分配的空闲区与应用程序所需要的存储区大小相适应。为此，在存储区的分配中同时推出了相应的分配算法用以解决该类问题。

4. 文件管理

文件是一组相关元素的集合，具体来说它是一个在逻辑上具有完整意义的一组相关信息的有序集合。为存取文件，每一个文件都有一个文件名以供识别。在交换系统中，文件以不同的形式出现，它们可以驻留在不同类型的 I/O 设备中。文件管理的功能就是要处理文件之间的这些差异（不同形式、不同设备）。通过文件管理可以在文件和应用程序之间通接口，使文件能为所有有关的处理器共享。

文件通常按照性质和用途可分为：

（1）系统文件，由操作系统本身以及编译程序等系统程序建立的文件；

（2）库文件，由标准子程序和常用的应用程序包等组成的文件；

（3）用户文件，由用户建立的文件，如源程序，目标程序和数据文件等。

文件系统作为一个统一的信息管理机构，应具有下述功能：

（1）统一管理文件存储空间（即外存，实施存储空间的分配和回收）；

（2）确定文件信息的存放位置及存放形式；

（3）实现文件从模名字空间到外存地址空间的映射，即实现文件的按名存取；

（4）实现对文件的控制操作（如建立、撤消、打开、关闭等）和存取操作（如读、写、修改、复制等）；

（5）实现文件信息的共享，并提供可靠的文件保护与保密措施。

文件系统的优点有：按名存取文件，方便灵活。文件系统同时采取保护、保密措施，安全可靠。它还可以实现信息共享，节省空间和时间上的开销。

在一般的程控交换机中，文件管理撤消包括下述部分：

(1) 文件接口进程；

(2) 设备接口进程；

(3) CIU 接口进程；

(4) 设备服务进程；

(5) 设备处理进程；

(6) 文件搜索。

文件的用户可以是某一个 I/O 设备，也可以是某一个应用程序。文件接口进程的基本任务就是在文件和用户之间提供一个与设备无关的接口。它实现的方法是利用通用文件管理命令，如打开文件、读文件，关闭文件等命令。用户在使用这些命令时，只需提出所需要的操作和所需要的文件名，而无须关心文件的存放位置和文件的查找方式等情况。

设备接口进程是和物理 I/O 设备直接有关的软件程序，设备接口进程和外设之间是一一对应的关系。设备接口进程负责执行所有发到该进程对应外设的命令，这样，就可以避免两个用户修改同一个文件等错误操作。由于交换机软件的并发性，命令在执行过程中可能会由于某些事件的介入而被挂起，设备接口进程负责处理执行挂起的命令。

CIU 是中央处理器 CPU 和外设之间的通信接口电路。CIU 接口进程可以看作是一个具有特定作业的设备接口进程，它用来保护 CPU 和 CIU 之间的通信。

设备服务进程的主要功能是管理与设备有关的数据，比如设备的特性数据、设备的服务状态等。文件接口进程利用设备服务进程检索设备的物理位置，而设备接口进程则利用设备服务进程来检索设备的特性及其服务状态。与设备有关的数据包括有：

逻辑设备名　是设备的标识符，应用程序通过它来访问设备上的文件。

节点号　用来指示该设备连在哪一个节点上。

资源类型号　用在与硬件有关的一些作业中。

端口标识　文件接口进程和设备服务进程通过设备的端口标识来寻址相应的设备接口进程。

服务状态　设备的服务状态用来指示该设备是否可用。服务状态有正在服务（INS）、退出服务（OUT）、封锁（ABL）和未安装（NIN）四种。正在服务表示设备正在运行，退出服务表示设备没有运行，但系统仍在对该设备进行周期性地的自动测试。封锁状态表明设备暂时不能运行。

设备特性数据　是与设备高度有关的一些数据，如磁盘的特性数据中包含有它的扇区容量等。

与运行维护有关的数据　这一类数据仅用于操作维护终端，它包括有终端的包含级、终端的权限等级等。保护级用来保护文件，以防非授权的操作维护。只有当终端的保护级等于或高于文件的保护级时，该终端才能使用该文件。权限等级则用来限制终端用户使用操作维护命令范围。每一条操作维护命令都有一个与执行该命令有关的权限等级，而每一台操作维护终端也都有一个预先设定的权限等级。权限等级没有高低之分，如果某个终端不具有与某一条命令一样的权限等级，则该终端就不能使用这条命令。下面举一个 S2500 交换机的例子来说明权限等级及其所对应的操作维护命令类型。如表 5-1 所示。

权限等级	OM 命 令 类 型	权限等级	OM 命 令 类 型
0	显示数据命令	8	有关路由更改、清除告警以及设定服务状态的命令
1	有关以后号码和功能的命令		
2	有关数据功能的命令	9	有关硬件结构布局和文件有效性方面的命令
3	有关号码分析、话务台优先队列设定及计费时间设定命令	10	有关热启动和冷启动方面的命令
		11	有关后备（文件、存储）方面的命令
4	有关硬件配置和人工测试命令	12	未用
5	有关口令变更的命令	13	未用
6	未用	14	有关对话的权限等级和保护等级的命令
7	有关设定默认的权限等级和保护级的命令	15	有关子命令方面的命令

　　设备服务进程用在设备安装期间和设备服务状态的转换期间。在设备的安装期间，设备服务进程就会同时启动一个设备接口进程的请求，而且还给设备接口进程提供控制该设备的数据。在设备服务状态的转换中，所有的转换都要报告给有关的设备接口进程。而当设备的用户一停止使用该设备，设备的接口进程就将此情况通知设备服务进程，该设备也就能够转换到退出服务的状态。

　　5. 资源管理

　　在程控交换机中，资源是一种独立的，可根据需要进行配置的硬件或软件实体。交换机的资源由执行管理程序统一管理。一般而言，资源都是共享的，它们可以为不同的资源使用对象访问使用。然而，由于交换机软件具有并发性的特点，这种资源的共享性就有可能导致出现多个使用对象同时争用同一资源的问题。为了解决诸如此类的问题，在交换机软件的操作系统中安排有资源管理程序。所以，总体说来资源管理的任务就是控制不同的使用者对资源的共享。

　　下面对一个处理器管理资源的情况作介绍。

　　(1) 资源的特性　　资源的特性包括资源类型编号和资源状况。资源类型编号用来标明资源的内部标记，以区别不同的资源。资源状况说明资源的当前情况，它包括资源的占用者、资源的请求者和资源的当前状态等。资源的占用者是当前正在使用该资源的使用者，若资源未被使用时，则资源不断地向外设查询。当资源正在被使用，而又有另外一个外部设备向资源请求，系统是这样处理的：此时资源请求被记录在请求队列之中，并根据请求者的优先级来安排处理先后次序。资源的当前状态参见文件管理中的四种服务状态，这里需要指出的是自动封锁状态，它是在资源或者出现故障，或其它情况而使得该资源不可用时所出现的状态。系统的处理情况是：有由于外部事件而引起的自动封锁，当外部事件消除后，资源将被自动解除封锁，进入服务状态。如用户没有挂好机，数字适配器未接入个人计算机终端等情况，则要等到故障消除后，资源才能进入服务状态。

　　(2) 资源的使用对象　　资源是可以共享的。它的使用对象很多，当许多外设在同一时刻想要使用同一个资源时，它们的使用情况则要根据各自的优先级来安排。

　　下面对应用程序中可能使用资源的某些活动（资源的使用对象）作一个简介：

　　呼叫处理 1　　这里，1 表示在同类活动中该活动具有最高的优先级，当资源从一个呼叫处理进程转移到另一个呼叫处理进程时要用到。

系统　系统是在资源管理内部进行的活动。作为用户请求的结果，资源管理将对资源执行某些内部管理的操作。

系统防护1　这个活动即重新运行系统防护程序。

工程设计与运行维护1　在改变资源特性、资源类型以及进行资源当前状态转移时，由该活动占用资源。

系统防护2　系统防护的这一部分活动负责对故障进行定位、隔离和对资源进行测试。

工程设计与运行维护2　它是工程设计与运行维护中的一般性活动。

呼叫处理2　对应呼叫处理过程中的稳定状态，由呼叫处理2占用相应资源。

三、执行管理程序的功能

现在，再进一步阐述我们通常所说的程控用户交换机中的执行管理程序的各项主要功能：

1. 任务调度

交换机的交换程序按其实时要求和紧急情况分为不同优先级，由执行管理程序进行调度，任务调度是执行管理程序中最基本的任务。

2. I/O 设备管理

I/O 设备包括打印机、监视器、磁带机磁盘机等设备。

3. 处理机间通信控制和管理

目前程控交换逐步趋向多机系统，处理机间的信息交换则由执行管理程序中有关的通信控制软件负责控制。

4. 系统管理

程控交换机的软件系统，除负责交换处理的程序外，还有其他一系列程序，它们也由执行管理程序管理和调度。主要包括：

（1）对系统资源的管理，即对 CPU、内存容量、维护、计费、以及大量存在的用户和中继接口配置的管理；

（2）用户权限管理，包括对用户使用程控业务的权限和长途中继权限的管理；

（3）话务量管理，即在指定期间对指定中继群、中继线的话务量进行综合统计，管理路由方案等；

（4）运行方式管理，包括 4/2 线转换、信号参数、超时参数等的定义和管理。

第三节　程控用户交换机的数据和呼叫处理表格

一、程控用户交换机的数据

程控用户交换机的数据分为通用数据和专用数据。通用数据称作系统数据，它对所有交换机的安装环境都不变。而专用数据则需要根据交换机安装环境的统计在开局时输入，它包括局数据和用户数据两部分。

1. 局数据

局数据指的是本交换局的情况，它是表述交换局内各项指标的参数。局数据包括以下各类数据：

（1）交换局公用硬件资源情况　包括出局/入局方向数，每方向的中继线类别（A/D 或

D/A、单向或双向)和中继线数,信号设备数,信号类别,上述设备接入交换机的位置,DTMF收号器数,交换网络结构,公共链路数等等。

（2）公共设备的忙/闲情况。

（3）局间信号类型 包括数字型线路信号,直流线路信号,多频记发器信号,7号信号等。

（4）迂回路由设置情况 包括出局呼叫迂回路由情况和入局呼叫迂回路由提供情况。

（5）接用户交换机情况 包括用户交换机类别,中继线数,入网方式以及号码等。

（6）计费方式 内部呼叫计费,入局计费,长途呼叫计费,国际呼叫计费,农话费,市话费,各种附加费和费率等。

（7）话务量、接通率统计数据和计费数据。

（8）新业务提供情况 能提供新业务的品种和数量。

（9）特别服务情况 特别服务种类和线数。

（10）交换机类别。

（11）进网方式 包括 DOD＋BID,DOD＋DID,人工方式等。

（12）复原方式 各种呼叫的复原方式,包括内部呼叫,入局呼叫和特种业务等。

（13）各种号码 包括出局引示号（进网字冠）,本地网编号号长、号数,最多能收几位等。

（14）能接的非话终端和数量 例如电子邮件（E-mail）,可视电话等。

2. 用户数据

用户数据反映的是用户情况,每一个用户都有自己专有的用户数据。它包括以下几个方面：

（1）用户情况 标志该用户此时此刻所处的状态：如正在呼叫,呼出拒绝,呼入拒绝,临时接通等。

（2）用户类别 包括单线用户,多线用户,测试用户,公用电话用户,传真用户,移动电话用户等。

（3）用户的专用情况 如是否热线电话,是否装有计数器,是否优先用户,优先第几级,能否作为国际呼叫被叫等。

（4）用户服务类别和服务性能 包括用户是否有各种新的特殊业务及其使用权。如电话会议,缩位拨号,转移呼叫,遇忙等待,闹钟服务,缺席服务,呼叫等待等。

（5）用户计费类别 包括专用计数器,定时计费,立即计费,营业厅营业计费,假期和夜间半价计费,特殊时段的免费服务等。

（6）用户费率类别 根据用户线长短划分的不同费率等级以及非话终端的费率等。

（7）用户登记的新业务 对新业务有使用权的用户已登记的各种数据。如缩位号码和原号码,闹钟振铃时刻,自动回电号码,转移呼叫号码,热线号码等。

（8）用户状态数据 包括用户忙/闲状态,用户封锁,用户正在测试,维修等。

（9）用户话机类别 是号盘话机,DTMF 话机或其它话机等。

（10）各种号码 包括用户电话号码簿,用户设备号,时隙号,局号。同时还包括用户所登记的转移呼叫电话簿号,呼叫密码等。

（11）出局类别 指的是用户能够呼叫的范围,如只允许内部呼叫（不允许出局呼叫）,

允许市内呼叫，允许国内长途人工呼叫，允许国内长途自动呼叫，允许国际长途呼叫等。

(12) 呼叫过程中的临时数据　包括用户的状态（空闲状态，呼叫状态，振铃状态等），拨号脉冲计数，所收号码，所占收号器，话路等。

二、呼叫处理常用表格

呼叫处理中的数据处理方法各不相同，所以表格的采用也因人而异，通常根据设计人员的某一设计思想而定。下面是一些在呼叫处理过程中经常用到的参考表格：

(1) 用户表　这一类表格容量很大。因为是每个用户用一个表格，用来记录该用户的情况，基本上包括了上述用户数据的内容。由于用户数据信息量较大，而且用户的数量也非常多，所以用户表格所占的存储器容量是不少的。

(2) 呼叫记录表　把每一次的呼叫处理过程中的各项信息全部登记在这一表中。如主叫用户号、被叫用户号、所占用的收号器号、信号设备号、状态号、复原号、以及其他有关新业务等等。

(3) 事件登记表　该标登记各种输入呼叫事件。

(4) 中继表　记录各种出中继器和入中继器及出、入中继线的特点。如中继器当前的呼叫状态；入网方式，局间信号，复原方式，中继线类别（数字或模拟，单向或双向等）。

(5) 各种忙/闲表　各种公用设备的忙/闲状况在此记录。

(6) 各种新业务登记表　该表记录各种新业务的情况。如闹钟服务。缩位拨号等。

(7) 各种队列　根据队列先进先出的特点，在一个周期处理完毕后，可放入各种队列依次处理。

(8) 号码预译表　根据用户所拨号码的首位预先确定本次呼叫的性质。如内部呼叫、市内呼叫、长途国际，国际呼叫，特种服务呼叫等。又如在拨打国际呼叫时先拨国际字冠"００"，若该用户电话尚未办理国际长途服务，则通过号码预译提前输出空号音。此时交换机暂不处理以下的号码信号。

(9) 号码翻译表　包括用户电话簿号和设备号之间的相互翻译。方向号、中继器号和设备号之间的互相翻译等。

以上呼叫处理表格常根据软件设计者的思想而设定。当然设计者还可以根据业务需要和使用情况自行设计方便本交换局使用的各种表格。

第四节　呼叫处理过程

呼叫处理是最能体现程控用户交换机特色的软件。在呼叫处理程序中，交换机软件的两个基本特点：实时性和并发性都有所体现。在开始时，用户处于空闲状态，交换机进行扫描，监视用户线状态。当用户摘机后，意味着一个呼叫处理的开始。呼叫信令输入存储器，需由软件进一步处理。本节通过一个呼叫处理的通话过程来介绍呼叫过程中所经历的几个阶段，并以本局呼叫为例，说明呼叫处理的流程。

一、一次通话的呼叫处理过程

1. 主叫用户 A 摘机呼叫

当交换机在扫描的过程中一旦检测到用户呼叫请求时，就立即开始做如下的工作：

(1) 根据检测到的"占用"（入中继时）或"摘机"（用户线时）信号，启动一个呼叫处理进程；

（2）为该呼叫进程分配一块内存，作为临时数据存储区，整个存储器又分为接口数据存储区和动态数据存储区两个部分；

（3）初始化临时数据存储器。

包括把从线路接口数据区读入的主叫线路类型，即交换机调查用户 A 的类别，以区分用户电话是同线电话、磁卡电话、投币电话还是内部小交换机等等；同时交换机调查用户话机的类型，是按键式话机或号盘话机，不同的类别需要接到它们各自的相应收号器；确定用户业务权限等级（COS）和用户中继权限等级（TAC）等，写入临时数据存储器的接口数据区，并对动态数据区复位清零，供进程处理过程中存储进程状态、进程间通信标志、接口扫描结果、所收号码数字、所接续网络链路、计费信息等。

（4）直接通过接口电路使收号器与呼入线连通，或通过交换网络（DTMF 和 MFC 信令）。

（5）当呼叫来自中继时，向线路发送"请拨号码"信号；当呼叫来自用户线时，向线路发送拨号音。

2. 送拨号音，准备收号

（1）当交换机的控制系统接收到第一个地址（或号码）数字时，交换机这时需要寻找一个空闲收号器以及和主叫用户间的路由；

（2）寻找一个空闲的主叫用户和信号音源间的路由，向主叫用户送拨号音；

（3）监视收号器的输入信号，准备收号。

3. 收号

（1）由收号器接收用户所拨号码；

（2）收到第一位时，停止拨号音的输出；

（3）对收到的号码按位存储；

（4）对"应收位""已收位"进行计数；

（5）将号首送向分析程序进行分析（即预译处理）。

说明：对于本局和入局呼叫及采用逐段转发式的出局和转接呼叫，此步骤应持续到全部号码数字收完后，进入下一选路阶段。如果出局或转接呼叫采用端对端方式，则应在收号全部结束之前，即在接收完出局冠字后立即启动选路任务。此时收号与选路的执行存在一定的重叠。

4. 选路

（1）在预译处理中分析号首，以便确定呼叫类别（本局、出局、长途、特别服务等），并决定该收几位号；

（2）检查这个呼叫是否允许接通（是否限制用户等）。如本局电话用户不可以拨打长途，一般市内用户不能打国际电话等；

（3）检查被叫用户是否空闲。

说明：对于本局和入局呼叫，由接收到的号码翻译出对应的被叫线，并确定其忙闲状态；对于出局和转接呼叫，应由接收号码译出对应其高效（或直达）路由的中继群，并从中选择一条空闲线路。如果直达路由中继群中所有中继线全忙，系统应依次搜索各个替代线路，直到寻找到空闲的中继线。

5. 接续

在交换网络中为入呼线和已选定的空闲出线之间寻找并保留一条空闲链路。包括：

（1）向主叫用户送回铃音路由（这一条可能已经占用，还没有复原）；

（2）向被叫用户送铃流回路（可能直接控制用户电路振铃，而不用另找路由）。

对于出局和转接呼叫，且采用共路信令的方式时，还应为局间信令传输选择一条空闲信令信道。

6. 发送信号

选路与接续结束后，系统应向主叫、被叫线路和分别发送适当的信号，引导呼叫进行。

（1）向用户 B 送铃流；

（2）向用户 A 送回铃音；

（3）监视主叫、被叫用户的状态。

这里，对于不同的呼叫，控制系统向主叫，被叫两端发送的信令是不同的。例如：若用户呼叫类型是本局呼叫，系统向出线（被叫端）发送的信号是铃流，向入线（主叫端）发送的信号是回铃音；而在转接呼叫（以端对端为例）的情况下，系统向出线发送的信号是"占用"，向入线发送的信号则是：待收到出线"占用确定"后，向入线送"请传下一数字"。

7. 应答和通话监测

自开始振铃时起直至受话方摘机时为止。这一阶段系统必须执行：

（1）若收到应答方"摘机"和"应答"信号，系统切断铃流及回铃音，接通交换链路；

（2）建立 A、B 用户间通话路由，开始通话；

（3）启动计费系统（当计算机计费时，仅需启动计费时钟）；

（4）监视主叫、被叫用户状态。

8. 话终与释放监测

自通话开始起到任一方挂机时止。此阶段完成：

（1）计时或收、发计数计费脉冲，同时周期性地扫描监测主叫、被叫线路的挂机或释放状态；

（2）当任意一方先挂机，交换机检测到后，路由复原。

9. 释放

自收到通话任一方的挂机或释放信号时起直至系统返回到初始的"空闲"状态。这一阶段主要执行：

（1）停止收发计费脉冲或停止计费时钟（当采用计算机计费时）；

（2）向未释放一方（无论是主叫一方还是被叫一方）发送"释放"信号或"催挂"音，等待其挂机；

（3）启动"释放保护"过程；

（4）释放该次呼叫所占用的公共设备，包括被叫用户线、中继线、交换链路等，并设置"空闲"标志；

（5）输出本次通话的计费结果或通话的原始数据记录（用计算机计费时）。

以上所介绍的是通话成功时，呼叫处理应经历的各个阶段及完成的操作。但在实际中，呼叫处理过程是非常复杂的。例如主叫方不一定正好在通话结束后，而可能在任何时刻挂

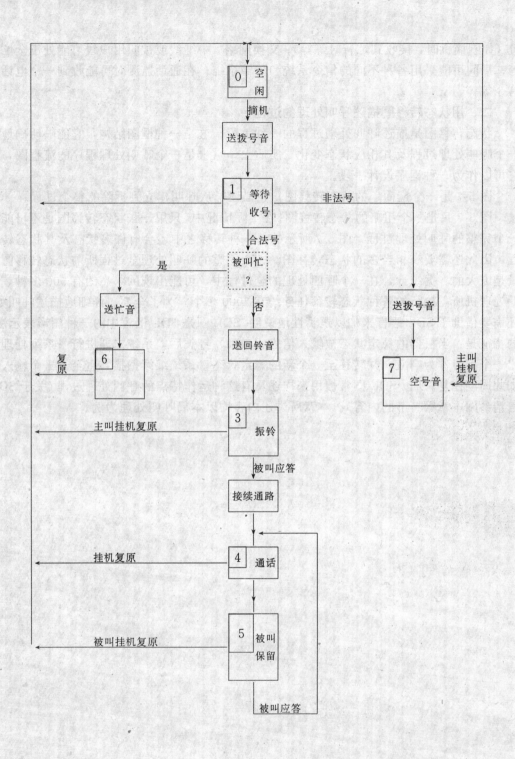

图 5-7　状态转移图

机（如刚摘机时，接收到忙音时等等）；交换网络、中继线或被叫用户线可能处于全忙状态等；局间可能采用各种不同的信令系统和传输系统；在通话监测时可能收到一个电话会议信令等等。

二、用状态转移图描述呼叫处理的过程

状态转移图是描述呼叫处理过程的一种手段。这是一种框图结构，它能够明确地表示一个呼叫处理过程及其相应状态变化。实质上，它也是一个呼叫处理程序的流程图，因而它可以作为一种程序设计手段。

图 5-7 是一个最简单的状态转移图，它描述了从呼叫建立到拆除的整个过程。

图 5-7 只是一个粗略的状态转移图。在实际情况中，只用一张状态转移图是不可能描述一个完整的呼叫处理过程，图 5-7 所示的每一种转移之中还会有许多状态及其状态转移过程，因此还需要有相当多的状态转移图。一个完整的呼叫处理全过程所需状态转移图的数量是庞大的。据统计，在一个呼叫处理的全过程中，可能出现的状态约有 500 多种，而呼叫处理机所需执行的各种状态转移任务约有 2000 多个。为了全面、详细地描述呼叫处理，还需要借助于 SDL 语言来加以逻辑性地说明。SDL 图是 SDL 语言中的一种图形表示法。它的特征是：当机器的稳定状态被输入信号（激励）打破后，系统立即进行一系列处理，输出一个信号作为响应，并转移至一个新的稳定状态，系统继续扫描，直至下一个输入——如此周期往复。所以 SDL 图常被用来描述具有这种运作特点的呼叫处理过程（关于 SDL 语言请参阅本章第一节的内容）。本章所讲述内容均以本局呼叫处理为例。

第六章　话务量和中继线的计算

第一节　话　务　量

一、话务量的基本概念

话务量指交换机的话务部分的话务通过能力。它反映了电话用户对电话通信使用的数量上的要求。交换机对电话用户通话要求的满足程度,反映了该设备的重要服务质量指标。如要求过高的服务质量指标,则就需要交换机提供更多的设备和更好的质量,这样就必然导致较贵的价格,但若服务质量指标定得过低,虽然对交换设备的数量要求降低了,但过少的设备会使用户感到使用不便,因此在工程设计中要兼顾价格和用户使用方便两方面,对交换机提出一定的合理的服务质量指标,以便在保证一定的服务质量的前提下,尽可能地降低成本,减少设备投资。

一定的服务质量指标反映了交换机对用户通话要求满足的程度,而用户通话要求一般指在一定时间范围内对通话要求的频繁程度、通话的时间长短即每次呼叫占用交换设备的时间。话务量正是反映电话用户在电话通信使用上的这种数量要求的。因此,影响话务量数值的大小,首先在于所考察的时间的长短。显然,所考察的时间越长,则在这段时间里发生的呼叫就越多,因而话务量也就越大。例如,一天的话务量就比一小时话务量大。第二,单位时间里(如一小时)发生的呼叫次数多少也影响话务量的大小。单位时间里发生的呼叫数称为呼叫强度,显然,呼叫强度越大,话务量也越大。最后,每个呼叫所占设备的时间长短(或通话长短)也是影响话务量大小的一个因素,显然,在相同的考察时间范围和相同呼叫强度的前提下,每次呼叫占用的时间越短,其话务量也就越小;反之,每次呼叫占用时间越长,话务量也就越大。

因此,构成话务量的要素有三个:时间范围、呼叫强度和呼叫占用的时长。这三者综合作用的结果,在电话局内就表现为交换设备的繁忙程度。如用 A 表示话务量,用 T 表示计算话务量的时间范围即考察的时间范围,用 C 表示单位时间内发生的呼叫次数即呼叫强度,并用 t 表示呼叫占用的时长,则话务量 A 可以表示为下式:

$$A = C \times T \times t \tag{6-1}$$

如果式中的时间单位取"小时",则话务量的单位就是"小时呼"。

由于时间是影响话务量大小的第一个因素,因此,当述及"话务量"时,总是指一定时间范围内的话务量,如一昼夜的话务量等。而通常所说的话务量,则是指系统在一日内最繁忙时间里的一个小时的平均话务量,并把单位时间(如一小时等)的话务量叫做话务量强度。通常在不致引起混淆的前提下,有时就把话务量强度称为话务量。

交换网络的作用是将任意入线与指定的出线相接通,从而对出入端的用户提供接续服务。我们知道,在电话交换过程中,呼叫的发生是随机的。在大量随机发生的呼叫中,显然会有些呼叫可能遇到电话交换设备被占用,且没有空闲设备为其服务,这些情况的发生是出于上面提到的要兼顾一定服务质量和较好经济指标所考虑的。也就是说,要求服务的用户数量常大于交换设备的话路数量,这样做是现实的。因为:

(1) 在通常情况下,每个用户只是在部分时间里需要呼叫。也就是说,所有用户同时呼叫的可能性几乎为零;

(2) 用户的呼叫偶尔得不到满足而需要短时间的等待是可以容忍的。就是说,交换设备不可能百分之百地满足用户呼叫的要求。因此,对于这类遇忙呼叫,不同的交换系统采取不同的处理方式。第一种方式是,系统处理这类呼叫时让它们等待,一旦有了可用于接续的空闲设备,呼叫就可以继续进行下去。这种系统是等待接续制工作的,这类交换系统就叫做待接制系统或等待制系统。第二种处理方式是,系统处理这类呼叫时,对不能立即得到接续的呼叫向用户送出"忙音"而不让呼叫等待,用户听到忙音后必须"挂机"从而放弃这次呼叫,然后再重新摘机进行下一次呼叫,因而这种系统是按明显损失制工作的,这类系统就叫作明显损失制系统。

对于上述两种系统来说,流入待接制系统的话务量都能被处理(即完成接续),只是有一些呼叫要等待一段时间才能得到接续。而流入明显损失制系统中的话务量只有一部分被处理,而另外一部分话务量则被"损失"掉了(没有完成接续)。我们把流入系统的话务量称为流入话务量,完成了接续的话务量称为完成话务量,显然,在待接制系统中,流入话务量是等于完成话务量的。因为在待接制系统中,所有流入话务量都被处理,因而没有真正被损失掉的话务量。在明显损失制系统中,由于交换设备忙而未能成功接续的呼叫叫做"损失呼叫"或称"损失话务量",显然,流入话务量与完成话务量之差就是损失话务量,而损失话务量与流入话务量之差就称为"呼叫损失率"或简称"呼损率"。通常呼损率很低,约为千分之几到百分之几。

二、话务量和话务量单位 Erl。

根据以上有关话务量的概念,我们可以把流入话务量用下式来定义:

$$A = C \times t \tag{6-2}$$

式中 A——话务量;

C——单位时间内平均发生的呼叫次数(呼叫强度);

t——每次呼叫平均占用时长。

当 C 与 t 使用相同的时间单位时,流入话务量 A 是无量纲级的数。但是,为了纪念话务理论创始人,丹麦数学家 A.K.Erlang,将话务量单位定名为"爱尔兰",用"Erl"表示。

【例 6-1】 设一个用户在 2h 内共发生了 4 次呼叫,各次呼叫持续的时间依次为 600s、100s、900s 和 200s,则平均呼叫保持时间(平均占用时长)为

$$t = (600 + 100 + 900 + 200)/4 = 450s = 0.125h$$

根据式(6-2),话务量为

$$A = C \times t = 4 \times 0.125 = 0.5 \quad \text{Erl}$$

上式计算的单位爱尔兰又称小时呼,还有另外一些单位,如分钟呼(cm)、百秒呼(ccs)等,它们与爱尔兰的换算关系是

$$1 \text{ 爱尔兰} = 60cm = 36ccs$$

三、话务量的特征

根据以上讨论,在已知 C 和 t 的前提下,按式(6-2)计算话务量并不困难,但在实际

中，C 和 t 都是随时间和用户行为随机变化的。因此，分析 C 和 t 的统计特征就变得极为困难。例如单位时间平均呼叫次数 C（即呼叫强度）要受到下列诸因素的影响：

1. 时间

呼叫强度会随一年中不同的月份、一周内不同的日子、甚至是一日内不同的小时而变化。例如，每周内的周一、周五呼叫数量通常较多，而在周六、周日内的呼叫次数则相对较少。在一天的时间内，上午 8：30～11：00 往往会有一个呼叫高峰。此外，呼叫强度在一些特定的时间里，如学校开学和新年前夕等就会大大增加。图 6-1 所示为一天中每小时呼叫次数变化曲线。

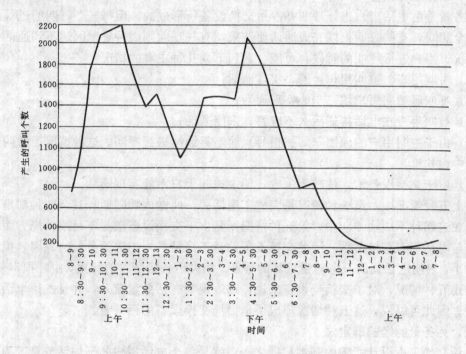

图 6-1　一天中每小时呼叫次数的变化曲线

2. 突发事件

呼叫强度会随突发事件的产生而大大增加。例如，当某地发生自然灾害和重大事件时，这个地区的呼叫强度会突然增加。

3. 话机普及率

每个话机单位时间内发出的呼叫次数与该地区的话机普及率成反比。显然，在安装话机密度较小的地区，电话的利用率就很高，因而呼叫强度相应较大。

4. 用户的类型

不同类型的用户，其呼叫强度会有很大差别。例如，普通居民用户的呼叫次数要比一般商业用户的呼叫次数要少得多。

有些用户呼叫遇忙时反复重拨也会增加呼叫强度。因此，确定话务量，需要根据实际情况来定。这就需要经过长时间的观察、统计，寻找其变化的一般规律，经过分析研究后加以确定。

从图 6-1 一天中每小时呼叫次数变化曲线可以看出，话务量强度在一天里有很大的波动。如果逐日观测，则会得到不完全相同的曲线，但这些曲线是相似的，它们具有相同的波动规律，表现出一定的周期性规律。

为了在一天当中的任何时候都能给用户提供一定质量的服务，电话交换设备数量的计算应根据一天中出现的最大话务量强度来进行。这样，在话务量高峰的时间里，服务质量就不会下降。我们把一天中出现最大平均话务量强度的一小时的连续时间区间称为最繁忙小时，简称忙时。最繁忙小时的平均话务量强度称为"忙时话务量"。它是交换设备计算的依据。

四、话务量的计算

话务量是由电话用户进行呼叫并占用交换设备所形成的。但每一个呼叫的进程或结果并不完全相同，有些呼叫得以完成通话而结束，有些呼叫则因种种原因达不到通话目的而离开系统。用户进行呼叫的时候，可能会遇到下列几种主要的情况：

（1）主叫用户与被叫用户接通，实现通话；

（2）呼叫遇被叫用户忙，未能实现通话；

（3）被叫用户在电话接通后久不应答，未能通话；

（4）由于主叫用户的原因（如拨错号）而不再继续进行呼叫。这种情况通常叫做中途放弃或中途挂机；

（5）由于交换设备忙，使呼叫失败，使主被叫用户不能实现通话。

以上五种情况中，第一种情况是完成了通话的，叫做成功呼叫。其余四种都是不成功的，而在这四种不成功呼叫中，第五种情况则是由于交换设备数量不足或他局方面所造成的，它与电话局有直接关系。因此交换设备数量不足是产生损失话务量的原因。损失话务量的大小，表明电话局的服务质量好坏的程度。损失话务量所占的比重，由呼损率来表示。

上述五种情况，对于交换局设备来说，都表现为有话务量流入，并且占用电话局的交换设备。因此可以说，这五种情况形成了电话局交换设备的话务量。

五、话务量的经验确定法

电话交换工程设计所需的基本数据之一，就是每个电话用户的平均话务量。为了计算用户平均话务量强度，应当综合上述五种情况。既然每个用户的话务量是由上述五部分组成的，那么，如把每一种情况下的话务量计算出来，加在一起，就可以求出每个用户的平均话务量。

通常，上述五种情况在呼叫中的比重是各不相同的，每种情况所占的时长也不相同，所以应该分别计算以求出用户话务量。各种情况所占的比重可以从对现有交换网的观测得到。统计表明，各类呼叫可能占的比重是：

（1）呼叫实现通话   50%～75%；

（2）呼叫遇被叫用户忙   15%～20%；

（3）被叫用户久不应答   7%～12%；

（4）主叫用户中途挂机   2%～10%；

（5）没有可用空闲接续设备   3%～5%。

在目前程控数字交换机技术迅速推广应用的情况下，上述第五种情况即因设备忙而产生的呼损概率更小，计算时往往可以把它忽略。因此，上述的前四种情况就可以按式(6-2)来计算。

设第（1）、第（4）项相应的呼叫强度分别为 C_1，C_2，C_3，C_4，各项相应所占用时长分别为 t_1，t_2，t_3，t_4。根据

$$A = C \times t$$

则用户话务量计算可按下式

$$A = C_1 t_1 + C_2 t_2 + C_3 t_3 + C_4 t_4 \tag{6-3}$$

$C_1 \sim C_4$ 所占比重已如前述，平均占用时长 $t_1 \sim t_4$ 则由以下各类呼叫占用时长的不同组合而形成，它们是：听拨号音的时长，拨一位号码的时长，向被叫用户振铃的时长，用户通话应答的时长，用户听忙音的时长，被叫用户久不应答的时长，呼叫设备复原的时长及中途挂机的时长等。上述各类呼叫所平均占时长均为统计数值，以下的数值可作为话务量计算的参考：

$t_{拨号音} = 3s$

$t_{拨号} = 1.5s$

$t_{振铃} = 7.8s$

$t_{通话} = 45.140s$

$t_{忙音} = 4.5s$

$t_{不应} = 30.35s$

$t_{中挂} = 18.20s$

$t_{复原} = 1s$

根据以上的时间数据可以求出 $t_1 \sim t_4$。

完成通话呼叫的平均占用时长 t_1

$$t_1 = t_{拨号音} + n t_{拨号} + t_{振铃} + t_{通话} + t_{复原} \tag{6-4}$$

呼叫遇忙时的平均占用时长 t_2

$$t_2 = t_{拨号音} + n t_{拨号} + t_{忙音比复原} \tag{6-5}$$

式中，n 为电话拨号位数。

呼叫遇被叫久不应答时的平均占用时长 t_3

$$t_3 = t_{拨号音} + n t_{拨号} + t_{不应} + t_{复原} \tag{6-6}$$

主叫用户中途挂机情况的平均占用时长 t_4

$$t_4 \text{ 为中途挂机占时，可能发生在任何阶段} \tag{6-7}$$

一般取 $t_4 = t_{中挂} = 18s$

综合起来，利用式（6-3）求出每用户的平均话务量。

利用上述话务量计算公式及有关话务量参数关系式，我们可以计算每户平均话务量。

【例 6-2】 六位制市话网中，已知某户平均通话时长为 120s，其在一小时内平均完成通话次数为 2.7/h，计算每户平均话务量。

这里取 $t_{拨号音} = 3s$，$t_{拨号} = 1.5s$，$t_{振铃} = 7s$，$t_{通话} = 120s$，$t_{忙音} = 5s$，$t_{不应} = 35s$，$t_{复原} = 1s$，$t_{中挂} = 18s$，当拨号位 $n = 6$ 时，应用式（6-4）～式（6-7），求出各种呼叫接续情况下的平均占用时长：

$$t_1 = 3 + 6 \times 1.5 + 7 + 120 + 1 = 140s$$

$$t_2 = 3 + 6 \times 1.5 + 5 + 1 = 18s$$

$$t_3 = 3 = 6 \times 1.5 + 35 + 1 = 48s$$

$$t_4 = 18s$$

根据前述四种接续情况（忽略呼损），设

当呼叫实现通话占 75%，$C_1 = 2.7$ 呼叫/h

则当呼叫遇忙占 15% 时，对应呼叫强度为 C_2；

当被叫用户不应答占 7.5% 时，对应呼叫强度为 C_3；

当主叫用户中途挂机占 2.5% 时，对应呼叫强度为 C_4。

于是有：

$$0.75 = \frac{C_1}{C_1 + C_2 + C_3 + C_4}$$

即

$$0.75 = \frac{2.7}{C_1 + C_2 + C_3 + C_4}$$

所以

$$C_1 + C_2 + C_3 + C_4 = \frac{2.7}{0.75} = 3.6 \text{ 呼叫/h}$$

又因为

$$0.15 = \frac{C_2}{C_1 + C_2 + C_3 + C_4}$$

所以

$$C_2 = 0.15 \times 3.6 = 0.54 \text{ 呼叫/h}$$

类似地

$$C_3 = 0.075 \times 0.6 = 0.27 \text{ 呼叫/h}$$

$$C_4 = 0.025 \times 3.6 = 0.09 \text{ 呼叫/h}$$

把 C_1，C_2，C_3，C_4 及 t_1，t_2，t_3，t_4 代入式（6-3），计算出每用户平均话务量 A 为

$$A = C_1 t_1 + C_2 t_2 + C_3 t_3 + C_4 t_4$$

$$= 2.7 \times 140/100 + 18/100 + 0.27 \times 48/100 + 0.09 \times 18/100$$

$$= 0.112 \text{Erl}$$

第二节　忙时试呼次数 BHCA 与用户交换机话务处理能力的选择

一、程控交换机控制部件的呼叫处理能力及忙时试呼次数 BHCA

程控交换机的工程设计中有关话务数据部分，主要包括两个方面：

（1）交换设备所能承担的用户总话务负荷能力，即通过交换网络所能同时连接的路由数。

（2）单位时间内交换机控制设备的呼叫处理能力。

对于前者，因程控机的呼叫网络的阻塞率很低，所能通过的话务量很大，因此交换机的话务能力主要受控制设备的呼叫处理能力的限制。控制设备对呼叫处理能力，以"忙时

试呼次数"——BHCA（BUSY HOUR CALL ATTEMPT）来衡量，它是程控交换机的控制设备在忙时对用户呼叫次数的处理能力的一项指标。对整机而言，其单位为次/忙时，或称 BHCA。

我们知道，用户忙时摘机拨号就要占用交换机的处理机，因此交换机的话务处理能力实际上直接关系到处理机的负荷能力。所以，工程设计中除考虑选择交换的容量和话务量总负荷以外，还必需要求设备满足实需的 BHCA 要求，因此，计算 BHCA 是确定程控交换机的处理机最大处理能力的依据。

程控交换机运行期间，其控制系统的机时主要由操作系统和呼叫处理软件来占用。上述对时间的占用情况，可以用系统开销，固有开销和非固有开销来表示。

系统开销：在充分长的统计时间内，处理机用于运行处理软件的时间与统计时长之比称为系统开销，它表示了时间资源的占用率。

固有开销：与呼叫处理次数无关的系统开销。

非固有开销：与呼叫处理次数有关的系统开销。

设 N 为控制部件单位时间内所处理的呼叫总数（BHCA）。其与系统开销之间用下式表示：

$$t = a + bN \tag{6-8}$$

式中固有开销 a 主要是用于非呼叫处理的占用率，与系统的结构，系统容量及交换设备数量等参数有关。

b 为处理一次呼叫的平均开销。因处理不同呼叫所执行的指令数不同，它和呼叫的不同结果（完成通话、挂机、遇忙等）有关，也和不同的呼叫类别（如局内呼叫、出局呼叫、入局呼叫、汇接呼叫等）有关，本式中 b 取平均值。

根据上式，我们有

$$N = \frac{t - a}{b}$$

例如某交换设备处理机忙时处理呼叫的时间开销 t 为 0.80，其固有开销 $a=0.25$，处理一个呼叫平均时长为 35ms，则该处理机忙时呼叫处理能力为

$$N = \frac{0.80 - 0.25}{\dfrac{30 \times 10^{-3}}{3600}} = 66000 \text{ 次 } /h$$

对于每个用户而言，忙时摘机拨号要占用处理机，包括用户拨号后接通被叫用户的次数，也包括因中继电路忙、被叫用户忙或因设备发生故障未完成接续而占线的次数，称为平均每户忙时试呼次数，单位为次/忙时户或 BHCA/户。

因每户忙时总的发话话务量 A 发，等于每户忙时各个接续总次数 N 所占用的各次时长之和。所以，若用户每次呼叫占线的平均时长为 t，则 A 发与 N 的关系可用下式表示

$$A_{发} = \frac{t \times N}{60} (\text{Erl}/\ 户) \tag{6-9}$$

或者表示为

$$A_{发} = \frac{t \times N}{3600} \quad (\text{Erl}/\ 户) \tag{6-10}$$

式中　$A_{发}$——忙时每户平均发话话务量，单位为 Erl；

t—— 平均每次呼叫所占时长，采用式（6-9）时 t 的单位为分钟，采用式（6-10）时 t 的单位为秒；

N—— 每户平均忙时试呼次数，即 BHCA/户。

当 t 采用分钟为单位时，计算每户平均忙时试呼次数可按下式：

$$N = \frac{A_发 \times 60}{t} \quad （单位：BHCA/户） \tag{6-11}$$

当 t 采用秒为单位时

$$N = \frac{A_发 \times 3600}{t} \quad （单位：BHCA/户） \tag{6-12}$$

二、影响交换机呼叫处理能力的因素

从以上分析可以看出，在工程设计中应该合理选择设备，保证交换机具有一定的呼叫处理能力，因而应考虑影响交换机呼叫处理能力的各种因素。这些因素主要有：系统容量；系统结构，处理机能力，交换机软件结构，编程和编程语言等。

首先，系统容量对交换机呼叫处理能力有直接的影响，对于一台处理机来说，它所控制的系统容量越大，其用于呼叫处理的开销越大，因而处理机的呼叫处理能力未能充分利用。

第二，多处理机结构的程控交换机，各处理机之间的通信方式，处理机系统的组成方式影响系统的呼叫处理能力。显然，系统结构合理，各处理机负荷分配合理，彼此能很好地协调配合，能使各处理机充分发挥最大效率，就能促进和提高系统的处理能力。相反，如系统结构不合理，各处理机负荷分配不均，以致其它处理机不能很好地发挥良好的效益，这就必然要降低系统的呼叫处理能力。

第三，程控机所含处理机的性能指标或处理能力，影响着交换机的话务处理能力。例如处理机指令系统功能的强弱，主频的高低，存储容量大小及所配 I/O 接口的类别和数量对系统的处理能力有直接影响。处理机指令系统功能强，主时钟频率高，所配存储空间范围大以及接口效率高的处理机，其呼叫处理能力就比较强。

第四，系统软件水平的高低，影响处理机的处理能力。好的处理系统，应配有较高水平的软件，如好的操作系统，各类程序编制应高效、精炼、合理、规范，以利于提高系统的处理能力。

最后，在设计软件时选好编程语言是非常重要的。高级语言编程效率高，可读性和可移植性也较高，但其执行文件效率相对较低，因此为了提高处理机的话务处理能力，对于实时要求高，重复次数多及要求较高效率，较小开销的软件部分，可以采用汇编语言编程。

工程设计中对交换机处理能力的选择规定

上节对有关交换设备的控制部分的话务处理能力的分析，说明在工程设计中所选程控交换设备中处理机的处理能力，必须满足所有用户以及入局的各种呼叫接续要求，这些呼叫包括本局用户以及入局呼叫总和的试呼次数。若所选交换机中处理机的处理速度满足不了需要提供的总 BHCA 值，将对该交换系统完成忙时话务处理能力产生影响。所以在工程设计中除考虑所选交换机的容量和话务总负荷以外，还必须保证设备的话务能力满足实际需要的 BHCA。选机时对用户交换机处理机的最大处理能力，一般以满足交换机终局容量时的要求为依据。

应该看到，由于我国目前电话普及率不高，以致造成被叫用户忙所占比重大，同时由于通信线路配备不足，技术等级不高，因而故障率较高等因素使得接通率较低，故而造成一些交换局的用户平均每户忙时试呼次数大于有效接通通话次数。就是说出现了许多无效呼叫。这些无效呼叫也要占用机时，加重了处理机的负荷。因此若处理机选择不当，则可能降低系统的话务能力，严重时往往造成线路阻塞，这种情况应该极力避免。随着我国程控数字交换机的迅速普及，全程全网通信装备系统配套发展，通信技术及通信质量的不断提高及全国城乡电话普及率的迅速提高，有效话务量与忙时试呼次数将会逐步接近，因而能起到缓解处理机负荷过重的作用。

　　工程设计规定，在选择交换机处理能力时要考虑以下几点。

　　（1）如前所述，所选设备的最大处理能力，应能满足终局容量的要求。

　　（2）处理机应有超负荷控制的能力。在一般情况下，当话务负荷达到额定值时处理机的占用率不应高于65%；当处理机占用率超过90%时，交换系统应能进行超负荷控制。

　　（3）在话务量负荷超过20%的情况下，计算公用设备的呼叫次数时，应按额定负荷时的呼叫次数增加50%计算。

　　（4）处理能力与占用率（系统开销）的关系。设处理机忙时设计总处理能力（$\mathrm{BHCA}_{总}$）为 N 次，并假定处理机处理次数达到 N 次时的占用率为100%。

　　通常系统无话务负荷时的内部开销应小于20%，折算成忙时占用处理机次数 $\mathrm{BHCA}_{内}$ $=20\% \times N = 0.2 \times N$ 次。　　　　　　　　　　　　　　　　　　　（6-13）

　　根据第（2）条，当话务负荷达到额定值时，考虑到系统的内部开销（无话务负荷时的占用率）为20%，则处理机实际忙时进行话务处理的次数 $\mathrm{BHCA}_{实}$ 为：

$$\mathrm{BHCA}_{实} = （65\% - 20\%） \times N = 0.45N（次）\qquad (6\text{-}14)$$

即不到 $\mathrm{BHCA}_{总}$ 的一半。

　　系统在额定负荷时的忙时处理次数

$$\mathrm{BHCA}_{额定} = 0.65N（次）\qquad\qquad\qquad (6\text{-}15)$$

　　当话务负荷达到处理机占用率的90%时，系统处于超负荷状态，这时总的忙时处理次数 $\mathrm{BHCA}_{超} = 90\% \times N = 0.9N$ 次

　　而忙时实际处理的有效呼叫 $\mathrm{BHCA}_{超实}$ 为

$$\mathrm{BHCA}_{超实} = （90\% - 20\%） \times N = 0.7N（次）\qquad (6\text{-}16)$$

　　在话务量超负荷20%时，若按额定负荷呼叫次数的1.5倍作为计算公用设备呼叫次数的依据，则超负荷时的实际处理次数

$$\mathrm{BHCA}_{超实} = 1.5 \times \mathrm{BHCA}_{实}$$
$$= 1.5 \times 0.45N$$
$$= 0.675N（次）\qquad\qquad (6\text{-}17)$$

　　最后，在工程设计中选择处理机总的处理能力 $\mathrm{BHCA}_{总}$ 时，考虑到呼叫时对话务的超负荷控制出现的其它要素，设备处理机的总的忙时处理次数可按下式计算：

$$\mathrm{BHCA}'_{总} \geqslant \mathrm{BHCA}_{实} \times 1.5 \times （1+10\%） \times （1+20\%）$$
$$\geqslant 1.98\mathrm{BHCA}_{实}$$

$$=1.98 \times 0.45N$$
$$=0.89N（次）\tag{6-18}$$

其中20%为系统内部开销，10%为考虑其它因素增加的占用率。

可见 BHCA′$_总$ 要略小于系统 BHCA$_总$。

三、工程设计中 BHCA$_实$ 的计算

对于用户交换机来说，呼叫可分为以下三类，如图6-2所示。

（1）用户交换机服务区内部分机呼叫，这类话务以 B 表示；

（2）交换机带分机用户的出局呼叫，以 C 表示；

（3）对用户交换机分机用户呼叫的入局呼叫以 D 表示；

（4）A 为总发话话务量；

（5）E 为总受话话务量。

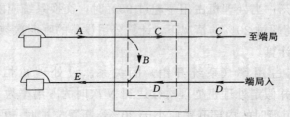

图 6-2　话务流量示意图

从图6-2中几类呼叫的流程来看，在忽略程控数字用户交换机区内链路呼损的前提下，各类话务之间的关系满足下式：

$$A = B + C$$
$$E = B + D$$

交换设备的处理所处理的总话务量应为 B、C、D 三部分之和，现将它们折算成处理机忙时处理次数 BHCA$_实$ 值，如下式

$$\text{BHCA}_实 = \frac{B}{t_{本呼}} + \frac{C}{t_{出呼}} + \frac{D}{t_{入呼}}\tag{6-19}$$

式中　$t_{本呼}$——平均每次交换机区内的呼叫占线时长；

　　　$t_{出呼}$——平均每次出局呼叫占线时长；

　　　$t_{入呼}$——平均每次入局呼叫占线时长。

以上各类呼叫平均占线时长可查表6-1。

由表6-1中查出：

$t_{本呼} = 40s$

$t_{出呼} = 60s$

$t_{入呼} = 60s$

因此

$$\text{BHCA}_实 = \frac{B \times 3600}{40} + \frac{C \times 3600}{60} + \frac{D \times 3600}{60}$$
$$= 90B + 60C + 60D（次）$$

区内平均每户忙时试呼次数则为

90

$$BHCA_{每户} = \frac{90B + 60C + 60D}{n}（次）$$

平 均 占 用 时 长 表 6-1

呼 叫 业 务 类 别		平均占用时长（s）
本机内用户间呼叫		40
呼出至本地对话网内呼叫		60
呼出至国内 长途呼叫	全自动接续	90
	半自动接续	140
	人工接续	200
呼出至国际 长途呼叫	全、半自动接续	180
	人工接续	240
呼叫至本地网各特服业务台		约 30

式中，n 为交换机上实装电话用户数。

对于在话务调查中已得出忙时每户总发话话务量为 A'，本机内呼叫话务量为 B'，出局呼叫话务量为 C' 及入局呼叫话务量为 D' 值。则每户忙时呼叫占用处理机总次数

$$BHCA' = 90B' + 60C' + 60D'（次）$$

在我国，不同的单位，业务种类不同，因此话务量忙闲情况也各不相同，有些甚至是相差很大。所以忙时平均每户的 BHCA' 值还是应该按交换设备使用单位的具体情况，经过调查统计得出切合实际的数值。

取定了忙时平均每户的 BHCA' 之后，根据用户单位选定的终局设备容量 Y 值，即可算出终局时该单位实际需要的 BHCA 值。

$$BHCA_{实} = BHCA' \times Y$$

考虑到话务量超负荷 20% 时，BHCA 值应为忙时额定值 $BHCA_{实}$ 的 1.5 倍，加上 10% 的余量（冗余度），另外计及设备 20% 的内部开销 $BHCA_{内}$ 值，所选处理机的处理次数 $BHCA'_{总}$ 为

$$BHCA'_{总} \geqslant BHCA' \times Y \times 1.5 \times 1.1 \times 1.2$$

$$\geqslant 1.98BHCA' \times Y \qquad\qquad (6-20)$$

$$\geqslant 1.98BHCA_{实}$$

【例 6-3】 BHCA 值计算

某单位安装程控用户交换机，计划初装容量为 1000 门，预测终局容量为 2000 门，经话务调查分析确定平均每户忙时话务量 BHCA' 为 8 次，预计终局平均每户忙时 BHCA' 值为 7 次，试计算初装及终局时所需处理机的 $BHCA'_{总}$ 值。

【解】 1. 初装 1000 门时根据

$$BHCA_{实} = BHCA' \times Y$$

忙时总试呼次数

$$BHCA_{实初} = 8 \times 1000 = 8000 \text{ 次}$$

2. 终局 2000 门时

$$\text{BHCA}_{\text{时终}} = 7 \times 2000 = 14000 \text{ 次}$$

考虑超负荷运行及 10% 的冗余度，则终局时

$$\text{BHCA}_{\text{超}} = \text{BHCA}_{\text{实终}} \times 1.5 \times 1.1$$

$$= 23100 \text{ 次}$$

计及 20% 的内部开销，所选处理机的总处理能力为

$$\text{BHCA}_{\text{总}} \geqslant \text{BHCA}_{\text{超}}(1 + 20\%)$$

$$\geqslant 1.2\text{BHCA}_{\text{超}}$$

$$\geqslant 27720 \text{ 次}$$

第三节 中继线数的计算

一、线群的利用度

程控交换机的核心是交换网络。它负责把任一入线和任一出线接通，而程控机的交换网络是按照一定规则分成组或群。对于交换机来说，用户是产生话务量的源泉，我们把它称为负载源或话源。一般来说，凡是向本级设备（包括中继线）送入话务量的交换网络的上级或入中继线相对于本级来说，都是本级的负载源。因为交换网络是分成组或群的，所以使用这些设备的负载源也相应地分成组或群。为一定组或群的负载源提供的出线或中继线的总体叫做"线群"。

线群按其组成的结构的不同，分为全利用度线群和部分利用度线群。

所谓利用度，指一个负载源组所能使用的服务设备数，对于程控交换机的交换网络来说，它是指在一组（群）的"线群"中，任一入线能够选用的出线数，显然，利用度越高，能够选用的出线数就越多。线群的利用度为 m。通常，在同样条件下，线群的利用度高可以降低呼损。

根据线群的不同结构，可以分为全利用度线群和部分利用度线群。

全利用度线群，指在某一线群中，任何一条入线可以选用所有出线中的任意一条。图 6-3 就是这种全利用度线群。

部分利用线度群，指的是在某一线群中，入线只能选用出线中的一部分。图 6-4 中采用两组 $m \times 10$ 交换矩阵，每个交换矩阵有 m 条入线和 10 条出线。把它们按图中组合成有 15 条出线的交换网络。从图上可以看出，每一条入线只能选用部分出线，因而成为部分利用线度群。采用部分利用度线群后可以扩大出线容量。

全利用线度群与部分利用线度群相比，前者有利用率较高的优点。所谓利用率是指线群的使用效率。

利用率和利用度有关，某线群的利用度高，其利用率就越高。而在利用度相同的条件下，容量大的线群，其利用率也就越高。在同样的话务量和呼损指标的前提下，全利用线度群使用的出线数要比部分利用线度群的出线少，因此前者的利用率较高。在现代程控交

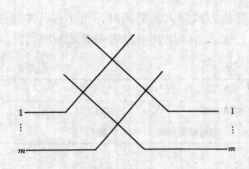

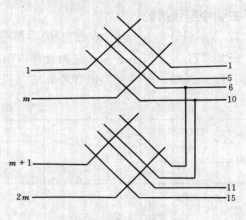

图 6-3　全利用线度群　　　　　　　　　图 6-4　部分利用线群

换机中已经很少使用部分利用线度群。

二、呼损率计算及呼损指标

呼损率是损失呼叫和总呼叫次数的比值，简称呼损，其计算方法有两种：

（1）按呼叫计算的呼损，以此方法计算的呼损，表示某呼叫因呼叫系统的所有公用设备被其它呼叫占用，因而遭受损失的概率。用下式表示：

$$B = \frac{C_n}{C_o} = \frac{C_o - C_s}{C_o}$$

式中　C_o——总呼叫次数；

　　　C_n——因设备全忙而遭受损失的呼叫次数；

　　　C_s——完成通话的呼叫次数。

（2）按时间计算的呼损，以此方法计算的呼损，也表示交换机中公用设备因全忙被占用而使用呼叫遭受损失的概率。但它等于交换机的公共设备因忙时被占用的时间总的观察时间之比，用下式表示：

$$BT = \frac{T_{全忙}}{T}$$

式中　$T_{全忙}$——公用设备全忙时间；

　　　T——总的观察时间。

工程设计上对用户交换机所需配备的中继器数量的确定，依下述原则进行，根据所设计用户交换机的用户性质及交换机进网中继方式，决定该机在网上的地位、出入中继线群束数，以及各线群的议计话务量值。再按表 6-2 中各类中继群的呼损指标及相应话务量，计算所需的中继线数量。

呼　损　率　指　标　　　　　　　　　　　　表 6-2

呼损接续种类	呼损率　　　（%）	
	额定话务负荷时	超负荷 20% 时
出　局　呼　叫	1	5
公　用　网　呼　入	0.5	2.5
专用网内部入局呼叫	1	5
专用网汇接呼叫	0.1	0.5

三、中继线数的计算

1. 本期设计容量小于 500 户时的中继线数的计算

一般情况下，当小于 500 线的设备以用户交换机方式接入公共网时，可不进行中继线计算，按邮电部"用户交换机管理办法"的规定，按表 6-3 配发相应的中继线数即可。

中 继 线 数　　　　　　　　　　　　　　表 6-3

可以和市话局互相呼叫的分机数（线）	接 口 中 继 线 配 发 数	
	呼出至端局中继	端局来话入中继
<50 线	采用双向中继 1～5 条话路	
50	3	4
100	6	7
200	10	11
300	13	14
400	15	16
500	18	19

2. 按话务量值计算中继线数

当用户交换机入网分机数超过 500 线时，其装接中继线数按实际话务量计算。

（1）程控用户交换机出中继线数计算　按照出中继线群的计算话务量 Yn 值，查全利用度爱尔兰计算表，按呼损率 0.01 值，可直接得出中继线数。

局向中继线群话务量 Yn 的计算公式为：

$Yn=$ 平均每户忙时发话量 × 该局间话务流量比例 ％ × 装机量（单位：爱尔兰）

用户交换机至端局的中继线，每线利用率不得大于 0.6Erl。若经查爱尔兰计算表得出的中继线数每线利用率大于 0.6Erl 时，仍按每线 0.6Erl 取值。根据下式

$$\mu = \frac{Yn}{n} \leqslant 0.6$$

式中　μ——每条中继线承担的话务量组；

　　　n——按该群组话务量值 Yn 及规定呼损查爱尔兰表得出的中继线数。

计算得出的 μ 值大于 0.6 时，则取定中继线数量为

$$n = \frac{Yn}{0.6}（线）$$

（2）程控用户交换机入中继线数量的计算　入中继线数计算根据接口端局交换机制式的不同有所不同。

a. 接口端局为程控数字局时，其用户交换机入中继线数按全利用度，0.005 呼损率，查爱尔兰表计算得出，但每线利用率不得大于 0.6Erl。

b. 接口端局为纵横制局时，可按表 6-4 进行计算

纵横制出局电路数计算　　　　　　　　　　表 6-4

话务量范围	计算公式（经验公式）	注
$A \leqslant 10$Erl	按规定呼损率及 A 值查全利用度爱尔兰表	闭塞性、全利用度
$10 \leqslant A \leqslant 30$Erl	$n=1.65A+3.3$	闭塞性、部分利用度 $D=20$
$A > 30$Erl	$N=1.33A+4.7$	闭塞性、部分利用度 $D=40$

表中　A——话务量，单位：Erl；

　　　　n——出局线路数，单位：对（或话路）。

四、全利用度爱尔兰呼损公式计算表

爱尔兰呼损公式如下：

$$En(A) = \frac{An/n!}{\sum\limits_{i=0}^{n} \frac{Ai}{i!}}$$

式中　$En(A)$——相应话务量 An 和线路 n 的呼损率值；

　　　　An——在一定呼损率时，n 条线路所能承担的话务量值，单位为爱尔兰（Erl）；

　　　　n，i——电路数，单位：对（或话路）。

爱尔兰呼损公式的完整含义是：线群容量为 n 的全利用度线群，当流入话务量为 An 时，按该公试计算的呼损为 $En(A)$。

爱尔兰呼损公式的使用要有以下的假设条件：

（1）呼叫的发生纯属偶然性；

（2）话源数为无限多；

（3）线群的出线数 n 是有限的，服从爱尔兰分布；

（4）呼叫遭受损失用户立即挂机，该呼叫不再出现。

按爱尔兰呼损公式中的 E、A、n 三者关系到制成全利用度线群的爱尔兰呼损表，如表 6-5 全利用度爱尔兰计算表（略）所示。表中有三个变量 A、n、E。只要知道三者之间的任何两个变量，就可从表中查出中继线 n 出，数字程控接口端局来的入中继线群 n 入，均按此全利用度爱尔兰表查出。

局间中继线数的计算举例

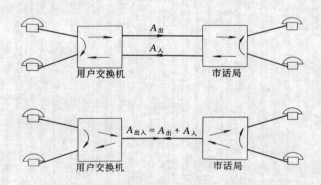

图 6-5　用户交换机和市语局间的连接示意

图 6-5 示出用户交换机和市话局间的连接，其中（a）为出、入中继线分开方式；（b）为出、入合用双向中继线。

假定，用户交换机接 1500 个用户，平均每用户的发话话务量为 0.1Erl。出局话务量 A 出占总发话话务量的 25%，另假定入局话务量 A 入与出局话务量相等；$A_{入}=A_{出}$，则：

用户总发话话务量为

$$0.1Erl \times 1500 = 150Erl$$

出局话务量 $A_{出}$ 为

$$A_{出}=150\text{Erl}\times25\%=37.5\text{Erl}$$

入局话务量 $A_入$ 为

$$A_入=A_{出}=37.5\text{Erl}$$

按邮电部规定，用户交换机出、入局呼损均为 0.005。据此，查爱尔兰表得 $n=52$ 线。因此，出、入中继线各需 52 条。

若采用出、入合用双向中继线，则这时的话务量应力

$$A_双=A_{出}+A_入=37.5+37.5=75$$

呼损仍为 0.005，查爱尔兰表可得 $n=94$ 线。

第七章 信号系统

第一节 概　述

一、信号的基本概念

通信网的主要功能就是为用户传递包括话音和非话音信息在内的各种业务信息。为了达到这个目的，必须使通信网中各个设备协调动作，各设备之间也必须经常地互相交流、传递多种"信息"，以表达各自的运行情况，提出对相关设备的接续要求，以便整个网路作为一个整体有效地运行。在通信网中，各设备内部及各设备之间除传送话音、非话音等业务信息以外，相互还交流各种专用的附加控制信号，这种信息就是信令，又称为信号（signalling）。

图 7-1 表示电话交换网络呼叫过程所需的基本信号及信号的传递流程。

从图 7-1 可以看出，当被叫用户摘机时，由主叫用户话机向发端（分局）交换机送出一个主叫摘机的信号，在正常情况下，发端交换机识别到主叫摘机信号后回送一个拨号音后就可以开始拨号叫用户的号码。

发端交换机收到主叫用户话机送出的拨号信号以后进行号码分析，根据主叫拨号信号选择一条到接收终端交换机的空闲局间中继线并通过该中继线向终端交换机送出占用信号。终端交换机收到占用信号后进行必要的处理后，向发端送出占用证实信号，发端交换机收到证实信号后随即将被叫号码送至接收端。

终端交换机收到拨号信号后还要回送证实信号，并根据发端送来的拨号信号选择被叫用户，若被叫用户空闲，则建立通话话路，一方面向被叫话机送铃流，一方面向主叫话机送出回铃音。

被叫用户听到振铃后摘机，同时向接收终端交换机送出摘机信号。终端交换机收到被叫摘机信号后向发端送出被叫应答

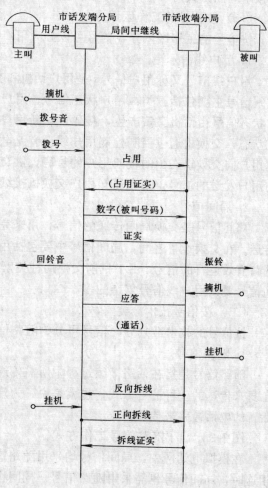

图 7-1　呼叫处理的基本信号及传送流程

信号，发端交换机收到应答信号后开始对主叫用户计费。

对于主叫控制话路复原方式的情况下，双方通话完毕后由被叫用户先挂机，终端收到被叫话机送出的挂机信号后，向发端交换机送出反向拆线信号。发端交换机收到终端交换机送来的反向拆线信号，表明被叫已挂机，接着又收到了主叫用户挂机后送出的挂机信号，随即停止计费，拆除内部话路并向终端送出正向拆线信号。终端交换机收到对方送来的正向拆线信号后拆除乙方内部话路，同时向发端送出拆线证实信号。

发端交换机收到拆线证实信号后整个话路即已复原，有关设备因此恢复到空闲状态。

从以上分析可以看到，信号在保证交换机协调工作，完成通话呼叫处理、接续控制与维护管理等方面起着十分重要的作用。

在通信网中，为完成各交换局及用户之间的呼叫接续等所需的信号，在传送过程中必须遵守一定的协议或规约，以便接收双方都能"理解"并遵照执行，这些协议或规约称为信号方式。为了完成信号方式的传递与控制所需的设备称为信号设备。

二、信号的分类

电话网中的各种信号都是为建立或拆除话路以及保证网络正常运行而设置的，因此可以按不同的方式对信号加以分类。

（一）按信号的工作区域分

按信号的工作区域分，信号可以分为用户线信号和局间信号。

1. 用户线信号

用户线信号又称用户信号，是用户话机和交换机之间传递的信号，在用户线上传递，用户线信号主要包括三类：用户状态信号、用户拨号所产生的数字信号及铃流和信号音。用户状态信号由话机叉簧产生，接通或切断用户线直流回路，从而反映用户话机的摘机或挂机状态，交换机通过控制检测用户线上有无电流来确定用户话机摘挂状态。数字信号是主叫用户向交换机送出的被叫用户的号码，供交换机选择路由。铃流和信号音是交换机设备向用户发送的信号，用来通知用户交换机接续的结果。

2. 局间信号

局间信号是交换局间传递的信号，用来完成交换局的对话，局间信号在局间中继线上传送。在交换设备之间，局间信号主要包括用来控制话路接续和拆线的信号以及用来保证网路有效运行的信号。由于目前交换局种类繁多，因此局间信号的种类也有多种。因此，局间信号要比用户线信号复杂的多。

（二）按信号技术分类

按信号的技术性划分，信号可分为随路信号和公共信道信号两种。

1. 随路信号

随路信号是指在话路接续过程中所需传送占用、应答、拆线等业务信号，系由本话路自身来传送的一种信号方式，也就是说，为建立和拆除某话路所需的业务信号是通过传送话音的电话通路来传送的。

图 7-2 示出了随路信号工作方式。

在模拟电话网中，局间信号均采用随路信号方式。在由程控数字交换机与模拟交换机相连时，局间信号也需采用随路信号。局间程控数字交换机之间相连如采用音频电线或载波电线时，则局间信号也只能采用随路信号。如果采用 PCM 连接，则可采用公共信道信令方式，也可采用随路信号。

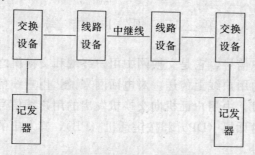

图 7-2　随路信号方式示意图

2. 公共信道信号

公共信道信号指利用交换局间的一条集中的信号链路，为多条话路传送信号的一种信号方式。公共信道信号是在程控数字交换技术及 PCM 传输技术发展的基础上提出的。在公共信道信号方式中局间的话音通路与信号通路是分开的，另外，为了传输更多的业务信号，话路群以时分方式共用一条信号通路。

图 7-3 示出公共信道信号方式。

图 7-3　公共信道信号方式示意图

（三）按信号的功能分

按信号的功能划分，可分为监视信号、选择信号（或地址信号）及维护管理信号。

1. 监视信号

监视信号又称线路信号，包括用户线上的监视信号，如主叫话机、被叫话机的摘挂机信号。局间中继线上的监视信号，如占用、应答、反向拆线、正向拆线及拆线证实等信号。监视信号主要用来改变线路上的接续状态。当发端送出监视信号后，线路上的状态就有了变化。接收端设备检测到这一状态的改变，就收到了接收信号。

2. 选择信号

选择信号又称记发器信号，主要用于通话路由的选择，分为用户线选择信号及局间中继线上的选择信号两类。前者的选择信号为主叫拨出的数字信号。后者的选择信号包括发送局向接收局送出的数字信号及接收局向发送局送出的证实信号等。

3. 维护管理信号

维护管理信号属于操作信号，主要用于网络的维护管理，主要有网路拥塞信号、设备故障信号及计费信息信号等。

第二节　用户信号

用户线信号又称用户信号，它是交换网中用户终端和交换机之间所交换的信号，在连接用户话机与交换设备的用户线上传送。对电话网来说，用户线信号包括：由交换机向用户话机发送的用户线信号，由用户话机向交换机发出的用户线信号。对于使用随路信号的模拟用户话机，如拨号盘话机（DP）和按键话机（PB），其发出的用户线信号从功能上来讲有监视信号和地址信号。

号盘话机和按键话机发出的监视信号是相同的，包括：主叫摘机信号（呼叫占用）、主叫挂机信号（正向清除或拆线）、被叫摘机信号（应答）、被叫挂机信号（反向清除或拆线）等。这些信号是由直流环路信号构成的。摘机信号为接通直流环路，挂机信号则为断开直流环路，交换机通过检测这些直流环路信号的有无来判断主叫、被叫用户话机的摘挂机状态。如交换机检测到这些信号，就会执行相应的软件，产生有关的动作如向主叫用户发拨号音或忙音，回铃等信号，或者向被叫用户发出振铃信号等。

国家标准 GB3378—82、GB3380—82 规定了自动交换网用户线信号与振铃的要求。程控交换机的直流环路供电电压为−48（+6、−4）V，主要技术指标与条件有：

（1）用户环路电阻（包括话机摘机电阻）不大于 2000Ω，交换机向用户话机的直流馈电电流为 18～500mA。

（2）铃流源为 25±3Hz 的正弦波，失真不大于 5%，输出电压有效值为 90±15V。普通振铃采用 5s 断续，即 1s 送、4s 断，断续时间偏差不超过±10%。

（3）拨号音为 450±25Hz 的连续信号，电平为−10±3dBm。

（4）忙音为 450±25Hz、0.7s 断续（即 0.35s 送、0.35s 断）信号，电平为−10±3dBm。

（5）回铃音为 450±25Hz、5s 断续（即 1s 送、4s 断）信号，电平为−10±3dBm。

在用户话机发出的地址信号方面，拨号盘话机与按键话机有所不同。

拨号盘机（另有一种直流脉冲按键式话机，虽然形式上也是按键式，但因其发出的数字信号是直流脉冲，因此属于拨号盘话机一类）发出的地址信号是主叫用户话机发出的被叫用户号码的拨号信号，其信号结构为直流脉冲，它是通过话机拨号控制用户环路电流的断续而产生的一个脉冲串，如图 7-4 所示。

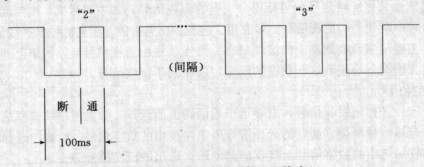

图 7-4　拨号脉冲信号的波形示意（10 脉冲/s）

根据我国国家标准 GB1493—78 与 GB3378—82 的规定，脉冲式话机与有关信号的技术指标为：

话机发送速度：普通型 10 ± 1 脉冲/s，快速型 20 ± 1 脉冲/s。我国目前主要采用 10 ± 1 脉冲/s 的普通型。交换机接收脉冲速度与断续比列于表 7-1。脉冲串间最小间隔应不小于 250ms。

脉冲拨号信号接收指标   表 7-1

项　目	话　机	交　换　局　接　收		
		步进制 交换局	纵横制 交换局	用户程控机 局内接收器
脉冲速度（ms）	10 ± 1	10 ± 1	8—14	8—13
脉冲断续比	$1.6\pm0.2:1$	$1.6\pm0.3:1$	$(1.3-2.5):1$	$(1-30):1$

按键话机发出的地址信号是一种双音多频信号，这是一种配程控交换机的多频按键话机发送的拨号信号，它不是脉冲，而是在按下话机拨号键时发送"双音"来表示一个数字，故称为双音多频编码信号（DTMF）。CCITT 建议，这些频率分为高频组和低频组，每组各含有四个频率，每按下话机拨号键，就会向交换机发出一个由一高一低两个频率组成的信号，由这两个频率组合代表一个确定的信号，表 7-2 是 CCITT 和我国国家标准（GB3378—82）规定的按键数字与双音频组合关系表。

DTMF 信号标称频率表   表 7-2

		$H1$	$H2$	$H3$	$H4$
		1209	1336	1477	1633
$L1$	697	1	2	3	13（A）
$L2$	770	4	5	6	14（B）
$L3$	852	7	8	9	15（C）
$L4$	941	11（＊）	0	12（＃）	16（D）

其中 0~9 代表一位十进数字，11（＊）、12（＃）为功能键，可以发出控制信号，供程控交换机新开服务功能（如闭音、号码存储重发等）用，13（A）、16（D）为今后开发新功能的备用键。

以上两组频率称为标称频率，通常要求按键话机发出的 DTMF 信号频率频偏不能超过 $\pm1.8\%$，每位数字的极限时长应大于 40ms，交换机的 PB 接收器的接收范围为：当频偏在 $\pm2\%$ 以内时能可靠接收，频偏在 $\pm3.0\%$ 以上时保证接收，对 30~40ms 时长可正常接收。

按键话机比拨号盘话机发送信号速度快，误码率低，使用方便。但所配用的交换机必须具备 PB 信号接收器。

由交换机向用户话机发出的信号就是通常所说的铃流和信号音。这些信号一般采用的是正负交流信号，以不同的频率或不同的断续间隔来区分不同的信号。

铃流信号源为 $25\pm3Hz$ 的正弦波，谐波失真 $\pm10\%$，输出电压 $90\pm15V$（有效值）。

振铃为 5s 断续，即 1s 送，4s 断，断续时间各允差不大于±10%。

信号音源为 450±25Hz、400±25Hz 和 1400±50hHz 等几种频率的正弦波，450（400）Hz 的信号音源谐波失真不大于 10%，1400Hz 信号音源的谐波失真不大于 5%。

各种信号音的断续时间偏差不得大于±10%。

表 7-3 为各种信号音的含义及结构。

各种信号音的含义及结构 表 7-3

信号音频率	信号音名称	含 义	时间结构（"重复周期"或"连续"）	电 平		
				−10±3 dBm0	−20±3 dBm0	0→+25 dBm0
450 Hz	拨号音	通知主叫用户可以开始拨号	连续	√		
	特种拨号音	对用户起提示作用的拨号音（例如提醒用户撤消已登记的转移呼叫）	400 / 40，440 ms 重复周期	√		
	忙音	表示被叫用户忙	0.35 0.35，0.7s 重复周期	√		
	拥塞音	表示机线拥塞	0.7 0.7，1.4s 重复周期	√		
	回铃音	表示被叫用户处在被振铃状态	1.0 4.0，5s 重复周期	√		
	空号音	表示所拨叫号码为空	0.1 0.1 0.4 0.4，1.4s 重复周期	√		

102

信号音频率	信号音名称	含 义	时间结构 ("重复周期"或"连续")	电 平		
				−10 ±3 dBm0	−20 ±3 dBm0	0→+ 25 dBm0
450 Hz	长途通知音	用于话务员长途呼叫市忙的被叫用户时的自动插入通知音	0.2 0.2 0.2 0.8 / 1.2s		✓	
	排队等待音	用于具有排队性能的接续,以通知主叫用户等待应答	可以回铃音代替或采用录音通知	✓		
	呼入等待音	用于"呼叫等待"服务,表示有第三者等待呼入	0.4 4.0 / 4.4s	✓		
950 Hz	提醒音	用于三方通话的接续状态(仅指用户),表示接续中存在第三者	0.4 10 / 10.4s		✓	
	证实音	证实音由立去台话务员自发自收,用以证实主叫用户号码的正确性			✓	
	催挂音	用于催请用户挂机	1.连续式 2.采用五级响度逐级上升			✓

第三节 局间信号

局间信号是在交换机或交换局之间的中继线上传递的信号。用来控制呼叫的接续和拆线。局间信号用以实现交换局之间的"对话"。

目前，由于使用的交换机制式（例如步进制、纵横制或程控交换设备等）的不同，交换级别也可能不同（如市话局、长话局等），因而交换设备之间的传输中继线也有不同。同时，又因组网涉及面广，致使局间线路信号比较复杂。为保证通信网中交换设备的互通和协调，在国际上和国内都建立了统一的标准。

根据信号通路与话音通路的关系，局间信号可分为随路信号方式和公共通道信号方式。若按信道与信号的形式来分，局间信号可分为直流型、交流型及数字型信号。此外，局间信号按功能来分，可以分为监视信号、选择信号和管理操作信号。按习惯，监视信号和局间线路信号，选择信号及管理操作信号合称记发器信号。

上面提到，由于目前交换机制式的不同及交换局种类繁多，致使局间信号比较复杂，种类繁多。因此局间信号类型的确定，就要考虑多种技术因素。首先，不同交换机类型，采用不同的局间信号，例如步进制交换局间采用直流脉冲信号，纵横制交换机之间和程控交换局之间可采用多频脉冲信号，数字型信号则用于程控数字交换局之间，随着程控数字交换技术的发展，将来在程控数字交换机之间将逐渐采用先进的公共信道信号方式。当有两种不同制式或类型的交换局互相连接时，存在着老式交换局使用的交换机与新型交换局采用的交换机的互连问题，一般都是新型交换局向老式交换机靠拢，新局所采用的信号后退到较低一级的信号，例如，使用程控机的交换局与步进制交换局互连时，只能采用直流脉冲信号。其次，不同类型的传输媒介所传输的信号类型则不同，例如一般的音频电缆中只能传输音频信号，而高频信号和载波信号则可在高频电缆中传输。

局间信号的选用原则如表7-4。

局间信号的选用原则 表7-4

	步进制局	纵横制局	程控局
步进制局	直流/直流脉冲	直流/直流脉冲	直流/直流脉冲
纵横制局	直流/直流脉冲	直（交）流/多频	直（交）流多频
程控局	直流/直流脉冲	直（交）流/多频	公共信道信号

在电信技术发展的过程中，CCITT 先后提出并形成了 CCITT1－7 号信号系统及 R1、R2 信号系统，其中 CCITT1－5 及 R1、R2 信号系统属随路信号方式，CCITT－6 号及 7 号则是公共信道方式。

随路信号中，CCITT－4 号信号现在已较少使用，目前广泛使用的是 CCITT－5 号及R1、R2 等信号。CCITT－6 号公共通道信号主要为模拟电话而设计，也可以工作在模拟与数字信道，适用于国际、国内长途电话传输及卫星电路，CCITT－7 号信号是目前最先进的方法通道信号方式，专为程控数字网的发展而提出的。

我国目前使用的信号方式，包括随路信号方式和公共通道信号方式。我国国家标准（GB3377－82、GB3379－82 等）规定的随路信号方式，称为中国 1 号信号方式，在国内长途电话网及市话网中使用。中国 1 号信号方式分为线路信号和记发器信号两部分。线路信号有三种：

（1）直流线路信号，主要用于实线中继线上；

（2）带内单频脉冲线路信号，这是一种模拟型线路信号，主要用在频分模拟电路（载波电路）上；

（3）数字型线路信号，主要用于 PCM 时分复用数字线路上。

目前在我国的电话网路中，还存在着与国际规定不相符合的一些信号方式。这些信号是因我国在交换技术和传输技术发展过程中因国标的改进而遗留下来的，将来会逐步被淘汰。

随着我国程控数字交换机的引入和发展，我国电话网目前存在模字传输和模拟传输混合的状态，为了适应这种状况，国家标准中对有关程控交换机的信号部分又作了补充规定。

我国国内电话网使用的公共通道信号方式是 7 号信号方式，但由于我国引进程控数字交换机的制式各不相同，各种制式所带的 7 号信号设备在 7 号信号的编码上存在着一些差异，针对这种情况，国标规定在进入我国电话网时，应根据我国制定的技术规范，所以我国采用的 7 号信号与 CCITT 提出的 7 号信号方式存在着一些差异。

第四节　局间线路信号

局间线路信号又称监视信号，一般包括示闲、占用、应答与正反向拆线等信号，用于交换设备监视线路上的呼叫接续状态，以控制接续的进行。

一、局间直流线路信号方式

局间直流线路信号方式用于局间中继为实线的情况，信号来自机电式交换机 a、b 线接口，进出 a、b 线，借助线 a、b 的电位及阻抗的高低来表示各种接续状态。根据规定，局间的直流线路信号有四种不同的极性标志：

（1）"高阻＋"为经过 9000Ω 电阻接地；

（2）"－"为经过 800Ω 电阻接负电源；（$-60V$）；

（3）"＋"为经过 800Ω 电阻接地；

（4）"0"为断路状态。

对于不同制式的交换设备，所使用的直流极性标志是不一样的，另外，当不同制式的交换设备相连时，其直流极性标志的选择及配合也不是唯一的（见 GB3379－82 标准）。

表 7-5 所示为市话纵横制交换设备相连时线路信号配合规定。

纵横制市话局间直流线路信号　　　　　　　　　　　　　表 7-5

接 续 状 态	出　局		入　局	
	a 线	b 线	a 线	b 线
示　闲	0	高阻＋	－	－
占　用	＋	－	－	－
被叫应答	＋	－	－	＋

接续状态			出局		入局	
			a 线	b 线	a 线	b 线
复	主叫控制	被叫先挂机	+	−	−	−
		主叫后挂机	0	高阻+	−	−
		主叫先挂机	0	−	−	+
			0	−	−	−
			0	高阻+	−	−
	互不控制	被叫先挂机	+	−	−	−
			0	高阻+	−	−
		主叫先挂机	0	−	−	+
			0	−	−	−
			0	高阻+	−	−
原	被叫控制	被叫先挂机	+	−	−	−
			0	高阻+	−	−
		主叫先挂机	0	−	−	+
		被叫后挂机	0	高阻+	−	−

以下根据表 7-5 的标志方式 1 来说明直流线路信号在市话交换的控制过程。

设由用户交换出局呼叫市话局,则用户交换机的出中继器与市话局的入中继器相连接,这样,用户交换机送出和接收的线路信号相当于表中的"出局"信号,而市话局所发的信号则相当于"入局"信号。呼叫前,两交换设备间的中继线空闲,则市话局入中继器示闲,于是 a、b 线上两端的信号分别为(见表 7-5):

出局信号为 a—— 0,b—— 高阻+;

入局信号为 a—— −,b—— −。

于是可以得到 a 线无电流(断路状态);b 线有小电流(经过 9000Ω 电阻)流过。

现因用户交换机出局呼叫需占用这条中继线,由用户交换机送出"占用"信号,于是出局信号为 a—— +,b—— −;入局信号仍为 a—— −,b—— −。因而测到 a 线有电流,b 线无电流。市话局的入中继器测到对方送来的"占用"信号后,则寻找一个空闲的记发器,若已占用一个空闲记发器,则开始了记发器信号的接收和发送过程。记发器信号发送完毕后,由市话交换机向被叫用户振铃,并向主叫用户送出回铃音。当被叫用户摘机应答后,市话局入中继器就向用户交换机的出中继器送出"被叫应答"信号。这样市话局入局信号由 a———、b——— ，变为 a——— 、b—— ＋。用户交换机的出局信号不变 。由用户交换机的出局中继器可以测到 b 线由原来"无电流"变为"有电流"状态。表明被叫用户已摘机应答，双方通话话路接通，进入通话阶段。

对于主叫控制复原方式的情形，双方通话完毕后设由被叫用户先挂机，则由市话局送出"被叫先挂机"的后向信号，此时 b 线由＋变—，此状态由用户交换机测到用户挂机，在"主叫用户后挂机"后，用户交换机出局信号则变为 a—0，b—高阻＋，线路复原成"示闲"状态。于是原通话电路复原，该中继线即可作为下次呼叫的选用的空闲线路。

二、局间直流脉冲信号

这种直流脉冲是双线传输的脉冲信号，它不同于用户话机送出的环路脉冲信号，而先在 a 线送断续接地，b 线送断续（20～40）Ω—60V 电源。直流脉冲的参数为：

发号器脉冲速度为（10±1）脉冲/s；脉冲断续比为（1.6±0.2）：1；

收号器脉冲速度为（10±1）脉冲/s；脉冲断续比为（1.6±0.3）：1。

局间直流脉冲信号主要可以用于某些不能采用直流线路信号的交换机配合方式中（如步进制交换机中）。

三、带内单频脉冲线路信号

带内单频脉冲线路信号方式适合于在频分复用的局间中继电路上使用，也可以用在时分复用的局间中继电路上，包括国内长话局间、国内长话局与国际局间、本地交换局间、本地交换局与国内长话或国际长话局间。

所谓带内信号，指在通话频带（300～3400Hz）范围内通过载波电路传送的信号，信号也可以在通话频带外传送，称为带外信号。带内信号可利用的频带较宽，所能传送的信号量大。但因其在传输时和话音信号占用同一频带，所以容易收到话音信号的干扰，另外在通话期间不能传送。

带内单频脉冲信号频率为带内单频 2600Hz。由短信号单元、长信号单元，连续信号以及长短信号单元组合而成。短信号单元为短信号单频脉冲，标称值为 150ms；长信号单元则为标称值为 600ms 的长信号单频脉冲。脉冲间隔可以是 150ms、300ms 和 600ms，两信号之间最小标称间隔为 300ms。

表 7-6 为带内单频脉冲线路信号的参数值。

带内单频脉冲线路信号的参数值 表 7-6

脉冲、间隔标称值		发送端允许偏差范围	接收端识别时长范围
脉　冲	间　隔		
150ms	150ms	±30ms	30±20ms 60ms 不识别为信号 100ms 必识别为信号
—	300ms	±60ms	—
600ms	600ms	±120ms	375ms±75ms 300ms 不识别为信号 450ms 必识别为信号

接收端在鉴别一个信号时，只允许信号瞬时中断时间不大于30ms，以确保信号识别电路不产生虚假信号。

带内单频脉冲线路信号分为前向信号和后向信号两种。前向信号是从发端局向收端局发送的信号，后向信号是从收端局向发端局发送的信号。

各方向的信号种类及信号结构示于表7-7中。

信号种类及信号结构　　　　　　表7-7

序号	信号种类	传送方向		信号结构	说　明
		前向	后向		
1	占　用	→		单脉冲 150ms	
2	拆　线	→		单脉冲 600ms	
3	重复拆线	→		150ms　600ms 300ms	长话局间长市话郊区局间用
				600ms　600ms 600ms	市话局之间用
4	应　答		←	单脉冲 150ms	
5	挂　机		←	单脉冲 600ms	
6	释放监护		←	单脉冲 600ms	
7	闭　塞		←		
8	话务员信号	再振铃或强拆	→		150 150 150 (ms) 150 150	每次至少送3个脉冲
		回铃音		←	
9	强迫释放（只限双向电路）	→		单脉冲 600ms	相当于拆线信号
			←	单脉冲 600ms	相当于释放监护
			←	单脉冲 600ms	

序号	信号种类	传送方向		信号结构	说　明
		前向	后向		
10	请发码		←	单脉冲 600ms	
11	首位号码证实		←	单脉冲 150ms	
12	被叫用户到达		←	单脉冲 600ms	

表中各信号的含义如下：

1. 占用信号

它是一前向信号，由发端局的出中继器向受话局的入中继器发送的前向信号，使受话局端的入中继器由空闲状态变为占用状态。

2. 拆线信号

前向信号，当全程接续拆线时，由发端的中继器发向受话端的中继器。除表示正常通话完毕正常拆线外，还表示在发生正常情况时的拆线，遇到下列情况之一时，应及时发送拆线信号：

（1）主叫控制方式时在长途自动接续、郊话接续、市话自动接续情况下，主叫用户挂机或等效于挂机的操作；

（2）在长途来半自动接续的情况下，发端长话局的话务员进行拆线操作；

（3）发端局收到表示线路接续遇忙等内容的后向记发器信号；

（4）在接续进行的过程中，发端局记发器自检有故障释放或逾期释放；

（5）被叫用户久叫不应或当被叫用户挂机而主叫用户迟迟不挂。久叫不应指向被叫振铃 90s 之内被叫不摘机或因其他原因发端局 90s 内未收到应答信号。主叫超时不挂机时限：本地通话 60s，长途通话 90s，国际通话 120s。

3. 重复拆线信号

发送局出中继器在发出拆线信号以后 3.5s 内收不到释放监护信号时发送的前向信号。如重复拆线信号发出后仍收不到释放监护信号可再次发出重复拆线信号。重复拆线信号发出三次后仍收不到释放监护信号，就向维护人员告警。

4. 应答信号

由受话局的入中继器向发话局发出的后向信号，表示被叫用户摘机应答。在长途半自动接续中，应答信号使绳路监视灯熄灭，表示通话开始。在长途半自动接续中，应答信号使发端局计费设备开始计费。

5. 挂机信号

是由入中继器发送的后向信号，从收端局逐段向发端局传送。挂机信号表示被叫用户话终挂机。在长途半自动接续中，挂机信号使绳路监视灯重新点亮，表示被叫用户发话结束。在长途全自动接续中，被叫方挂机信号不能使全程接续复原，且发端局计费设备不进行话终操作，并不停止计费。当延时 90s（国际 120s）主叫用户仍未挂机时，则由发端局出中继器发出拆线信令。在市话接续中，如采用主叫控制复原方式，挂机信号不能使交换局在规定的时间内仍保持通话状态。

6. 释放监护信号

释放监护信号是拆线信号的后向证实信号。表示收端局的监护设备已拆线，该条中继线可以为新的呼叫所占用。

7. 闭塞信号

是入端局入中继器发出的后向信号，表示收端局要闭塞发端局的出中继器。

8. 再振铃信号

这是由话务员发送的前向信号。长途局的话务员在接续过程中与被叫用户建立接续和被叫用户应答后，如果被叫用户已挂机而话务员仍需要呼叫该用户时，由话务员发送这个再振铃信号。

9. 强拆信号

这也是由话务员发送的前向信号，在允许强拆的接续中，遇到被叫用户"市话忙"需要强拆并征得用户同意后，由话务员发送此强拆信号。

10. 回振铃信号

由话务员发送的后向信号，话务员通过接续中继线回叫用户时发送此回振铃信号。

11. 强迫释放信号

在双向中继电路中，有时可能因干扰而引起双向占用，因此可能在收发两端同时虚占来话记发器。在规定的时间内（15s）收不到多频记发器信号时，则由一端送出相当于拆线信号的前向信号的强迫释放信号，而由对端送出后向强迫释放信号（相当于释放监护信号）使电路释放。

由于目前大量使用程控数字交换设备，邮电部针对实际情况删除了直流脉冲线路信号中的强迫释放信号。

12. 请发码信号

这个信号用于简式长话局。当本端长话局收到简式对端长话局中继器发出的占用信号后，发送此后向占用证实信号，表示话务员可以进行发码操作。

13. 首位信号证实信号

用于简式长话局的后向证实信号。本端长话局收到简式对端长话局出中继发来的第一位号码后回送此信号，表示话务员可以接着发送余下的号码。

14. 被叫用户到达信号

这个信号也用于简式长话局。表示简式对端局向末端长话局发起的呼叫已经到达被叫用户（或中途遇忙）时发送的后向信号。

四、局间数字型线路信号：

当局间中继线路采用 PCM 传输系统时，局间线路信号采用的是数字型线路信号。目前我国电话网中已使用的是 30/32 路 PCM 传输系统，其结构是将一帧（125μs）分成 32 个时隙（TS），每个时隙为 3.9μs，分为 8 位（8bit），16 个帧组成一个复帧（2ms）。每帧的 TS0 传送帧同步信号称为"帧同步时隙"，TS1·TS15 及 TS17·TS31 传输 30 路话音信号称为"信号时隙"。采用复帧结构，是为了提供 30 路线路信号的传输容量。复帧的 16 帧分别记作 F0～F15，在第 0 帧（F0）的 TS16 传输复帧同步信号、复帧失步对局告警信号和备用位，其余 15 帧（F1～F15）的 TS16 分别传送各自的线路信号代码。

30/32 路 PCM 系统的帧结构如图 7-5 所示。

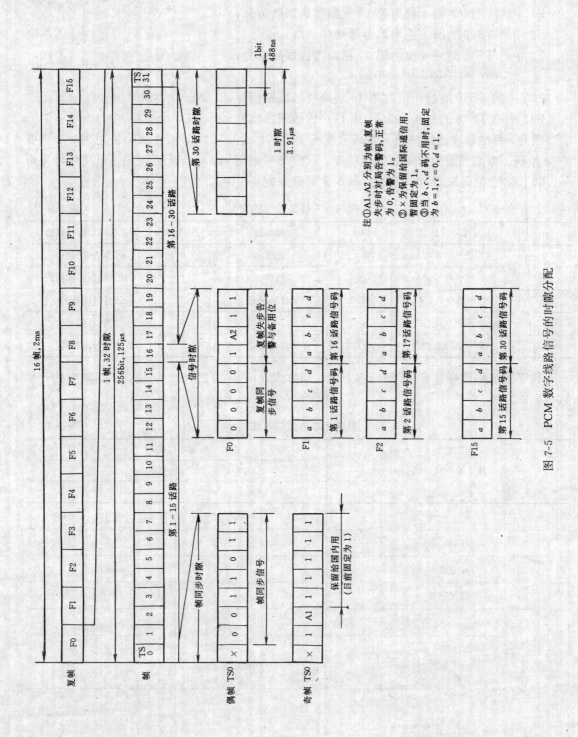

图 7-5 PCM 数字线路信号的时隙分配

111

从图 7-5 中可以看出：

F1 中的 TS16 的前 4 位为第 1 话路传送线路信号；

F1 中的 TS16 的后 4 位为第 16 话路传送线路信号；

F2 中的 TS16 的前 4 位为第 2 话路传送线路信号；

F2 中的 TS16 的后 4 位为第 17 话路传送线路信号；

....

F15 中的 TS16 的前 4 位为第 15 话路传送线路信号；

F15 中的 TS16 的后 4 位为第 30 话路传送线路信号。

因此，每个话路的线路信号可以分配到 4 位码：a、b、c、d，而在实际使用中一般需要 2～3 位码。考虑到我国目前的实际需要，前向信号采用 af、df、cf 三位码，后向信号采用 aa、bb、cc 三位码来表示，它们的基本含义列在表 7-8 中。

前向与后向线路信号的含义　　　　　　　　　　　　　表 7-8

af	发话局状态	bf	故障状态	cf	话务员再振铃或强拆
0	主叫摘机（占用）	0	正常	0	再振铃或强拆
1	主叫挂机（拆线）	1	故障	1	未进行再振铃或强拆
ab	被叫用户状态	bb	受话局状态	cb	话务员回铃音
0	被叫摘机（应答）	0	示闲	0	回振铃
1	被叫挂机（拆线）	1	占用或闭塞	1	未进行回振铃

数字型线路信号共有 13 种标志方式，即方式（1）～方式（13），表 7-9 是其中的一种数字标志方式。

数字标志方式(1) 编码　　　　　　　　　　　表 7-9

接 续 状 态			编　码			
			前　向		后　向	
			af	bf	ab	bb
示　闲			1	0	1	0
占　用			0	0	1	0
占用确认			0	0	1	1
被叫应答			0	0	0	0
复原	主叫控制	被叫先挂机	0	0	1	0
		主叫后挂机	1	0	1	1
					1	0
		主叫先挂机	1	0	0	1
					1	1
					1	0

112

接续状态			编码			
			前向		后向	
			af	bf	ab	bb
复	互不控制	被叫先挂机	0	0	1	1
			1	0	1	0
					0	1
		主叫先挂机	1	0	1	1
					1	0
原	被叫控制	被叫先挂机	0	0	1	1
			1	0	1	0
		主叫先挂机	1	0	0	1
		被叫后挂机	1	0	1	1
					1	0
闭塞			1	0	1	1

第五节 局间记发器信号

记发器信号是话路接续所需的控制信号，如图 7-6 所示。由一个交换局的记发器发出，另一个交换局的记发器接收，其主要功能是控制电路的自动接续。它包括选择信号和操作信号。选择信号供在话路接续过程中交换机选择路由，操作信号主要是用于网络维护、管理的信号。

一、记发器信号的多频编码组合

记发器信号是在局间线路信号将话路占用后在话路上传送的，可以在话音频带范围内选用任一频率来作为记发器信号频率。但由于多频编码信号具有传播速度快且具有一定的自控能力，因此，通常记发器信号就采用带内多频编码的信号形式。

带内多频信号按具体的传送方式可分为非互控方式的脉冲方式，脉冲证实方式（半互控方式）与互控方式几种。目前我国使用的记发器信号主要是多频互控（MFC）记发器信号。

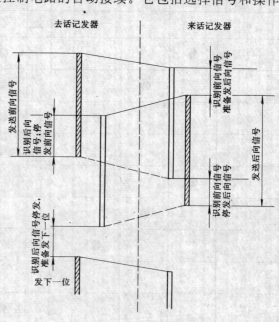

图 7-6 记发器信号互控过程

多频互控记发器信号方式分为前向信号和后向信号，采用带内多频编码、连续互控的传送方式。适合于在市话局间、长话局间、长话与市话局间纵横制和程控式交换设备上使用。

多频互控使用的编码信号，是由多个频率组成编码信号，目前不少国家（包括中国），采用"六中取二"编码信号，这六个频率的编号为 0、1、2、4、7、11。根据前后向信号而不同，它们分别是：

前向信号：1380Hz、1500Hz、1620Hz、1740Hz、1860Hz、1980Hz。

后向信号：1140Hz、1020Hz、900Hz、780Hz、660Hz、540Hz。

因此，前向信号高频群（1380Hz～1980Hz），每级频率的级差为等差120Hz。按六中取2方式编码，最多可组成15种信号；后向信号为低频群，我国采用"四中取二"的方式编码（780～1140Hz），最多可组成6种信号。其频率级差亦为等差120Hz。具体使用的频率及编码方式列于表7-10中。

频率及编码方式　　　　　　表7-10

数 码	前向信号（Hz）						后向信号（Hz）			
	1380	1500	1620	1740	1860	1980	1140	1020	900	780
	f0	f1	f2	f4	f7	f11	f0	f1	f2	f4
1	●		●				●	●		
2	●		●				●		●	
3		●	●					●	●	
4	●			●			●			●
5		●		●				●		●
6			●	●					●	●
7	●				●					
8		●			●					
9			●		●					
10				●	●					
11	●					●				
12		●				●				
13			●			●				
14				●		●				
15					●	●				

信号传递的互控过程

所谓"互控"，指信号发送过程中必须在收到对端来的连续信号后才停发信号。显然，每一个信号的发送和接收都有一个互控过程，这一互控过程可分为四个节拍：

第一拍：去话记发器发送前向信号；

第二拍：来话记发器接收和识别前向信号以后，发送后向信号；

第三拍：去话记发器接收和识别后向信号以后，停发前向信号；

第四拍：来话记发器识别前向信号停发后，停发后向信号。

当去话记发器识别到后向信号停发以后，根据收到的后向信号的要求，发送下一位前向信号，从而开始第二个互控过程。

图 7-6 表明了信号传送的互控过程。

二、记发器信号种类和基本含义

为了提高信号信息的能力和信号容量，各前向信号和后向信号在接续过程中因发出的时间不同而代表的信号含义有所不同。我国的多频互控记发器信号也分为前向信号和后向信号，其中前向信号分为 I 组和 II 组，相应的后向信号分为 A 组和 B 组。I 组和 A 组、II 组和 B 组各相对应。表 7-11 列出了各种信号的基本含义。

各组信号的基本含义

表 7-11

组　别	名　称	基　本　含　义	容　量
前　向　信　号			
	KA	主叫用户类别	10/15 *
	KC	长途接续类别	5
	KE	长市（市内）接续类别	5
	数字信号	数字 1~0	10
	KD	发端呼叫业务类别	6
后　向　信　号			
组　别	名　称	基　本　含　义	容　量
A	A 信号	收码状态和接续状态的回控证实	6
B	B 信号	被叫用户状态	6

　＊　步进制市话局主叫用户类别为 10 种，纵横制、程控市话局有 15 种。

前向 I 组信号包括接续控制信号 KA、KC、KE 和数字信号，表 7-12 列出了每种信号的具体内容。

表 7-12

前向 I 组信号的具体内容

KA编码	KA信号内容（包括 KOA） 步进制市话局 KA	纵横制、程控市话局（电包话准电子式）KA	程控进网前向 I 组信号 KOA	KC编码	KC信号内容	KE编码	KE信号内容	数字信号	A信号内容
1	普通 定期	普通 定期	定期 电话、用户数					1	A₁：发下一位
2	普通 立即	普通 立即	立即 传真、用户通信					2	A₂：由第一位发起
3	普通 营业处	普通 营业处	营业处					3	A₃：转至 B 信号
4	优一、电话、用户传真、用户数据	优一、电话、用户传真、用户数据	优一、用户传真、用户数据					4	A₄：机键拥塞
5	免费	免费	优二、用户传真、用户数据、数据					5	A₅：空号
6	（用户交换机）	（用户交换机）	（用户交换机）					6	A₆：发 KA 和主叫用户号码
7	优一、定期	优一、定期	优一、定期					7	
8	优二、定期	优二、定期	优二、定期					8	
9	优有权（郊话自动、长途自动）权	优一、电话、用户传真、用户数据通信	电话、用户数 传真、用户通信 营业处					9	
10	优无权（长、郊自动无权）权	免费	免费					10	
11	备用	备用		11	"优一"呼叫，选用优质无线电路	11	"H"：汇接标志（仅供市内接续使用）		
12	计划用于测试	计划用于测试		12	"Z"省定号码呼叫	12	备用		
13	备用	备用		13	"T"测试接续呼叫	13	"T"：测试呼叫		
14	备用	备用		14	"优二"呼叫，选用优质电缆电路	14	备用		
15	—	—		15	备用	15	—	15	—

116

1. KA 信号

KA 信号用于长途全自动接续过程，为发端市话局向发端长话局和发端国际局发送的前向信号，用以提供主叫用户类别。KA 信号可同时提供三种信息：本次接续的计费种类（包括定期收费、立即收费、免费及营业处收费等）、本次接续用户的等级（普通、优一、优二）和本次通信的业务类别（电话、传真、用户数据通信等）。

2. KC 信号

表 7-12 中用户等级和通信业务类别信息由发端话局的全自动记发器信号设备译成相应的 KC 信号。

KC 信号是长话局与长话局之间前向发送的接续控制信号，它具有保证优先用户的通话质量，满足多种通信业务的传输质量，完成指定呼叫及其他指定接续（如测试呼叫）的功能。

KC 信号有三个来源：KA 信号，长话局内话务员发出的呼叫和几类用户呼叫（即按专线方式在网内开放的公用传真和中速数据的呼叫）。各对应关系如表 7-12 所示。

3. KE 信号

KE 信号是终端长话局向终端市话局前向发送的接续控制信号，或是在市话局与市话局之间前向发送的接续控制信号。

目前长市间的 KE 信号只使用编码 13，定义为测试呼叫。

4. 数字信号

前向 I 组信号中的编码 1~10 代表数字信号 1~0，用来表示主叫局、主叫用户号码、被叫长途区号、被叫局号和被叫用户号码。此外，编码 15 用来表示主叫号码终了，是发端市话局向发端长话局发送的信号。

从前面的叙述可以看出，同一个双频编码信号在不同的情况下可以表示不同的信号含义。

三、后向 A 组信号的基本含义

后向 A 组信号是前向 I 组信号的互控信号，起证实和控制前向 I 组信号的作用，具体含义参见表 7-12 和表 7-13 本组信号的含义如表 7-13 所示。

A 组信号的含义   表 7-13

A 组信号	A 组信号内容	A 组信号	A 组信号内容
1	A_1：发下一位	4	A_4：机键拥塞
2	A_2：由第一位发起	5	A_5：空号
3	A_3：转至 B 信号	6	A_6：发 KA 和主叫用户号码

（1）A_1、A_2、A_6 信号　这三个信号统称发码位次控制信号，用于控制前向信号的发码位次。

A_1：要求发下一位前向信号；

A_2：要求从第一位数字信号发起；

A_6：要求发 KA 信号和主叫用户号码。

（2）A₃ 信号　A₃ 信号是转换控制信号，即为转至后向 B 组信号的控制信号。

在终端长话局至市话局接续中的市话局长途入局记发器信号设备或市内接续中多频入局记发器信号设备中，A₃ 信号均表示"收毕被叫用户末位号码，转至 B 信号"，故 A₃ 号又称"被叫到达"信号，这样 A₃ 信号则是多频互控信号。

另外在终端长话局至发端长话局之间及发端长话局至发端市话局之间的接续中，A₃ 信号不作为互控信号，而是 150±30ms 的多频脉冲信号。就是说，根据运用场合的不同，A₃ 信号采用不同的形式，A₃ 信号的互控或脉冲方式的具体形式如表 7-14 所示。

A₃ 信号形式 表 7-14

局 间 类 别		A₃ 形 式
市话局间		互　控
终端长，市话局（程控、纵横制）间		
发端市话、长话局间	长途自动	脉　冲
	长途自动	互　控
发端市话、国际局间	国际自动	脉　冲
	国际半自动	互　控
长话局间		脉　冲
长话局间（终端长话局为长市合一局）		互　控

（3）A₄ 信号　A₄ 信号的含义是机键拥塞。表示接续尚未到达被叫用户之前遇到设备忙不能完成接续。发 A₄ 信号时可能有前向信号，也可能没有前向信号，因此 A₄ 信号可能是互控信号，也可能是非互控信号（150ms 脉冲信号）。

（4）A₅ 信号　A₅ 信号为空号信号。表示接续尚未到达被叫用户之前遇到发端局号或区号为空号。A₅ 信号也分为互控信号（有前向信号）或非互控信号（150ms 脉冲信号，无前向信号）。

可见，A₄、A₅ 信号是接续因故未到达被叫用户的原因说明信号，它控制发端局的交换设备向发话者（主叫用户或话务员）送出相应的可闻或可见信号。

1. 前向 Ⅱ 组信号（KD）的基本含义

前向 Ⅱ 组信号又称 KD 信号，是表明发端业务性质的前向信号。第 Ⅱ 组前向信号与下面提到的 B 组后向信号为互控关系，有关信号的内容和作用列于表 7-15 和表 7-16 中。

2. 后向 B 组信号

后向 B 组信号也称 KB 信号，它是表示被叫用户状态的信号，同时起证实前向 Ⅱ 组信号和控制接续的作用。同一双频 KB 编码信号，在不同的使用区域所表示的信号含义可能有所不同。

表 7-15 和表 7-16 列出其具体含义。

信号的内容和作用　　　　　　　　　　　　　　　　　　　　　　　表 7-15

前向 Ⅱ 组信号（KD）		后向 B 组信号（KB）		
KB编码	信号内容	KB信号内容		
		KB编码	长途接续时或测试接续时（当 KD＝1、2、6 时）	市内接续时（当 KD＝3 或 4 时）
1	长途话务员半自动呼叫	1	被叫用户空闲	被叫用户空闲
2	长途自动呼叫（电话通信或用户传真、用户数据通信）	2	被叫用户"市忙"	备用
3	市内电话	3	被叫用户"长忙"	
4	市内用户传真或用户数据通信	4	机键拥塞	被叫用户忙或机键拥塞
5	半自动证实主叫号码	5	被叫用户为空号	被叫用户为空号
6	测试呼叫	6	备用	被叫用户小交换机中继线空闲

（1、2：用于长途接续；3、4：用于市内接续）

信号的内容和作用　　　　　　　　　　　　　　　　　　　　　　　表 7-16

KD编码	发端呼叫业务类别	KD 信号的作用			
		能否插入或强拆市话		能否被长途话务员插入或强拆	
		可	否	可	否
1	长途话务员半自动呼叫	✓	—	—	✓
2	长途自动呼叫（电话通信或用户传真用户数据通信）		✓	—	✓
3	市内电话	—			
4	市内用户传真或用户数据通信	✓		—	✓
5	半自动核对主叫号码	—			
6	测试呼叫	—	✓	—	✓

四、局间多频记发器信号的发送顺序

在多频编码记发器信号中，常用同一个双频编码表示不同的信号含义，例如：前向编码"1"（1380+1500Hz）既可表示 KA 信号，又可表示数字信号，还可以表示 KD 信号；后向编码"1"（1140+1020Hz）即既可表示 A1 信号，还可以表示 KB 信号。因此，当某端的信号接收设备收到对端发来的某一双频编码时，应先判定它的具体含义，这一方面可以根据信号的使用区域来判定，另一方面，还要根据信号的发送顺序来确定。所以多频编码记发器信号在发送时都要按规定的顺序。

表 7-17 是各种号码的表示符号。

各种号码的表示符号　　　　　　　　　　　　　　　　表 7-17

号 码 内 容	位 长	表 示 内 容
被叫国家号码	1-3 位	1 位：I_1 2 位：$I_1 I_2$ 3 位：$I_1 I_2 I_3$
被叫长途区号	1-4 位	1 位：X_1 2 位：$X_1 X_2$ 3 位：$X_1 X_2 X_3$ 4 位：$X_1 X_2 X_3 X_4$
主叫用户号码 （包括局号）	5 位 6 位 7 位	5 位：$P'A'B'C'D'$ 6 位：$P'Q'A'B'C'D'$ 7 位：$P'Q'R'A'B'C'D'$
被叫用户号码 （包括局号）	5 位 6 位 7 位	5 位：PABCD 6 位：PQABCD 7 位：PQRABCD
各种业务台号码	3 位	3 位：$1X'X''$

设被叫长途区号为二位 $X_1 X_2$，被叫市话号码为六位 PQABCD，主叫市话号码为六位 $P'Q'A'B'C'D'$。对于不同的接续，局间记发器信号的发送顺序是不同的。本书仅就有关用户交换机各类交换局之间的多频记发器信号的发送顺序作一简单介绍。见以下各表所列。

1. 用户交换机在本地网内的记发器信号发送顺序

（1）用户交换机呼叫市话端局的记发器信号发送顺序如表 7-18 所示。

用户交换机一端局　　　　　　　　　　　　　　　　表 7-18

用户交换机发前向信号	P	Q	A	B	C	D	KD=2
接口端局发后向信号	A_1	A_1	A_1	A_1	A_1	A_3	KB

（2）用户交换机经过端局汇接后呼叫受话端局的记发器信号发送顺序如表 7-19 所示。

表 7-19

用户交换机—端局—端局（混合局）

用户交换机发前向信号	P	Q	P	Q	A	B	C	D	KD=3
端口端局发后向信号	A_1	A_2							
受端局发后向信号			A_1	A_1	A_1	A_1	A_1	A_3	KB

（3）市话端局呼入用户交换机的记发器信号发送顺序如表 7-20 所示。

端局—用户交换机　　　　表 7-20

接口端局发前向信号	B	C	D	KD=3
用户交换机发后向信号	A_1	A_2	A_3	KB

2. 国内长途全自动呼叫信号发送顺序

（1）用户交换机通过市话端局向发端长途局发送的记发器信号如表 7-21 所示。

用户交换机—端局—发端长途局　　　　表 7-21

用户交换机发前向信号	0	X_1	X_2	P	KA	P'	…	D'	15	Q	A	B	C	D	—	KD=3
发端长途局发后向信号	A_1															
发端长途局发后向信号		A_1	A_1	A_6	A_1	A_1	…	A_1	A_1	A_1	A_1	A_1	A_1	A_1	A_3	KB

（2）用户交换机通过市话端局，市话汇接局向发端长途局发送的记发器信号如表 7-22 所示。

表 7-22

用户交换机发前向信号	0	X_1	X_2	0	X_1	X_2	P	KA	P'	…	D'	15	Q	A	B	C	D	—	KD=2
接口端局发后向信号	A_1	A_1	A_2																
汇接局发后向信号				A_1															
发端长途局发后向信号					A_1	A_1	A_6	A_1	A_1	…	A_1	A_1	A_1	A_1	A_1	A_1	A_1	A_3	KB

3. 国际长途呼叫记发器信号发送顺序

（1）用户交换机通过市话端局向国际局发送的记发器信号发送顺序如表 7-23 所示。

用户交换机—端局—国际局 表 7-23

用户交换机发前向信号	0	0	I_1	I_2	X_1	X_2	P	KA	P'	...	D'	15	Q	A	B	C	D	—	KD=2
接口端局发后向信号	A_1																		
国际局发后向信号		A_1	A_1	A_1	A_1	A_6	A_1	A_1	...	A_1	A_1	A_1	A_1	A_1	A_1	A_1	A_3		KB

（2）用户交换机通过市话端局，市话汇接局向国际局发送的记发器信号发送顺序如表 7-24 所示。

用户交换机—端局—汇接局—国际局 表 7-24

用户交换机发前向信号	0	0	I_1	0	0	I_1	0	0	I_1	I_2	X_1	X_2	P	KA	P'	...	D'	15	Q	A	B	C	D	—	KD=2
接口端局发后向信号	A_1	A_1	A_2																						
汇接局发后向信号				A_1	A_1	A_2																			
国际局发后向信号							A_1	A_1	A_1	A_1	A_1	A_6	A_1	A_1	...	A_1	A_1	A_1	A_1	A_1	A_1	A_1	A_3		KB

4. 国内、国际、长途半自动接续信号发送顺序（即"17X"，"10X"）

（1）用户交换机经市话端局后对长途局进行半自动呼叫时记发器信号发送顺序如表 7-25 所示。

用户交换机—端局—长途局（国际局） 表 7-25

用户交换机发前向信号	1	X'	X''	KD=2
接口端局发后向信号	A_1	*		
长途局发后向信号		A_1	A_3	KB

表中 * 代表接口端局收到 X' 前向信号以后，不回送 A_1 信号，而将该前向信号引伸到长途局，由长途局回送 A_1 信号。

（2）用户交换机经市话端局，市话汇接局后对长途局进行半自动呼叫时记发器信号发送顺序如表 7-26 所示。

用户交换机—端局—汇接局—长途局（国际局）　　表 7-26

用户交换机发前向信号	1	X′	1	X′	1	X′	X″	KA	P′	…	D′	15	KD=2
接口端局发后向信号	A_1	A_2											
汇接局发后向信号			A_1	A_2									
长途局发后向信号					A_1	A_1	A_6	A_1	A_1	A_1	A_1	A_3	KB

5. 长途来话信号发送顺序

（1）长途终端局经过市话端局（或汇接局/端局的混合局）向用户交换机呼叫时所发送的记发器信号发送顺序如表 7-27 所示。

长途终端局—混合端局—用户交换机　　表 7-27

长途终端局发前向信号	A	B	C	D	KD=2
混合端局发后向信号	A_1	A_1			
用户交换机发后向信号			A_1	A_3	KB

（2）长途终端局经过市话端局向用户交换机呼入时所发送的记发器信号发送顺序的另一种方案如表 7-28 所示。

长途终端局—混合端局—用户交换机　　表 7-28

长途终端局发前向信号	P	Q	A	B	C	D	KD=2
混合端局发后向信号	A_1	A_1	A_1	A_1			
用户交换机发后向信号					A_1	A_3	KB

表 7-27 的发送顺序适用于市话端局是非程控交换机的情况；而表 7-28 的发送顺序则适用于程控接口端局。

上述表中的 A_3 有各种含义：

A_3——表示 A_3 互控信号；

A_3——表示 A_3 脉冲信号；

A_3——表示收到最后一位号码以后隔 4～6s 再回送脉冲 A_3 信号。

第八章 程控用户交换机的入网方式和编号计划

第一节 程控用户交换机的入网方式

一、入网方式的选择原则

用户交换机（PABX）是机关、团体、企事业单位内部用户进行电话交换的小型交换机，它一方面要能够完成内部用户之间的话务交换，另一方面还应能够实现内部用户和市话公用网用户、其他专用网用户或其他单位电话站用户交换机的内部用户之间的通信。用户交换机与市话公用网或其他专用网相连接的方式即所谓的用户交换机的入网方式。用户交换机采用何种入网方式的主要依据是用户交换机容量的大小、话务密切程度以及接口端局的设备制式等。

入网方式选择的原则主要有以下几个方面：首先应保证通话质量，不论采用什么样的入网方式，都要保证传输的信号符合标准的要求；其次应能够提高公众电话网的有关接口端局的设备和线路利用率，使得用户交换机的优点得以充分的发挥；同时要能够适应现代通信的发展需要，实现长途通信自动化和非话业务的通信，并能够逐步向综合业务数字网（ISDN）过渡；另外，作为建筑电气工程的设计者，还应该从用户的实际需要和经济能力出发，以较少的资金投入来实现较为完善的功能，达到较高的性能价格比。

二、入网方式

用户交换机接在本地电话公用网的相应端局下面，它是本地电话网的一部分，在网上不单独作为一个交换等级，而是属于接口端局的终端设备。用户交换机的入网方式可以是用户级入网，也可以是接入端局的选组级中继电路即选组级入网。

下面我们分别介绍用户交换机对本地电话公用网的四种入网方式：

1. 全自动直拨入网方式

（1）全自动 DOD1＋DID 入网方式　用户交换机的分机用户呼叫市话公用网用户时，摘机听到拨号音后即可直接拨打公用网用户号码，而无需话务台转接，这种方式只听到一次拨号音，故称为 DOD1（Direct Outward Dialing-one）；而公众网用户呼入时可以直接呼叫到分机用户，而不需要经过话务台转接的方式则称为 DID（Direct Inward Dialing）。全自动 DOD1＋DID 入网方式无论呼出或呼入都是接到市话局的选组级，而且用户号码采用与电话公用网统一编号的方式。在进行国际或国内长途直拨时，用户交换机还具有区分有权、无权的功能，以及将主叫用户号码发送给发端长途局或国际局的功能，以满足自动计费的要求，其原理如图 8-1 所示。

当程控用户交换机的呼入话务量≥40Erl 时，宜采用全自动直拨呼入中继方式，即 DID 方式；当呼出话务量≥40Erl 时，宜采用全自动直拨呼出中继方式，即 DOD1 方式。

全自动 DOD1＋DID 方式使用方便，不需要话务员和话务台，节省房间面积，降低了基建投资；而且也便于管理。但由于采用与电话公用网统一编号的方式，占用了大量的号码资源，根据邮电部的规定：用户交换机需占用市内电话网百号组、千号群、分局号和汇节局号的，应根据市内电话网的位数和占用编号的大小，每月按规定收费标准收取占用编号费，另外再根据实装中继线数量收取中继线的月租费。因此，这种入网方式虽然使用方便，但要支出大量的费用，尤其在电话的需求量急聚增长、号码资源日益紧张的今天，这种矛盾尤为突出。

（2）全自动 DOD2＋DID 入网方式　当程控用户交换机的分机用户呼叫市话公用网的用户时，出中继线路连接到市话局的用户电路，即分机用户出局要听两次拨号音，这种入网方式称为 DOD2（Direct outward Dialing-two）。DOD2 方式在呼叫市话公用网时需加拨一个字冠，如"0"或"9"，即摘机听到拨号音后再拨字冠，在听到第二次的拨号音后再拨公用网用户的号码。当呼出话务量＜40Erl 时，宜采用 DOD2 方式。

全自动 DOD2＋DID 方式的呼入仍采用 DID 方式，如图 8-2 所示：

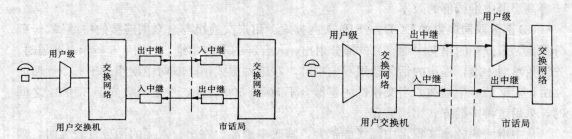

图 8-1　全自动 DOD1＋DID 方式　　　　图 8-2　全自动 DOD2＋DID 方式

全自动直拨入网方式（DOD1＋DID、DOD2＋DID）适合于大容量的程控用户交换机，尤其是程控数字交换机，对于用户来说非常方便，但占用了大量的号码资源，增加了投资费用；同时市话交换局可以根据用户所拨号码的前 1～3 位，将来话转接到不同的话务方向，因此这种入网方式提高了局间中继线路的利用率，减少了直达的局向数。

2. 半自动入网方式

市话公用网拨叫用户交换机的分机用户须经话务台转接的呼入方式称为 BID（Board Inward Dialing），当程控用户交换机的呼入话务量＜40Erl 时，宜采用 BID 入网方式。

半自动入网方式采用 DOD2＋BID，其基本工作方式是：用户交换机的分机用户呼叫市话公用网用户时，其出中继线路接入市话局的用户级线路，拨打出局字冠后听二次拨号音，再拨打用户号码。而呼入时经市话局的用户级电路接入到程控用户交换机的话务台，通过振铃信号呼出话务员，由话务员转接到用户分机。根据进入市话公用网的话务量的大小，可将连接用户交换机与公用网的中继线分为三类，即单向中继线、双向中继线和部分双向中继线。

（1）单向中继的 DOD2＋BID 入网方式　用户交换机的出、入中继线分开接入市话局的用户级，如图 8-3 所示：

一般在交换机容量大于 500 门、中继线数在 37 对以上时采用单向中继线的连接方式。

(2) 双向中继的 DOD2＋BID 入网方式　某一市话局的用户线路既作为用户交换机的出中继线，又作为它的入中继线，即出入中继合群的方式，如图 8-4 所示。

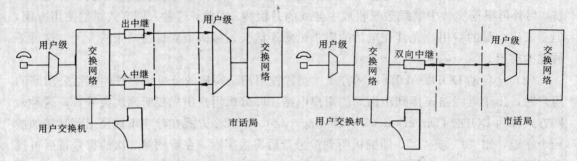

图 8-3　单向中继的 DOD2＋BID 入网方式　　　图 8-4　双向中继的 DOD2＋BID 入网方式

一般交换机的容量在 50 门以内，中继线数在 5 对以下时多采用双向中继的方式，有利于提高小群中继线群的效率。

(3) 部分双向中继的 DOD2＋BID 入网方式　用户交换机与公众网连接的中继线，一部分用出、入分开的单向中继，另一部分用出、入合群的双向中继，如图 8-5 所示。选用时，先选用单向中继，溢出的话务选用双向中继，在这种方式中，双向中继相当于一个迂回的路由，能够节省中继线。当交换机的容量介于 50 和 500 之间、中继线数介于 5 和 37 之间时，采用这种中继方式比较适宜。

从中继线的效率来看，中继线群越大，其效率越高。在出、入局的话务量较大时，多采用单向中继的方式，而只有在话务量很小时才考虑采用双向中继的方式，这主要是因为采用单向中继后，虽然出、入中继线群分开，中继线群相对变小，但由于中继线总的数量较大，分成单向中继线群后，每一个方向（出和入）的中继线的数量也不小，所以对中继线的效率影响很小。虽然双向中继线在话务量较大时对中继线的效率没有多大的影响，但从中继线路的实现来看双向中继电路比单向中继电路复杂、价格较贵，因此在话务量较大时，多采用单向中继的方式，而只有在话务量很小时才考虑采用双向中继的方式。

这种半自动的入网方式将用户交换机连接到市话交换网的用户线上，当分机用户呼叫市话网用户时，用户交换机很难检测到市话用户的应答信号和通话结束时的挂机信号，只能靠检测分机用户的挂机信号来释放；或者市话网用户呼叫分机用户时，PABX 也无法检测到主叫用户的挂机信号，只能根据分机用户的挂机来释放。这就要求市话交换网向用户交换机转发应答和挂机信号。邮电部推荐的方式有两种，一是采用极性反转，即平时 a 线为正电压、b 线为负电压，当应答时 a 线反转为负电压、b 线反转为正电压，挂机后再反转为 a 线正电压、b 线负电压。另一种方式是当应答时向用户线发送一个极短的单音频信号。

半自动入网方式的接口和信号简单，成本低，但由于入局采用人工转接，故而效率低，不能实现长途全自动拨号，也令许多非话业务不能开展，更不利于向综合业务数字网（ISDN）方向发展；同时这种入网方式的计费功能不完善，要依靠交换网提供的信号，在与数字交换机相连时，因额外的模拟和数字信号的转换，增加了量化噪声和设备成本。半自动入网方式一般适合于小容量的用户交换机。

3. 人工入网方式

这种入网方式是指当用户对公众网呼出或呼入时，都要经过话务台的转接。一般当呼出或呼入的话务量≤10Erl时多采用这种入网方式。有时在某些特殊情况下，如限制分机用户拨打公众网电话，尤其是长途电话，也多采用这种人工入网方式，其中继线也多为双向中继线，如图8-6所示。

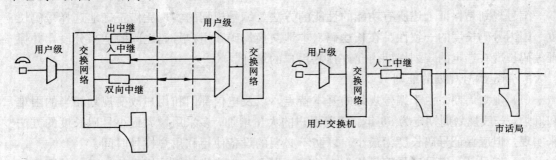

图 8-5　部分双向中继（DOD2＋BID）方式　　　　图 8-6　人工入网方式

人工入网方式也多用于与磁石式或共电式交换机的接口上。

4. 混合入网方式

这里所指的混合是指采用 DID 与 BID 的混合呼入方式，它是以 DOD2＋DID 为主，辅之以人工转接的 BID 方式。

对一些容量较大的用户交换机，其中有部分分机与公众网的联系较多，它们可以采用直接拨入的方式，这部分用户必须与公众网用户统一编号；而其它的与公众网联系较少的分机用户，没有必要采用这种直接拨入的方式，而采用话务台转接的方式。这种入网方式可以大大地节省电话费用。

混合入网方式如图 8-7 所示，其中出

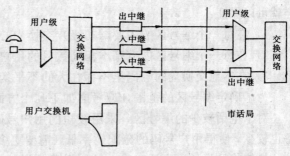

图 8-7　混合入网方式（DOD2＋DID＋BID）

中继是采用 DOD2 的方式接到市话网的用户级上，入中继线分成两群，对 DID 分机用户，市话局可根据统一编号接入 DID 中继线群。而对 BID 分机用户，市话局根据其中继线号码选用 BID 中继线群。对某些市话交换机来说，当 DID 中继线群全忙时，可以迂回选用 BID 中继线群，由话务台转接，增加了呼入的灵活性和可靠性。当然出中继线也可以采用 DOD1 方式接到市话网的选组级上，实现 DOD1＋DID＋BID 的混合入网方式。

第二节　国家通信网自动电话编号规定

一、CCITT 的编号规划

国际电信联盟（ITU）国际电报电话咨询委员会（CCITT）对于电话网的编号规划有详细的描述，它所提出的建议 o. 11 主要包含以下几个方面的内容。

1. 用户号码的功能

用户号码的主要功能是能够选出唯一的用户，确保呼叫的接通而不致与其它用户混淆。除此之外，还应具有使两用户之间自动接通的能力；容易被所有的用户理解、拨号或按键；

最有效地利用交换与控制设备；允许实现国际连接；尽可能地与相邻国家的规划相协调；等等。

2. 编号规划的目标

编号规划是保证上述所有功能的性能的方法，编号规划的实现凭借正确地选择号码长度、国内号码长度的一致性、在长途码、本地交换局码和用户号码之间的适当分段，并保证编码长度在选定的规划周期内允许预测用户的增加。

3. 制定编号规划的准则

（1）规划周期 由于编号规划的基本特点，以及电信部门和用户改变规划相当的困难和麻烦，一般规划周期定为50年。随着用户的大量增加，多采用增大最小号码长度的方法来实现，但应保证号码长度为最小，以防不必要的设备使用和用户拨号时间。

（2）编号区 编号区是编号规划中的重要概念，它构成等级结构中的一级，是国家长途编码系统的基础。一般说来它有一个初级交换中心，以使该区所有的用户都能与长途网路接通。对于程控交换系统，以各个目的地码为基础的详细的编号系统可以取代长途编码的路由选择系统，并能消除在灵活分配交换局号码方面的传统限制。

由于各个国家的面积、人口密度和电话密度变化很大，要想实现编号区与地理范围一致是不可能的、也是不实用的，最好的方法是以用户可能的号码为主具体规定编号区，这样就可以保证：

1）在每一个编号区的主要（初级）交换中心的范围内保证合理的平衡；

2）在每一个编号区内有基本相同数目的用户，所以有可能制定统一的编号方案；

3）在本地交换局的号码里不存在大的不平衡，所以不存在用完交换局码的问题。

为了确定编号区的范围，应考虑如下几个方面的内容：

对于电话较少的编号区，采用较短的用户号码，因此用于本地呼叫、交换和控制的设备也较少，使得用户号码的分配效率低（需要更多的冗余量）；对于所有的编号区都小的系统，最终将导致长途电话交换、控制设备的增加，致使长途码的编码方案复杂化。

但是，对于电话多的编号区，其中的用户号码较长，用于本地呼叫的交换、控制设备简单，用户号码的分配效率高（冗余量小），而且对于所有的编号区都大的系统，长途电话的交换、控制设备的投入少，简化了长途码的编码方案。

对于编号区的划分，还应考虑有关地理范围的影响，如自然障碍如山川、河流等，应防止本地路由穿越它们，同时还要考虑所使用的传输设备的经济性。对于末期的用户号码应保持在给用户号码分配的最大数字（一般为5～7位）以内；同时为了能在等级交换结构中作进一步的变动，编号区要小一些，这也便于按照地理条件来组织编号区和本地交换局的编码。另外需要考虑的因素是现有的国内管理界限是否便于形成管理与编号区的界限。

（3）完整号码的编制 完整的国际号码由国家码、长途码、交换号码及用户号码组成，对于特殊呼叫，国内码、国内与长途码或国内、长途及交换局码就不需要了，图8-8给出了完整号码的构成方法。

国家码是以每个国家为基本分配单位（偶尔也以地理上邻近的国家联合作为分配单位），它由CCITT确定，以保证全球的相容性。国家码由一个、两个或三个数字组成。接通国际交换局，因而接通国际业务是由特定的国际字冠来完成的，它由电信主管部门确定，并与长途码在同一系列内。

为了更有效地使用传输和交换设备，进而降低电话费用，对于彼此相距不远，并有极大的相互通信关系的两个集团，尽管它们有一条国际边界，它们之间的国际呼叫可以经过直达路由，也可以使用长途码或特定的地址码。

长途码是分配给编号区的，它由一位、二位、三位，偶尔用四位数字组成，这主要取决于编号区的数量，以及号码长度等位与否。进入长途码是由特定的长途字冠（一般为一位数字）来完成的，字冠是由国家电信主管部门确定的。

在一些有必要且可以接受的、不致于对用户引起太大的混淆的情况下，在有高吸引系数的城镇之间可以使用短码，这些城镇彼此由直达路由连通。这种用来穿越编号区界限而不用国内号码的码叫本地码，本地码可以减少交换控制设备和传输链路的使用。

交换局号码是分配给本地交换局的，考虑到将来的路由、本地交换局的规模和位置，这些码应尽可能短，它们主要是允许本地交换局之间的路由，或以初级交换中心到本地交换局的路由连通。根据本地交换局的等级状况和传输规划，某些小型交换局可以从属于较大的本地交换局。而本地交换局码可与用户号码合并，以简化电话簿号码。

一般用户号码在编号区内长度是一致的，但也有些是复杂系统，这复杂系统完全取决于所从属的具体的本地交换局的用户的数目，或者取决于从属的本地交换局的分局的用户数目。前者常常有多余的后备容量，号码也比其他方式所需的号码长，但较为简单，便于理解，也便于用号码簿介绍。后者则具有号码长度不一致的所有的缺点，但更灵活，因此有可能更有效地利用号码资源。

将交换局码与用户号码分开，使用户能够记住本地识别码。对于特种业务，如各种紧急电话号码应易于重叫，且号码方案应全国一致。

（4）方便用户 编号规划的一个重要目标是它应当容易理解。更为理想的是，方法尽可能不变，用户必须熟悉它才能促进业务的使用、降低拨号差错引起的电话故障率和减轻查号台的负担。

CCITT 建议国际呼叫号码的总位数不应超过 12 位，最好少于 12 位。国家码是分配给世界上的国家和地区，这些码由一位、二位或三位数字组成。由于码长和各国的编号规划不同，国家码不采用"等位编号计划"。

为了接通国际呼叫，应使用标准的国际字冠。CCITT 建议使用与长途字冠系列相同的简单字冠，如接通长途网路的字冠是"0"，那么国际码就可以编为"00"。

图 8-8 号码的构成
(a) 国际号码的可能构成；(b) 国内呼叫
（长途与本地）号码的可能构成

长途呼叫是编号区之间的呼叫，它一般需要经过初级交换中心，有时也可能经过更高级别的交换中心。接通长途网路的最简单的办法是使用一位数字的字冠，编码中余下的几位一般应反映出编码区的数量，这种长途呼叫应考虑到本地码拨叫和不等位的长途码的使用。

所谓的本地码是用于不同编码区的本地交换局之间的长途呼叫的特殊码，而这些本地交换局的控制能力是有限的，如果交换局间有高的吸引系数，以致能使用特殊编码来显著地减少每一部交换控制设备和传输线路的使用的话，那么就使用本地码。这种较短的编码可以给用户带来一些便利。而较短的长途码也可以减少交换控制设备的占用率，但只有在不等位的编号规划中才可以实现。

本地交换局码用于发话人和受话人在同一编号区内的呼叫，象长途码一样，本地交换局码需要在容量等方面服从同一规则，它们的长度应当最小（取决于需要接通的交换局的数目），还应考虑到规划周期内编号区中交换局数目可能增加（或减少），而且本地交换局据以接通呼叫的这些编码不应当发生变化。

假定在设计周期内，母局有足够的容量分配号码给用户，用户号码应该尽可能短。由本地号码加各个单独号码组成的用户号码比其它方式的号码要长，但大大简化号簿的编制，且便于用户理解。

用户号码在电话号簿上可有两种方式表示：

1）包括本地交换局码在内的简单号码。这种方法有助于表示的进一步简化，但特别地，如果编号区大，那么这种方法不能表示出用户的位置，而且需要记忆的号码可能有点长；

2）交换局名＋用户号码。这种方法意味着国内的每一个本地交换局都需要一个由长途码加上本地交换局码组成的编码，使号码簿复杂；但另一方面，使用户容量重叫，并能同时指出号码的地点，这种方法的心理优势很大。

二、我国电话网的编号计划

号码是一种资源，正确的使用这一资源可使网络取得更好的技术经济效益，否则将引起资源的浪费。因此号码制度直接影响网路的建设费用，这一问题不容忽视，应放在与网路组织同等地位加以考虑。《国家通信网自动电话编号》(GB3977.1-83) 对我国国家电话通信网上的电话编号作了具体的规定，是编号计划的国家标准。每个用户必须有一个统一编号的号码以保证有效、合理、经济地利用号码资源，确保在自动电话交换网中完成用户间的自动拨号，实现正常接续及通信。

编号计划涉及全网未来的用户容量、网路结构、路由计划、交换机系统设计及计费方式等因素，必须周密考虑。

1. 设计编号方案的原则

(1) 符合 CCITT 的建议。在进行国内长途呼叫时，不包括国内长途字冠，国内号码长度不得超过 10 位；进行国际长途呼叫时，不包括国际字冠，国内号码加国家号码不超过 12 位；国际长途编号符合 CCITT 统一编号的要求；

(2) 国内长途编号按地区进行分区编号，近期应考虑与行政区划相联系，远期应考虑网路等级减少或升级所需要的长途编号资源；

(3) 本地电话网的号码长度与号码容量密切相关，确定号码长度应考虑长远发展和需要，避免号码不断升位引起的混乱；

（4）编号计划应具有相对的稳定性，不能随意改变，也不应随行政区划的变更而改变，尽量避免因更改号码给用户带来的不便；

（5）为便于使用，用户号码尽量具有规律性和尽可能缩短号码长度，以减少交换设备占用时长，降低错号的概率；

（6）应尽可能便于交换设备的设计与生产，以节省设备成本和建网投资。

2. 我国电话网的编号计划

（1）采用两种编号方式　本地交换网内或同一编号区内采用闭锁编号方式，即在区内接续时拨统一号长的号码，包括局号和用户号码，如六位号长的本地网局号为两位，用户号码为四位；七位号长的本地网，局号为三位，用户号码为四位。本地电话网的编号位长一般情况下采用等位编号，但应能适应在同一本地网中号码位长差一位的编号要求。

在长途电话网内采用开放编号方式，即用户拨叫长途电话时先拨长途字冠"0"，然后拨区号、局号和用户号码。

（2）全国各编号区的区号采用不等位制　区号位长分为二位、三位和四位四种，区号的分配见表 8-1。其中二位号长的"10"，分配给首都北京，二位号长的"2X"，分配给十个大城市，三位号长为 XYZ，其中 Y 为奇数的 350 个号码分配给各省的中等城市，四位号长为 XY'ZT，其中 Y' 为偶数的号码分配到各县。

区　号　分　配　表　　　　　　　　　　　表 8-1

长途区号	本地网号码	长途区号容量
10	PQRABCD	1
2X （X＝1，2，…9，0）	PQABCD 或 PQRABCD	10
X1X2X3 （X₁＝3，4，…9） （X₂＝1，3，5，7，9） （X₃＝1，2，…9，0）	PQABCD 或 PQRABCD （最大为 7 位）	350
X1X2'X3X4 （X₁＝3，4，…9） （X₂'＝2，4，6，8，0） （X₃＝1，2，…9，0） （X₄＝1，2，…9，0）	PABCD 或 PQABCD （最大为 6 位）	3500

由于区号的位长不等，各本地网的本地号码也不等，但相加以后，国内长途用户号码有效号长（不含字冠"0"）的总长度不超过 10 位。表 8-2 示出了长途区号的编排表。

| 长途区号编排表 | | | | 表 8-2 |

编号区	包括的省、自治区	特大、大城市		大、中城市长途编号区	中、小城市县城长途编号区
		城市名称	编号		
		北　京	10		
		上　海	21		
		天　津	22		
03	河　北	石家庄	311	312-310，335	3211-3200，3411-3450
	山　西	太　原	351	352-350	3611-3600
	河　南	郑　州	371	372-370，391	3811-3800，3011-3010
04	辽　宁	沈　阳	24	411-410	4211-4200
	吉　林	长　春	431	432-430	4411-4470
	黑龙江	哈尔滨	451	452-450	4611-4680
	内　蒙	呼和浩特	471	472-470	4811-4800
05	江　苏	南　京	25	511-510	5211-5200
	山　东	济　南	531	532-530	5411-5400
	安　徽	合　肥	551	552-550	5611-5600
	浙　江	杭　州	571	572-570	5811-5800
	福　建	福　州	591	592-590	5011-5090
06	台　湾				
07	湖　北	武　汉	27	711-710	7211-7200
	湖　南	长　沙	731	731-730	7411-7400
	广　东	广　州	20	751-750	7611-7600
	广　西	南　宁	771	772-770	7811-7800
	江　西	南　昌	791	792-790	7011-7000
08	四　川	成　都	28	812-810	8211-8200
		重　庆	811	831-830	8411-8400
	贵　州	贵　阳	851	852-850	8611-8690
	云　南	昆　明	871	872-870	8811-8800
	西　藏	拉　萨	891	892-890	8601-8600
	海　南	海　口	898	899-890	8011-8080，8091-8000
09	陕　西	西　安	29	911-910	9211-9200
	甘　肃	兰　州	931	932-930	9411-9400
	宁　夏	银　川	951	952-950	9611-9640
	青　海	西　宁	971	972-970	9811-9850
	新　疆	乌鲁木齐	991	992-990	9011-9000

（3）国家编码　国家号码为 1～3 位，按地理位置及国家数和大小，全球划分为 9 个世界编号区，首位分别为 1-9，国家所在的世界编号区就决定了该国家的国家码的首位。

世界编号区的划分如下：

世界编号一区：加拿大、美国、牙买加等北美地区和岛屿，国家号码均为一位"1"，是综合编号区；

世界编号二区：非洲国家，如埃及为 20、冈比亚为 220、刚果为 242，21 为有子区的综合编号区，摩洛哥、阿尔及利亚、突尼斯、利比亚的国家号码的前两位均为 21，用第三位号码来区别；

世界编号三区、四区：为欧洲国家，其中法国为 33、意大利为 39、荷兰为 358、英国为 44；

世界编号五区：南美和中美国家，其中秘鲁为 51、阿根廷为 54、乌拉圭为 598、墨西哥为 52；

世界编号六区：南太平洋地区，其中澳大利亚为 61、菲律宾为 63；

世界编号七区：前苏联；

世界编号八区：北太平洋地区，其中中国为 86、日本为 81、越南为 84；87 用于航海移动业务。

世界编号九区：中东地区，其中伊朗为 98、约旦为 962、印度为 91。

（4）字冠及首位号码的分配

"0"为国内长途全自动电话冠号；

"00"为国际长途全自动电话冠号；

"1"为长途、本地特种业务的号码、话务员座席群号或用户新业务号码的首位号码；

"2-9"为本地电话号码的首位号码。

长途、市话特种业务号码统一为 1XX 三位等长编号，X 表示"1～0"十个数字中的一个，特种业务号码的分配见表 8-3。

特种业务号码分配表　　　　　　　　表 8-3

号码	名　称	号码	名　称
111	备用（线务员查修）	160	电话信息服务台
112	市话障碍申告	171	备用
113	国内人工长途挂号	172	国内长途全自动障碍申告
114	市话查号	173	国内立接制长途半自动挂号
115	国际人工长途挂号	174	国内长途查号
116	国内人工长途查询	175	半自动来话台群
117	报时	176	国内长途半自动查询
118	郊区人工长途挂号	177	半自动班长台
119	火警	178	半自动去话呼叫本端或对端人工台
110	匪警	179	备用
121	天气预报	170	国内长途自动电话费查询
122-124	备用	181-180	备用
125	国际人工长途查询	191-190	备用
126	无线寻呼挂号台电话	101	备用
127	备用	102	国际长途全自动障碍申告
128	郊区（农话）人工长途查询	103	国际半自动挂号
129	备用	104-105	备用
120	急救电话	106	国际半自动查询
131-130	备用	107	国际半自动班长台
141-140	新业务号码（备用）	108-109	备用
151-150	新业务号码	100	国际长途全自动话费查询
161-169	备用		

用户新服务项目的号码使用 151～150，而 141～140 作为备用的号码。

152—热线服务

153—遇忙寄存呼叫

154—呼叫限制

155—闹钟服务

156—免打扰服务

157—转移呼叫

158—呼叫等待

159—遇忙呼叫

150—缺席用户服务

对于按键电话机，可不用首位"1"，而用"＊"和"＃"的组合来组成编号，例如，＊58＃表示呼叫等待的登记，51 用于按键电话机的缩位拨号号盘话机不放开缩位拨号，而用 151 表示服务项目的撤销。

（5）移动用户号码　移动用户号码的前两位，采用全网统一的编号 90，六位制的本地网中，移动用户号码为 90ABCD 七位制的本地网中为 90QABCD 五位制的本地网中则为 90ABC，此时移动用户的最大容量为 1000 户。

（6）各类呼叫的拨号顺序　本地呼叫：以七位制为例，拨号顺序为：

PQ ABCD

其中：P 为 2～9，Q、A、B、C、D 为　　0～9。

国内长途全自动呼叫：设本地网为七位编码应拨：

0＋　XY…＋　PQ　　ABCDE

字冠 长途区号 局号 用户号码

其中长途区号最长为 4 位，长途区号、局号、用户号码的总和不得超过 10 位。

国际长途全自动呼叫：用户进行国际呼叫时应拨：

00＋　　I_1I_2…＋　　X_1X_2…＋　　PQ　　　ABCDE

字冠　　国家号码　　长途区号　　　局号　　　用户号码

不加"00"字冠的号码总长最多为 12 位。

国际台话务员国际呼叫：

00＋　I＋　　L＋　　　　　　B＋　　　　　　　"SI"

字冠　国家号码 语言号码　被叫用户的国内有效号码　拨号终了标志（编码为"15"）

其中　L 为一位，其编码如下：

1　法语

2　英语

3　德语

4　俄语

5　西班牙语

6～8　双方国家商定的语言

9　备用

第三节　程控用户交换机的编号计划

程控用户交换机的编号计划,主要是确定用户号码、确定对当地公众网的电话局和其他的电话站的拨号方式和对特种业务号码的编排,是程控用户交换机入网方式设计中的最基本的问题之一。它不仅与程控用户交换机本身有关,还要符合当地公众电话网的号码制度。因此在编制号码计划时,应与当地电话局共同讨论、周密地调查研究,取得既经济合理、又方便用户的方案。

一、编号原则

为了使网络具有更好的技术经济效益,就不能忽视号码这一宝贵资源。程控用户交换机的号码编制的基本原则大致有以下几方面的内容:

(1) 近远期结合,既满足近期需要,又要考虑远期的发展,要为规划期内留足备用号码。

编号计划是以业务预测和网路规划为依据的。业务预测确定了网路的规模容量、各类性质的用户的分布情况以及电话站的设置情况,并由此确定交换机的容量、号码的位长及站号的数量;网路规划中电话站区的划分又具体地确定了号码的分配方案。

值得指出的是,在编制号码计划时对规划期的容量要有充分的估计,对号码的容量要留有充分的余地,这是因为业务预测有时不准确,尤其是科技与经济都在突飞猛进的今天,保守的预测方法使得预测容量低于实际的发展;另外,站号利用率在规划阶段一般不高,实践中号码有损失;在网路发展过程中可能出现一些新业务如非话业务等等。留有足够余量的号码,就可以避免因号码不足而限制网路发展或出现网路改建等不利的情况。

在近远期关系问题上,当远期需要号码扩容时,要注意近、远期的自然过渡,确保这种过渡对已有网路及号码的变动最小。

(2) 号码计划要与网路安排统一考虑,做到统一编号。

号码计划实际上也是网路组织的一个重要组成部分,因此在确定网路组织方案时必须与编号方案统一考虑,如在划定了电话站区域范围后,号码怎样分配最有利;又如在一个站区电话网中具有不同制式的交换设备时,怎样组织汇接号码,怎样分配号码才能使原有的设备变动最小;再如,在网路中留有向远期过渡的余地时号码位长也应留有余地,以保证扩容的顺利进行而不致影响通信。

(3) 尽可能避免改号。

随着电话网的发展,改号对用户的影响越来越大,它不仅涉及到本地网的用户,也涉及到国内用户、甚至于国外用户,因此在电话网的设计中应尽可能地避免改号。

(4) 为了节省设备投资和缩短接续时间,应尽可能地缩短号码的长度。

(5) 分机号码,特别是高层住宅的分机号码应与楼层房间号码相对应,以方便用户。

二、编号方法

1. 基本要求

在同一工业企业电话站内,或者由几个电话站构成的工业企业的电话网内,应采用统一的用户号码,即每个用户话机只有一个用户号码。当电话站下面设有自动小交换机时,小交换机的分机用户向外呼叫增加一个字冠,电话站用户对小交换机分机连续直拨,这就如同电话站和市话局的关系一样，也符合唯一用户号码的要求。另外在同一工业企业电话网内，不同的几个电话站，其用户号码一般采用相同的位数。对于那些由于设备制式的限制，或是即将拆除的旧的电话站等，也允许采用号长不同的混合制。

2. 用户号码的确定

一个电话站的号码分配，不仅涉及到站内用户号码的分配，同时，还必须考虑电话站呼出中继的拨号方式。对于某单位内部具有两个或两个以上电话站时，还应考虑到如何按排各电话站的用户号码问题。除此之外，在进行号码分配时，以下两方面也应予以注意：

（1）为了节省中继设备及线路的投资，可将电话站的用户分机分为限制用户和非限制用户两种，限制用户指只能对内部分机用户进行通话，而不能对市话局的用户进行通话的分机用户；而非限制用户是指既可进行内部通话，也可以与市话用户进行通话的分机用户。

（2）从市话局到电话站的出入中继一般给予普通的市话用户号码，而当中继线在20条以下时，一般设一个引示号码连选全部20条中继线。电话站用户在拨叫市话局用户号码之前，先拨一个字冠。

根据国家通信网自动电话编号的规定，第一位数字"1"作为长、市特种业务号码，"0"和"00"分别作为国内长途全自动和国际长途全自动的冠号，因此只能用2-9作为内部电话的首位号码。在采用两位制时，用户数为80，采用三位制时，用户数最多为800个，采用四位号长时，用户数最多为8000个，它们的号码分别为20-99、200-999、2000-9999。

3. DOD1＋DID 入网方式的编号

在采有 DID 入网方式时，工业企业用户交换机应与本地电话网统一编号。全自动直拨入（DID）入网方式的程控用户交换机的用户编号还应满足以下几个方面的要求：

（1）大容量的用户交换机按分支局对待时，应分配给相应的分支局号；

（2）在七位编号的本地公众网中，程控用户交换机分机号码的位长应与本地公众网号码位长相等；

（3）在四、五或六位编号的公众网中，允许公众网的号码位长比程控用户交换机分机号码位长少一位；

（4）在两种号码位长同时存在的公众网中，用户交换机分机号码只允许与本地公众网中较长的号码位长相等。

程控用户交换机采用全自动直拨入网方式（DOD1＋DID），其中继线接入市话端局选组级时，其编号占接口端局的一个百号群或千号群，分机用户在此群中与市话局用户统一编号，如用户交换机的容量为2000门，以 DOD1＋DID 方式接入市话63局，该局的市话用户号码为630000－639999，2000门用户交换机分机用户占用634000－635999。用户交换机的分机用户摘机听拨号音后，拨四位用户号码即可进行内部用户的呼叫；市话局用户呼叫该用户交换机的分机用户，可直接拨其六位分机号码，不需要话务台转接。对于程控用户交换机的分机用户呼叫本地网的其它用户时，无论被呼叫的用户是所在端局如63局的用户，还是其它端局的用户，都应有出局字冠，出局字冠可以是"0"或"9"，也可以是其它的数字，分机用户摘机听拨号音后，必须先拨出局字冠，如"0"，用户交换机要在识别进网字冠如"0"之后，再接入本地电话网，以区别内部分机用户之间的呼叫，其呼叫次序如下：

进网字冠＋端局局号＋用户号码

这种入网方式的程控用户交换机在进行国内长途全自动呼叫和国际长途全自动呼叫时，其拨号次序也是在号码之前加上出局字冠，其它的拨号和市话用户完全相同，如用户交换机的分机用户进行国内长途全自动直拨呼叫时，其拨号次序为：

进网字冠＋长途全自动字冠＋长途区号＋端局号＋用户号码

当分机用户进行国际长途全自动直拨呼叫时，其拨号次序为：

进网字冠＋国际全自动字冠＋国家号码＋被叫国用户的国内长途区号＋局号＋用户号码

4. 半自动入网方式（DOD2＋BID）

这种入网方式的中继线号码纳入接口端局统一等位编号，一般说来，这种中继线群可采用引示号码，且所接口的市话端局具有连选功能，而内部分机用户的号码不纳入市话局编号，只在用户交换机内部根据容量的大小进行统一的编号，其位长一般采用2～4位不等。如某用户交换机的容量为200门，根据话务量的大小分配给该交换机30条中继线，以DOD2＋BID入网方式接入市话63局，即其中继线占用市话63局的30个用户号码，如635530—635559，用户交换机的内部分机用户号码可采用三位或四位编号，如采用三位，则编号为200—399，如为了以后扩容时不改动号码，也可将号码定为四位如编号为2200—2399。

用户交换机的内部分机用户进行内部呼叫时，摘机，听到拨号音后拨对方的分机用户号码即可；而分机用户要呼叫本地公众网的用户时，在摘机听到拨号音后，拨出局字冠，如"0"或"9"等，听到本地公众网送的二次拨号音后，再拨市话局的用户号码，即可接通市话用户。如果拨出局字冠后没有占用到中继线，则听到用户交换机送来的"忙音"信号，表明中继线繁忙，稍后再重拨出局字冠，其拨号次序可描述为：

摘机听拨号音

拨出局字冠

听到二次拨号音后

拨端局号码＋用户号码

分机用户进行国内长途全自动直拨呼叫和国际长途全自动直拨呼叫的方式和DOD1＋DID的入网方式基本相同，只是在拨出局字冠后须等待二次拨号音后方可进行后续的拨号。

对于市话局的用户呼叫用户交换机的用户，首先拨叫中继线引示号码，呼出话务员，由话务员拨叫分机号码来接通所呼叫的分机用户。

5. 与其他的用户交换机的联网方式

用户交换机对其他的用户交换机的联网方式即市话局的用户交换机之间的交换关系。一般情况下，一个单位的电话站和其它单位的电话站之间的交换要通过市话网连接，在他们之间不设直通的中继线。但是当两个（或多个）用户交换机相距很近，且他们之间的话务联系较多时，可以考虑在他们之间放设直通的中继线，其编号方式可以采用如下几种方式：

（1）和至市话局的出中继一样指定一个出局字冠，如"9"或其他的数字接出中继线；

（2）采用占用"千号层"、"百号层"接出的方法；

（3）指定一个本站的用户号码，把对方站看作是本站的用户交换机，在中继线数量较大时，这种方式存在着对市话局出中继中使用普通号码时一样的缺点，呼损大，不便于使用。

当某单位的电话站下面还设有一个或几个用户交换机时，其联接方式有两种：

1）电话站是作为汇接电话站而其它的用户交换机作为其下属的电话站，因此在电话站和用户交换机及各用户交换机之间应放设直通的中继线，其出入中继号码的确定和电话站作为市话局的用户交换机连接时的情况相同。此时电话站所属的用户交换机与市话局之间没有直接的中继关系，它与市话公用网之间的通话都通过其所属的电话站连接，此电话站是属于汇接性质的电话站，若采用这种连接方式，用户交换机与市话公用网间就不需要指定专用的字冠了。

2）汇接电话站所属的用户交换机与市话局间的中继可以直接连接，即如同一般的电话站的出入中继一样，用户交换机用户呼叫市话局时占用出局字冠如"0"，市话局用户呼叫该用户交换机用户时占用市话局的某一普通用户号码，在这种情况下，这个电话站下面的用户交换机事实上也是直属于市话局下面的一个用户交换机。

上述这两种方式的选择，主要是根据用户交换机所处的地位、与市话公用网的话务密切程度以及它们之间的空间距离等因素来决定的。

第九章 程控用户交换机的接地

第一节 程控用户交换机接地的目的

"地"或称为电气上的"地",是一个体积巨大的导电物体,它具有能够吸收和储存大量的电荷,提供稳定的地电位。因此在电气设施中都采用接地的方法来稳定电位,以达到保证设备正常工作、降低危险电压和防止各种干扰的目的。

对于程控用户交换机而言,接地是一个非常重要的环节,尤其是现代通信系统采用计算机控制,对接地和抗干扰的要求较高,因此接地系统布局是否合理、接地是否良好,直接影响到信息的传输质量、系统工作的稳定和人身安全。同时由于流入地中的电流错综复杂,相互影响,给通信系统的接地安装提出了更高的要求。

设有程控用户交换机的电话站的接地按其作用和目的,可分为工作接地和保护接地两大类。这些接地系统必须是有效和可靠的,接地电阻应满足设计规范的要求,以确保噪声的可靠排出、设备的正常工作以及人员免受电击的危险。

一、工作接地

在通信系统中,为了保证通信系统正常运行而设置的接地称为工作接地,其目的是:

1. 利用大地传输电能和信息

在通信系统中,有的地方利用接地的方法,把大地作为通信回路的导线之一来传输电能和信息,如某些通讯设备的正极接地,计算机的工作接地等。

2. 降低电信回路间的串音

当电话线路对地的绝缘较低时,一对线路上的话音电流可能通过土壤流到另一对线路上,并返回电话交换设备,从而引起串话,如将电话站中使用的蓄电池的一个极接地,一部分泄漏的讲话电流就可以通过大地返回电池的接地极,从而降低了串话电平,提高了传输质量。其作用原理可用图9-1加以说明。

如图9-1所示,甲、乙和丙、丁两对用户正在通话,由于它们都接在同一中央馈电桥上,而且通话电路对地是平衡的,彼此不会串话。而当用户线路的绝缘不良时,如在 a, b 处通地,构成甲-a-b-丙-c-d-e-甲的回路;二者发生串话。如果此时蓄电池的正极接地,由于电池串话电流的阻抗很小(不大于 0.1Ω),将构成上述的串话回路的旁路 a-f-电池-d-e,使串话电流减小。

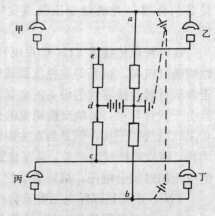

图9-1 蓄电池接地电极
旁路串话电流

蓄电池的电极接地一般是正极接地,而不采用负极接地,其主要原因是能够减少弱电设备间联络线路的电蚀损坏。当在适当温度条件下，设备、元件的铜导线与金属外壳、变压器铁芯之间的绝缘降低而发生电解现象时，如果是电池负极接地，铜离子便不断由正极电位越过漆包线的漆皮小孔而达负电位的设备外壳或铁芯，这样本来线径就很细的导线就会逐渐变得更细，甚至折断造成障碍。而当蓄电池的正极接地时，上述过程就反过来，虽然仍有电蚀，但受蚀的是设备的金属外壳和变压器铁芯，其后果就不显著了。

3. 抑制通信线路中的电磁干扰

工作接地的另一个作用是降低通信系统的噪声干扰。由于电信系统与电源设备相连，由此引入了由于电动机、日光灯、换流器等设备随回路开关而产生的脉冲干扰，这些噪声的干扰，往往引起特性的不稳定，造成各种各样的工作错误或不工作等故障。这些噪声源一般由电源线引入，因此应使噪声电流与地线接通来防止这种噪声，确保电信设备免受干扰以致损坏，减少或消除在通话过程中产生的各种交流声、蜂音、劈啪声、喀嚓声、爆音或串话等的干扰。

二、保护接地

为了保护建筑物、设备和人身安全而设置的接地系统称为保护接地，这种保护接地利用了大地建立起统一的参考电位或起屏蔽作用，保证了保护对象免受强电流或雷电流的侵害。保护接地依其作用可分为强电保护接地、防雷保护接地和屏蔽接地等几种形式。

1. 强电保护接地

为了防止电气设备因绝缘破坏而造成触电危险，常常将设备裸露的金属外壳同接地装置相联接，这种联接称为强电保护接地。

程控用户交换机所使用的低压配电系统的接地形式有 TT 系统、TN-S 系统、TN-C 系统和 TN-C-S 系统。

TT 系统即电源端的中性点不直接接地，电气裸露的可导电部分通过保护线将设备接至与电源端中性接地点无关的接地体上，这种方式又称为保护接地。

TN-C 系统是指交流电源的中性线即工作零线（N）和保护零线（PE）共用的，即电气设备的金属外壳通过变压器或发电机的接地中性线进行接地，这种方式又称为保护接零。

在这种保护接零（TN-C 系统）的电话站内，经常会有单相工频或三相不平衡电流从中性线通过机架、机壳等途径流到通信系统的工作接地上来。因为带三相不平衡负荷，故在正常运行时，接零线的设备的金属外壳带电位，这电流对通信回路可能产生杂音干扰，而且会干扰计算机，影响交换机里的处理机的工作。而采用保护接地（TT 系统），虽然可避免工频电流的干扰，但是当发生因绝缘损坏而产生短路时，一方面不易使电路中保护装置动作，使故障持续时间长，甚至烧毁设备。另一方面当接地电阻$>1\Omega$时，可能使外壳对地的电压超过安全电压，威胁着维护人员的人身安全。

TN-S 系统是国际电工委员会（IEC）推荐的几种接地系统之一，在这个系统中，中性线和保护零线是严格分开的，这就是所谓的单相三线和三相五线的保护接地方式。TN-S 系统在电力系统中除了相线和零线外，不论单相回路还是三相回路，都要另外增加一根交流保护线，直接由中性点引到机壳或机架上，如图 9-2 所示。

在这里，工频电流或不平衡电流直接由工作零线回到中性点，与外界的电气设备及通信设备的接地不发生关系，避免了电源交流 50Hz 的干扰。当绝缘损坏碰地短路时，在交流保护线上有工频短路电流通过，因这个电流较大，使保护电路动作，在极短的时间内即将障碍电路切除，从而保证了通信设备和维护、操作人员的安全。

三相五线制接零保护，其工作零线进入建筑物后严禁与楼内的接地系统电气连通，而交流保护线应当与该建筑物共用汇集线或与地线环相连。

TN-C-S 系统的保护线 PE 和中性线 N 从某点分开后就不再合并，这种接地方式和 TN-S 的区别是：TN-S 从电源端就将 PE 和 N 严格地分开，而 TN-C-S 则在某处开始分开，而这之前的部分则是合在一起的。这种方式对于采用三相四线制的供电系统而需要采用三相五线制的保护方式时，可采用的一种简易的变通方法。

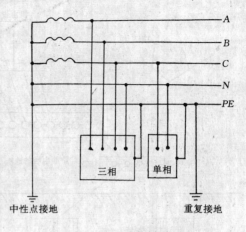

图 9-2　三相五线制和单相
三线制的接零保护

2. 防雷保护接地

通信电缆在站外遭受直击雷或雷电感应时，雷电冲击电压和冲击电流将沿着电信线路进入电话站内，对通信设备造成危害。为了避免这种危害，在通信线路的入口处加装保护装置，将雷电冲击电流旁路入地，并将冲击电压限制在允许的范围内，这种保护方式就称为通信设备的防雷保护接地。

3. 屏蔽接地

程控用户交换机是弱电设备，极易受周围环境的电磁信号的干扰，造成交换机内的处理机运算出错；而通信电缆在高频磁场的作用下，护套和芯线上会感应出相当大的纵向电压，由于电缆的不对称性，这个纵向电压在芯线的终端就形成横向的杂音电压。为了避免由电磁信号而引起的干扰，采用屏蔽罩、屏蔽外壳或屏蔽网等屏蔽措施将屏蔽体与大地作良好的连接，这种保护措施称为屏蔽接地。

将所有线路或设备完全屏蔽起来，或是完全消除外界干扰都是不太可能的，但我们可以把屏蔽和其它的抑制措结合起来以达到消除干扰、降低噪声的目的。

第二节　接地系统的布置方式

一个有效的、可靠的低阻抗的电话站接地系统可以保证噪音的排出，提供事故电流或雷击电流的排出通道，减少维护人员的人身危险，等化所有连接电路的地参考点的电位等，因此接地系统的良好的组织能够确保其发挥其应有的作用。

一、接地方式

根据接地系统的连接方式，接地系统一般有两种布置方式，即星形接地方式和网形接地方式。

1. 星形接地方式

星形接地方式是从接地端子排开始，按星形分离辐射到程控用户交换机的工作接地上，然后由工作接地按星形分离辐射到每一个机柜上，机柜里按一点接地考虑，如图

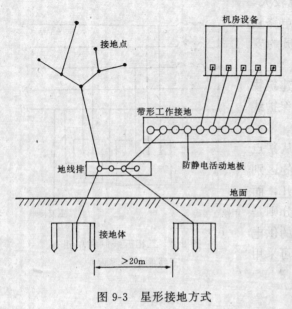

图 9-3 星形接地方式

9-3 所示。

这种接地分配系统按树干型或星形结构设置的方式，有效地防止了磁场敏感环路的形成，避免了噪声的引入。

在这种方式中，机房内的所有设备都以一点作为参考点，即所有的电子线路都接在这个接地参考点上，并通过接地线与建筑物的接地体相连。这种为电话站所有设备提供一个公共参考点的接地方式，虽然在机箱或辅助系统中，由于环流的存在而产生电压降，造成干扰，但由于其数值很小，尤其是在低频系统（如 10kHz～3MHz）中，不会严重影响信噪比，即使得电话站的通信质量不受地电流和电位差的影响，相比而言，对于通信设备而言，如以多点进行接地，就容易产生噪声。

星形接地方式的特点是：不同设备和不同接地点之间的接地引线的路由是分开的，可以尽可能避免造成回路间的耦合，减少环流。

2. 网形接地方式

网形接地方式是将不同设备和不同接地点的接地线，在很多点上互相连接起来的方式，这种接地方式要求有一个供系统使用的等电位地面，而在建筑物中，将在电气上搭接在一起的有稠密钢筋的地板、外墙和房柱，或者由稠密接地网组成的混凝土地板、房柱和设备机箱等连接在一起，就构成了等电位地面。

这种连接方式不会产生过大的电位差，减小了通信回路的干扰，同时在发生事故的情况下，维护人员可采取有效的保护措施。在有的电话站里实现网形布置更容易些，不致于因不同路由接地引线的随机连接而引起杂音。近年来，由于高层建筑不断增多，且多采用钢筋混凝土框架结构，在这种建筑物中，常利用钢筋作为避雷引下线。此时，建筑物内的交换机及各种通信设备，其工作接地和建筑物的防雷接地从电气上分开是很难的，有时甚至是不可能的，在这种情况下，多采用网形布置方式。

网形接地方式的布置方式如图 9-4 所示。

在这种接地方式中，以地线环作为基准零电位，由集中的接地装置的地线环开始，布放一条接地线至程控交换机机房的工作接地上，然后由工作接地布放到各机架的接地端子上，这时的工作接地为机房的接地系统的基准电位。为了减小各接地点的电位差，应将建筑物内各个接地设备妥善地连接，既要多点连接，又要保证分布均匀，而电话站内的所有的机柜和接地设备，通过最短的途经作良好的连接。

地线环一般安装在建筑物的地下室、电缆进线室或其它适当的地点，所有引进建筑物的电缆外皮、自来水管、下水管、暖气管以及建筑物的钢筋都连接至这个地线环上，通信设备的工作接地和电源设备、变压器的零线也连到这个地线环上。防雷接地与地线环也应尽可能在较多点上连接起来。

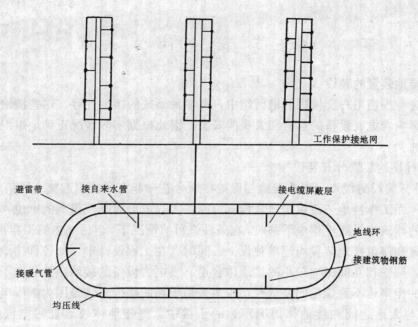

图 9-4　网形接地方式

二、接地的内容

电话站的接地主要有以下几个方面的内容：

1. 直流电源接地

程控用户交换机供电用的直流电源无特殊要求时宜采用正极接地的方式供电，这是设备工作回路所需要的，同时也具有旁路杂音干扰电流和串话电流的作用。

2. 机架等金属结构的接地

电话站的交流供配电设备、直流供配电设备的外露的金属部分接地，以防止设备带电导线的绝缘损坏而使外壳或框架上产生危险电压，以及可能由雷电或高电压的直击或感应而产生的过电压。

3. 总配线架的接地

总配线架的接地包括电缆走线架、保安器弹簧排、热线圈熔断告警信号的接地等。其作用是当外线遭受雷击或高压电力线的感应而出现过电压情况时，通过避雷器，利用总配线架上的地线将过电压引导入地，以避免交换设备被击毁。

4. 程控用户交换机机柜内机盘接地

这个接地给交换机提供一个基准零电位，起到工作稳定的作用。

5. 电缆屏蔽层的接地

电缆的金属屏蔽层必须可靠地接地，以防止雷电、高压输电线等引入的高压的影响，同时也具有抗干扰和防止外皮腐蚀的作用。

6. 分线箱与用户话机保安器的接地

作为电话线路的一部分，为了防止雷电感应或高压碰触的危险，分线箱和用户话机都必须安装保安器，而且保安器必须可靠地接地。

7. 防静电活动地板和 MDF 的接地。

第三节 接地的方法

一、接地装置的装设

在包含有程控用户交换机的电话站中，有多种形式的接地并存，这些接地如何组织与安装直接影响着电气设备的运行和人身的安全，因此根据实际情况正确地组织接地系统是非常重要的。

1. 各种接地装置分开装设

(1) 分开装设的优点　工作接地与保护接地合在一起有可能引起整个通信系统杂音水平的提高；而工作接地与防雷接地合设有可能在大气放电时呈现极高的电位，所以在非钢筋混凝土的建筑物里或单建电话站时，在条件许可的情况下，电话站内的工作接地装置、保护接地装置和避雷接地装置均应单独设立。同时，在工程设计中，如各种接地装置相互影响较大时，应使相互间影响较小的接地体合用。当电力设备的接地装置与电子设备的接地装置之间的距离达不到规定的要求时，也多采用单独的接地，这是因为散流电阻主要集中在接地体与大地之间和接地体周围不远的土壤中，离接地体较远处的电位波动就很小了。

(2) 各种接地装置间的距离　各种接地装置距离零电位点一般在 20m 左右，即实际的各接地体之间的距离最好在 40m 左右，但实际却行不通，它既不经济，又受场地的限制，因此一般要求在 20m 以上。在土壤的电阻率不大于 $100\Omega \cdot m$ 的情况下，还可以缩短到 $6\sim10m$，有时也采用人工土壤来降低电阻率。另外各种接地装置对地的绝缘的连接导体之间的耐压绝缘距离，在工作接地和保护接地中都安 500V 的条件来安装，同时接地装置与建筑物基础间的距离一般为 $3\sim5m$。

(3) 对接地的要求　工作接地应将两组并联使用，且两组接地装置间距为 20m，其接地电阻一般应相等或相差一倍，两组并联后的总电阻应符合规定。其接地系统按星形接地方式组织，且不得与广播站的工作接地合用，工作接地一般不利用自然接地体，如自来水管、暖气管及建筑物构件等。工作接地电阻一般为 4Ω。

对于保护接地，程控用户交换机要求采用 TN-S 系统进行接地保护，即采用单相三线或三相五线的保护接地方式。

2. 各种接地装置合并安装

(1) 合并安装的优点　合并安装时各个接地极是并联连接的，因此总的接地电阻减少，而且即使有某一个接地电极不起作用，还可由其他的接地极来补偿，大大地提高了接地的可靠性，且从经济的角度来讲，减少接地体的总根数，使接地系统简化，减少了接地工程的设备费用。

另外，在系统接地和低压设备的接地共用时，由于发生经地形成回路的短路，使电源一侧过电流保护在极短的时间里断路，消除了在低压设备上的接触电压，避免了在人触摸到绝缘降低的负载设备的金属外壳时，大电流流到人体上的危险。

(2) 适应的场合　当三类接地系统较为复杂时，由于各种随机因素，不同系统的接地线有可能处于实际上的连通状态时，此时再强调分开设置已毫无意义。另外对于那些使用场地面积较小，各种接地装置不能满足最小距离要求时，或者设备的机架、走线架等与建筑物钢筋间的绝缘距离不能满足要求时，也应采用合并装设的方式。

在高层和超高层建筑中，一般都将各种接地装置合并装设，其接地电阻不应大于1Ω。

二、接地系统的组织

程控用户交换机的接地和一般的弱电系统的接地一样，都采用一点接地的方式，这主要是由于信号都是低电平，易受电磁波的干扰，而采用一点接地可使所有的设备处于同一零电位，避免由于接地电位差而窜入交流杂波的干扰。一点接地系统的组织形式如图9-5所示。

1. 接地汇集点

接地汇集点又称系统接地点或总地线排，它是第一级节点，一般由铜板制成。它可以设置在地线连接点上，也可以

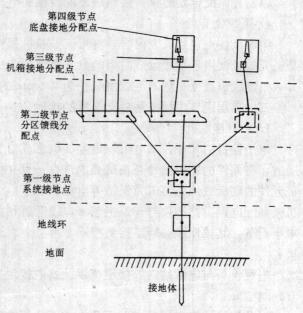

图 9-5 接地系统的组织

设置在其他的地方，前者通过从接地系统引出的铜辫连接到这块铜板上，而后者则通过一定规格的馈线与接地系统连接，而且这馈线直径至少为 6.55mm 的铜板。在某些场合，如有噪声的地方，接地线应设置在铁管内，如系统接地点或总地线排的铜板要装设在防止射频干扰的屏蔽箱内，馈线管道直接连接在箱子上。屏蔽箱与该铜板连接，并与任何金属结构或混凝土绝缘。

2. 第二级节点

第二级节点一般由铜板或者采用母线的形式安装在需要连接的设备附近，并从该接点用馈线向第三级节点作辐射连接，这些馈线的最小规格为线径 6.55mm 的铜线或其他相当规格的馈线。如果系统处于易受干扰的范围内，该级接点的铜板必须包封在抗射频干扰的屏蔽箱内，同时第三级的馈线必须穿放在绝缘的铁管内。而对于占用范围较大且对噪声不太敏感的系统，可以用树干或汇流条代替铜板作为第二级节点。汇流条的截面积为 51mm×7mm，它的边棱要光滑，以免尖锐的边角产生辐射，汇流条应用绝缘子固定在安装结构上。

3. 第三级节点

电子设备的外壳、机架内的接地螺栓是第三级节点，在一般情况下，接地螺栓设置在机壳的底部，以便于从底部连接馈线；或设在顶部的面板上，以便于从顶部连接馈线。一般用直径为 10mm 的接地螺栓直接栓固或焊在机箱结构的底部或顶部。该级节点与其他设备的连接有如下的要求：

(1) 连接到第四级节点时用 4mm 铜线；

(2) 连接到机壳或机架内电源插座的接地端子上和连接到移动式测试仪表电源插座的接地端子上用线径为 2.5mm 的铜线；

(3) 如需连接到相邻的机壳上，则使用 7mm 线径的绝缘铜绞线；

（4）直流配电盘的保护接地线不能连接到电源或插座的接地端子上。

4．第四级节点

第四级接点包括机壳内的垂直汇流条和机架旁侧的接地线，汇流条、接地线或接地片是机壳或机架内各个底盘或面板的参考接地面。

第四级节点至底盘的连线用线径为 2.5mm 的多股绝缘铜线。

三、高层建筑中程控用户交换机的接地

1．共用接地极

电子设备的元件，如电阻、电容、电感或由变压器等与机壳之间的杂散电容是各不相同的，将元件的底板或外壳在机壳内连在一点并接地，以便使杂散电容短路，这样可以保证元件的底板或外壳与机壳保持等电位。对于电话站来说，其内部所有的设备机架、电源机架和配电设备都必须与建筑钢筋、电缆管道和各种导管绝缘，以保证外界电流不致进入电子设备，其接地线必须连接到接地参考点上。这种采用一个接地点的方式称为共用接地极。

电气设备与电话站内的接地排以及站内接地排与楼层接地排之间的连接线的总长度不宜超过 22m。

对共用接地极来说，有以下几个方面的要求应该满足：

(1)所有交流管道都必须通过楼层接地排再进入程控用户交换机电话站内的电子设备。为了保证接地点是唯一的，这些管道都必须与电子设备绝缘；

（2）共用的电源设备要连接到同一楼层的楼层接地排上；

（3）单点接地必须在每一楼层内，供所有设备的绝缘机架使用；

（4）为了便于从机架内引出接地线，可以采用特殊的绝缘接地插座，绝缘接地线连接至插座上，从而保持接地参考点。

2．高层建筑物共用接地极的优点

现代建筑尤其是高层建筑，多是利用建筑物的钢筋混凝土的钢筋作为接地体，或是利用给排水用的金属管道作为自然接地体，其地网的覆盖面积是相当可观的，在相同的土质条件，可得到比其它接地方式低得多的接地电阻，使得总的接地电阻降到 1Ω 以下成为可能，且因整个建筑物柱桩内的主筋和副筋较多，分流效果很显著，这时降低大楼因雷击和高压故障所引起的地电位升高，对抑制干扰非常有利。

当高层建筑的防雷设计采用建筑物内的钢筋作防雷系统接地时，如果楼内通信设备的接地系统在地上和地下与钢筋互不连通，此时大楼若遭受雷击，两者之间形成很高的瞬时冲击电位差，危及人身和设备的安全。程控用户交换机的电话站的接地采用大楼的联合接地方式，这比分设接地方式对人身和设备的安全保障更为有利，这主要是因为大楼的联合接地系统把整个建筑物的钢筋和楼内其他金属体，以及大楼避雷装置和基础地网相互焊成一个整体，构成一个大型的金属网笼，对于雷电侵害，金属网笼可以起到均压和屏蔽两种作用。

3．共用接地系统的设计考虑

（1）程控用户交换机可与下列接地系统共用接地极：

①设备接地；

②计算机机壳接地；

146

③计算机电源滤波器接地；

④计算机信号用接地。

在下列情况下，程控用户交换机接地可与系统接地和避雷接地共用接地极：

①综合接地电阻<100/一根线的接地电阻；

②各层楼的设备与构造体的接地线必须使用粗的软铜线，并尽可能短距离敷设；

③出入大楼的电路，如通信线路在其出入口处安装保护装置并与构造体实行接地连接；

④构造体接地时，接地线必须完全焊接。

（2）供电线路引入方式　高层建筑的供电多采用埋地金属外皮电缆引入方式，而尽可能不采用架空线供电方式。这主要是因为，当建筑物接闪时，雷电流通过共用接地系统进入地中，建筑物内的设备要承受很高的纵向电压，这个高压有时可达 150kV，远远超过了安全电压，所以说，在电话站的接地与防雷接地共用接地装置时，采用架空线供电方式是很不安全的，而采用埋地金属外皮电缆引入方式，埋地电缆的金属外皮直接与土壤接触，建筑物接闪时导入地中的雷电流的一部分通过金属外皮向地中流散（电缆进户端金属外皮与总地线排或汇集环相连接）；同时由于电缆外皮上的屏蔽作用，外部电磁场在电缆芯线与金属护层之间没有感应电压存在。虽然芯线和护套之间将呈现冲击电压，不过它产生的纵向冲击电压比架空线时的冲击电压大大降低，可以避免设备反击。

（3）设计考虑

1）程控用户交换机房接地设计要点

①接地装置采用共用接地极　共用接地网应满足接地电阻、接触电压和跨步电压的要求；机房的保护接地采用单相三线制或三相五线制的接地方式。

②围绕机房敷设环形接地母线　环形接地母线作为第二级节点，按一点接地原则，程控交换机的机架和机箱的分配点为第三级节点，第四级节点是底盘或面板上的接地分配点，第三级接点的接地引线直接焊接至环形接地母线上。与第三级节点绝缘的机房内各种电缆的金属外壳和不带电的金属部件，如各种金属管道、金属门框、金属支架、走线架及滤波器等均应以最短的距离与环形母线相连，环形母线与接地网多点相连。

③在电话站内还应设置直流地线　电话站内设备的接地引线应采用铜导线，以减少高频电阻，直流接地线一般采用 $120 \times 0.35 \text{mm}^2$ 的紫铜带敷设。

2）地线环的设置　地线环又称为地线汇集环，一般按装在建筑物的地下室内，在钢筋混凝土建筑中，钢筋和地线环每隔 5～10mm 连接一次。

当建筑物的地下基础部分采用防水措施处理能起到绝缘作用时，就不能利用基础内的钢筋作为接地体，而应利用外设的闭合环路接地装置作为大楼的接地体。这种室外环形接地系统一般由埋在建筑物周围的镀锡裸铜线和与其连接的一组接地棒做成。环形导线的埋深应大于 0.5m，与建筑物的基础之间的间距应大于 0.6m，垂直接地体要用热熔焊接法搭接在环形导线上，然后用多股铜芯软线引入建筑物，并与室内的接地母线连接，在地线环每隔 5～10m 处和建筑中的钢筋连接一次。

地线环和接地体、建筑物基础内的钢筋、所有进入大楼内的电缆外皮、管道以及大楼内各部分的接地分配系统的连线比较容易且安全；引入大楼内电话站的电缆外皮和各种管线，如自来水管、暖气管等，在大地散布的电磁场的影响下，会引进 50Hz 或其他频率的电流经交换机入地，此时由电缆外皮和综合管线流向电话站方向的电流，在未进入通信设备之前就排泄入地。这种地线环可以减少对通信的干扰。

3）楼层接地排设置要求

所有需要接地的设备必须围绕在以楼层接地排为中心的 370m² 范围内，接地引线终端在引出设备的楼层上，且在通过墙壁、楼板或天花板时，须采用非金属套管保护并将导线绝缘；楼层接地排不能压在电缆走线架下面，在楼层的任何方向超过 60m 时，应设置第二块总地线排和垂直引上地线，两条主干垂直引上地线在最低层和最高层，以及每隔三层楼的楼层接地排之间应用绝缘胶线互相连接；主干垂直引上地线和至楼层接地线的终线必须包封或用管道时，应使用非金属材料。

当楼房被通道或墙壁分割，且每一部分有单独的水管系统和电源设备时，应在各部分单独设有主干垂直引上地线。

4）主干引上地线　主干引上地线是一条绝缘胶线，连接至大楼底层的总地线排或地线环上，每层楼用绝缘胶线将主干引上地线与楼层接地排相连接，每层楼上的所有设备都要连接到本层的楼层接地排上。在新建的钢框架结构建筑内，建筑时要在钢筋上终接一根绝缘胶线，直接通过最短路径连接到主干接地汇流条上或将主干接地汇流条永久性地熔接在建筑钢筋预先规定的位置上。

四、接地电阻

在电话站中，程控用户交换机的接地电阻不应大于 5Ω，直流供电的通信设备的接地电阻应不大于 15Ω，而交流或交、直流两用的通信设备当其单相负荷不大于 0.5kVA 时其接地电阻应不大于 10Ω，而当其单相负荷大于 0.5kVA 时其接地电阻应不大于 4Ω；在各种接地装置分开设置的情况下，接地电阻一般取 2～10Ω，在各种接地装置合并设置时，接地电阻应不大于 1Ω。

第十章 用户线路

第一节 电缆接续设备

市话线路网的构成如图 10-1 所示，从电信局的总配线架到用户终端设备的电信线路称为用户线路。在用户线路中，既有为用户所使用的终端设备，如电话机、传真机等，也有连接用户终端设备和局内设备的各种电缆和软线，同时也有实现各式电缆或软线接口的各种电缆接续设备，如交接箱、分线箱和分线盒等。

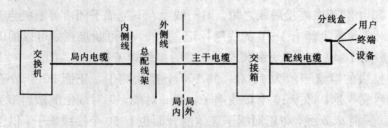

图 10-1 电话网路构成

在市话通信网路中，用户和用户间、局与局之间的通信联系一般是由电缆线路来连通的，这种直接为用户通话服务的电缆被称为用户电缆，而连接在两个局之间的电缆被称为局间中继电缆。

对用户电路来说，它主要由主干电缆和配线电缆两部分组成，主干电缆又称馈线电缆，是由电话局总配线架（MDF）引出的电缆，主干电缆并不直接联系用户，而是通过交接箱连接配线电缆；配线电缆是根据用户分布情况，按照一定的技术要求，将其芯线分配到每个分线设备内；再由分线设备通过用户引入线接到用户终端设备（如用户话机、传真机）上。

一、交接箱

交接箱是设置在用户线路中的主干电缆和配线电缆的接口装置，主干电缆线对可在交接箱内与任意的配线电缆线对相连接。

1. 交接箱的分类

交接箱的技术发展主要体现在接线成端技术的发展和改进上，因此按其技术发展进程，交接箱可分为如下几类：

（1）螺纹接线柱式　在使用纸绝缘电缆时，交接箱内端子采用螺纹接线柱，端子排后面的进线腔则使用绝缘材料进行胶封。这种接线柱式的缺点是在潮湿的条件下易出故障，端子易锈蚀。

（2）无端子式　这种接线方式在交接箱内设有定位穿线板，用接线子把主干线和配线连接起来。其缺点是：接线子成串，接线混乱，线序辨认困难。而且箱内没有芯线测试点，致使障碍查修困难，现在已被逐步淘汰。

（3）卡接模块式　将卡接簧片组成端子排（卡接模块），电缆和跳线都在端子排正面，接续方便迅速，结构紧凑，且能重复使用。在模块的电缆成端簧片和跳线簧片间有静合接点，可插入插塞进行线路测试。

（4）旋转卡接模块式　它是在卡接模块的基础上将卡接簧片做成管状，卡接 U 形槽沿周边设置，接线对只需要用普通解锥旋动套在管状簧外面的塑料罩壳就可完成接线操作，克服了卡接模块需要专用工具才能进行接续的缺点。

2. 交接箱的构造

交接箱主要是由接线模块、箱架结构和机箱组装而成。虽然各厂家的产品很多，但其结构、型式大同小异。

（1）接线模块　螺纹接线柱式端子排已属过时不用的技术，无端子式也只是一种过渡的形式，现在被广泛使用的交接箱的接线模块一般有卡接模块和旋转卡接模块两种形式。卡接模块的容量一般为 10 对，有 40 个接线端子分两排横向排列，下排 20 个接线端子用作电缆成端，上排 20 个端子供连接跳线之用。同一线上、下排端子间由可断接点互相连接。模块上各对线的对应位置上印有 1～0 的线序标记。另外，在可断接点处可以插入测试插塞或保安单元。一般用 10 块卡接模块组装成 100 对的接线端子排。

旋转卡接模块的容量一般为 25 对，共 100 个接线端子，正面 50 个端子供连接跳线之用，分别排列成 5 排，每排 10 个接线端子，即 5 对线，每对线上的塑料罩壳分为红、白两种颜色，用以区别 a、b 线，与正面端子连体的背面也有 50 个接线端子，供连接成端电缆之用，其端子上的塑料罩壳则按电缆色谱配置，其线对号与对应的端子的色谱如表 10-1 所示。

接线端子的色谱 表 10-1

线对号	1	2	3	4	5	6	7	8	9	10	11	12	13	14	15	16	17	18	19	20	21	22	23	24	25
a 线	白					红					黑					黄					紫				
b 线	蓝	桔	绿	棕	灰	蓝	桔	绿	棕	灰	蓝	桔	绿	棕	灰	蓝	桔	绿	棕	灰	蓝	桔	绿	棕	灰

将 4 个 25 线对模块组装成 100 对的接线排，排的两端贴有 1～5，6～10，…，21～25，…，96～100 字样的线序标签。

无论是卡接簧片，还是旋转卡接管状簧片的表面均涂有某种镀层保护（隔离）剂。

（2）箱架结构　箱架的主要作用在于支撑和固定成端电缆和接线排，有型材拼焊和钢板冲裁变型两种制造方式，由于后者在加工时机械化程度高，且表面涂覆时易于实现流水作业，故成品中以钢板冲裁变形为主。接线排在箱内的排列一般是每列装 2～4 个 100 对的接线排，每箱有 2～5 列，构成 400、600、900、1200、1600、2000、2500 对容量序列的交接箱；对于大容量的交接箱则做成前后开门、两面都可安装接线排的双面交接箱，交接箱中间的板形箱架上留有跳线孔，同时为了成端制作的方便，接线排多安装在能左右翻转的支架上。

箱架上装有供绑扎成端用的支铁、跳线环、固定气门嘴或气压表的支架以及接地螺栓等。

交接箱的内部结构应满足下列几个方面的要求：

有足够的孔洞，以方便引入主干电缆和配线电缆；

箱内模块的安排应合理，并留有足够的档距，以便于跳线操作；穿线环应有足够的机械强度，确保跳线穿放；

安装好接地端子，确保电缆接地可靠。

（3）箱体 箱体的主要作用是要保护箱内的设施，使之免受外界伤害，它除了要有足够的机械强度外，还要依靠箱门边缘设有的防水橡皮条防止雨水的侵入；依靠底座电缆进出口的防潮橡塑堵板防止管道内的潮气进入箱内；通过箱体上设有的通风孔使得箱内的空气与箱外流通。

箱门上设有存放线序资料的壁盒和门锁，机箱还应设有起重耳环。

箱体的构造有型材板金方形箱体、板金椭圆形箱体和玻璃钢模压机箱三种。型材板金方形箱体是以型材作为框架，再用薄钢板包覆，经铆焊成型，一般把这种构成形式称为方箱体，这种方箱体在制作过程中机械化程度不高，它一般用在非标准、小批量的产品中；板金椭圆形箱体完全用板材经剪裁、拉伸、冲压制成，具有较大的弧度圆角，一般把它称为椭圆形箱体。由于它的机械化程度高，产品的质量和一致性能够得到保证，所以这种箱体是一种优选品种，另外椭圆形机箱及其箱架结构的材料一般为冷轧薄钢板，也有采用不锈钢板制造的产品，它较为适应潮湿地区的需要；另一种机箱为玻璃钢模压机箱，其各部件一次成型，不用表面涂覆，不会受到潮湿和大气污染的腐蚀，玻璃钢模压机箱除了能保证箱体的机械强度外，还具有较好的抗老化性能，能够在长期的使用中不致因爆晒和气温变化而老化、剥落、开裂甚至变形或严重失色，同时玻璃钢材料还具有较好的阻燃性能。

3．交接箱的性能要求

交接箱是用户配线电缆的集中点，几乎每一个通信连接都要通过它，因此交接箱的性能和可靠性是确保通信畅通无阻的质量保证，通信主管部门已颁布了有关行业标准和检测方法，以确保通信应有的质量水平。

（1）外观检查 外观检查采用目视的方法，要求箱体外观垂直、平整、无裂纹、锈蚀和机械损伤，在箱体的正面应有注册商标，箱体内的模块也应有注册商标或制造厂家的标志。

（2）电气性能

1）绝缘电阻 在温度为 15～35℃，相对湿度为 45%～75%，气压为 86～106kPa 的标准大气条件下和环境试验后，接线模块的任意两端子之间及任一端子与接地点之间的绝缘电阻不得小于 $5 \times 10^4 M\Omega$

2）耐压 在标准大气条件和环境试验后，接线模块的任意两端之间及任一端子与接地点之间，在接通 500V 交流电压时，一分钟内应无击穿和飞弧现象。

3）接触电阻 引线与接线端子之间的接触电阻，在标准大气条件下，不得大于 3mΩ，环境试验及机械寿命试验后增值不得大于 2mΩ；接线端子可断簧片处的接触电阻，在标准大气条件下不得大于 20mΩ；环境试验后增值不得大于 3mΩ，机械寿命试验后增值不得大于 10mΩ。

（3）环境试验

1）低温试验　样品在−55℃的条件下经受 16h 的试验后，其绝缘电阻、耐压、接触电阻应符合上面所列的各项要求。

2）高温试验　样品在 55℃的条件下经受 16h 的试验后，其绝缘电阻、耐压、接触电阻应符合上面所列的各项要求。

3）湿热试验　样品在温度 40±2℃、相对湿度 90%～95%的湿热条件下经受六天的试验，其绝缘电阻、耐压和接触电阻应符合上面所列的要求。

4）振动试验　样品在三个相互垂直的安装方向上能经受频率为 10～150Hz、加速度为 50m/s^2（或相应位移）、持续时间为每轴线 30min 的振动后，无电接触破坏和机械损伤，其耐压、接触电阻应符合上列的要求。模块上的接线端子与引线的拉脱力应符合表 10-2 的要求。

拉 脱 力　　　　表 10-2

引线线径（mm）	最小拉脱力（N）
0.32	15
0.4	24
0.5	38
0.6	52
0.8	96

4）运输试验　包装好的样品经过运输试验后，打开包装检查，不应出现紧固件松脱、箱体的漆膜损坏等现象。其试验条件是在三级公路的中级路面上，以每小时 30±10km 的速度行驶，距离不少于 250km。三级公路的中级路面指碎石路面、不整齐的石块路面或其它的粒料路面。

（4）机械物理性能

1）接线端子与引线拉脱力　接线端子与引线拉脱力应大于表 10-2 的要求。

2）非金属材料的燃烧性能　箱体及接线模块采用非金属材料时，非金属材料的燃烧性能应符合 GB4609 中规定的 FV-0 级的要求，表 10-3 列出了 FV-0 级的要求。

试 样 燃 烧 行 为　　　　表 10-3

试样燃烧行为	级别 FV-0
每个试样每次施加火焰离火后，有焰燃烧时间不大于	10s
每组 5 个试样施加 10 次火焰离火后，有焰燃烧时间的总和不大于	50s
每个试样第二次施加火焰离火后，无焰燃烧时间不大于	30s
每个试样有焰燃烧或无焰燃烧蔓延到夹具的现象	无
每个试样滴落物引燃医用脱脂棉现象	无

3）机械寿命　接线模块的卡接簧片和可断簧片的重复使用次数不得低于 200 次；卡接 200 次以后，接触电阻的增值在引线与接线端子间不大于 2mΩ，在可断簧片处不大于 10mΩ。旋转卡接模块的塑料帽，正常使用次数应大于 50 次。

（5）箱体的受载性能　箱体在图 10-2 所示的三个方向受载的最低负荷应符合表 10-4 的规定。

受 载 负 荷	表 10-4	
负荷名称	负荷类型	最低负荷值（N）
壳盖负荷	1	980
侧表面负荷	2	400
支承负荷（门绞链负荷）	3	200

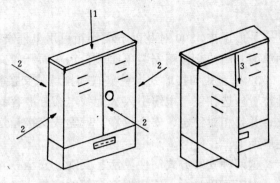

图 10-2　箱体的受载方向

（6）箱体的密封性能

防尘：不能完全防止尘埃进入，但进入量不能达到妨碍设备正常运转的程度。主要是看箱门、百叶窗、进线孔、排气孔等处是否有防尘措施。

防淋水：与垂直成 60°角的范围内的淋水应有无害影响。

（7）箱门

箱门及门锁应开启灵活、可靠。箱门开启角度应大于或等于 120°。

（8）防腐性能

1）外壳　采用金属材料制造的箱体外壳，必须喷塑或用油漆涂覆，涂膜外观色泽应均匀、光滑平整、附着牢固，不存在挂流抓痕、露底、气泡及发白等现象。外表面没有超过直径为 1mm 的颗粒杂质，或长度大于 3mm 纤维状杂质 2 个，内表面不允许有超过直径 1mm 的颗粒杂质，或长度大于 3mm 纤维状杂质 4 个。

2）螺钉、螺母和平垫圈　螺钉、螺母和平垫圈应采用标准件，而且应经过镀锌处理，能适应一般的环境条件（即城市的室外条件或可产生冷凝作用的室内条件）。

3）接线子及接线模块内的卡接簧片　簧片必须采用青铜制造，并具有导电防护性能的镀层及经过氧化处理。

4. 交接箱的安装

（1）安装方式　交接箱的安装方式有落地式、架空式、壁龛式和挂墙式四种。

1）落地式　根据安装的位置，落地式安装又可分为室内落地式和室外落地式两种方式，这两种安装方式适用于主干电缆、配线电缆都是地下敷设或主干电缆是地下、配线电缆是架空的情况。

室外落地式交接箱应安装在混凝土基座上，箱体与基座应使用地脚螺丝连接牢固，缝隙用水泥砂浆封堵并抹成斜坡，基座与人（手）孔之间宜用管道连接。

室内落地式交接箱一般由室外人（手）孔用管道进入室内后改成电缆槽道，如果房间是电信专用，安全、防尘条件均较好时，可以不装箱体外壳，只需要用地脚螺丝将箱架结构固定在地面上并适当加固即可，或者设立专用的机架，将接线端子排装上去。

由于冬季室外温度较管道内的温度低，管道和人孔内的温湿气体源源不断地进入交接箱，就会在箱内结露，甚至形成冰凝。春天化冻时，冰水还会沿着成端进入电缆，以致造成水患，因此落地式交接箱应严格隔潮，穿电缆的管口缝隙和空管孔的上下口及交接箱底板进、出电缆的缝隙均应严密封堵，以杜绝管道内的潮气进入交接箱内。

2）架空式　架空交接箱适用于主干电缆和配线电缆都是架空杆路敷设的情况，它一般安装于电信杆上。

153

一般说来，300 对及以下交接箱可用单杆安装，600 对及以上交接箱安装在 H 杆上，其中单面开门的交接箱安装单面站台，双面开门交接箱安装双面站台。

3）壁龛式和挂墙式　壁龛式和挂墙式交接箱宜用在以挂墙电缆为主的配线区内，其安装位置应选在主干电缆引入、配线电缆分散容易的建筑物墙面上，且此墙面要求牢固、平整，并且相对稳定、安全可靠。壁龛式交接箱是嵌入在墙体内的孔洞中，而挂墙式则依附在墙面上。

这两种安装方式简便灵活、美观、安全，同时也解决了交接箱内的防潮问题。

在工程设计中，应根据交接箱的容量、未来的线路发展和周围的环境合理地选用交接箱的安装方式，对于容量较大而有又相对稳定的地区，则应选用室内落地式的安装方式，即交接间方式，这种安装方式把交接箱或交接架安装在室内，一方面可以避免人为损坏，给维护管理创造了条件，由于处在室内，可以只装交接架，节省箱体的费用；另一方面便于今后添加复用设备，以满足主干电缆线对紧张的缺点，或者为光缆代替铜缆创造了条件。而对于小容量的交接设备，则应根据周围的环境选择易于深入用户中心、安装简便的安装方式。

4）箱体接地　在各种安装方式中都应考虑交接箱的金属箱体和箱架结构的接地，接地体埋在交接箱附近的土壤中，用引线与箱内的接地螺钉连接，接地电阻应不超过 10Ω。

（2）安装位置　如果交接箱装在交接区的线路网中心，就会使总的线对长度最小，因此交接区的线路网中心就是交接箱的理想最佳位置。

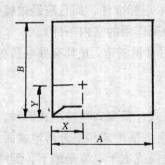

图 10-3　交接区线路网中心

设有一交接区如图 10-3 所示，假定分线点在交接区内是均匀分布的，且有

$$C_2 = kC_1$$

式中　C_1——主干电缆的容量；

C_2——配线电缆的容量；

k——配线与主干电缆的比例系数，它一般取值为 1.5～2 之间。

当 $X = A/2(1-1/k)$、$Y = B/2(1-1/k)$ 时线路的总长度最小，即 $X = 0.17 - 0.25A$、$Y = 0.17 - 0.25B$ 是交接区的线路网中心，这点位于该区主干线入口处并深入区内约 1/4～1/5 的地方。

根据对线路网中心的分析，交接箱的安装地点一般应靠近交接区入口处的第一个分支路口，它通常也是配线电缆的交汇处。当交接箱的理想位置在建筑物附近时，宜将交接箱设在建筑物的底层或干燥的地下室内便于上线的地方。对于有用户交换机的大型用户，可以扩装用户配线架作为交接之用。

在建筑设计中，应预先规划好交接间或交接箱的位置，对已建好的建筑物，交接箱应选择在公共建筑设施内安装。在下列地点不宜设置交接箱：

公共建筑（影剧院、消防队、停车场）与一般建筑间的主要通道；

电力高压走廊和电磁干扰严重的地方；

高温、高压、腐蚀严重和易燃、易爆建筑物附近及严重影响交接箱安全的地方；

易于淹没的洼地等地理条件不适宜安装交接箱的地方；

建筑物正面有碍观瞻的地方。

总之，建筑物内应尽量选用交接间，把通信设备安装在室内，为维护、管理和提高通信质量创造了条件。

(3) 安装容量　交接箱容量是指进、出接线端子的总对数。行业标准规定，交接箱的容量系列为 150、300、600、900、1200、1800、2400、3000、3600 对等规格。

在线路工程中，交接箱的容量应根据远期进入交接箱的主干电缆、配线电缆、箱间联络电缆和其它需要进入交接箱的电缆总对数结合交接箱的容量系列来确定，为防止意想不到的变化，交接箱的安装容量还应预留 100～200 对的接线模块。在计算远期的各种电缆线对时，远期的主干电缆使用率应按 90％计算，配线电缆的使用率按 70％计算，交接箱的容量选择见表 10-5。

交接箱的容量选择 表 10-5

类　别	容　量 （对）	主干电缆容量 （对）	配线电缆容量 （对）	配　线　比	终期收容线对
室内落地式 （交接间）	600	250	350	1：1.40	225
	900	350	550	1：1.57	360
	1200	500	700	1：1.40	450
	1800	700	1100	1：1.57	630
	2400	1000	1400	1：1.40	900
	3200	1300	1900	1：1.46	1170
	3600	1500	2100	1：1.40	1350
室外落地式 （单面）	600	250	350	1：1.40	225
	900	350	550	1：1.57	360
	1200	500	700	1：1.40	450
室外落地式 （双面）	1800	700	1100	1：1.57	630
	2400	1000	1400	1：1.40	900
	3600	1300	1900	1：1.46	1170
壁龛式 挂墙式	600	250	350	1：1.40	225
	900	350	550	1：1.57	360
	1200	500	700	1：1.40	450
	1500	600	900	1：1.50	540
	2000	800	1200	1：1.50	720

有端子交接箱的接线端子排可以分期设置，其初装容量应满足近期需要并留有适当余量，这种推迟交接箱的部分投资的方法是可取的。

有的地方为了节省交接箱的费用而缩小交接箱的容量,这将使得交接区没有发展余地,造成以后扩容困难。也有的地方,片面追求交接箱的初期利用率而扩大交接区的范围,致使配线电缆的长度加大,所有这些做法都影响网路的稳定性,在经济上也是很不合算的。

5. 交接箱的选用

交接箱的选择除了容量的选择、安装方式的选择外,还有接线模块和箱体的选择。

(1) 接线模块的选择 常用的交接箱内的接线模块大致有螺旋接线柱式、无端子、卡接式、旋转卡接式和插拔式五种。

无端子交接箱内接线子成串,线对混乱辨认困难,维护管理不便,已趋淘汰;卡接式模块必须用专用工具(卡线刀)操作,对防尘、防潮、密封性能要求高,实际应用中易出故障;旋转式用普通工具旋凿操作,很简便,且接线柱密封在塑料管内,防潮、防尘性能好,较无端子、卡接式模块有明显的优越性,是目前国内优选的一种交接箱。另外,插拔式接线模块是近年来出现的一种很理想的接线模块,它是用手把塑料板拔出,线对穿入孔内,用手将塑料板撅进去,心线被簧片刺破绝缘层,把导线连通,它不需要任何操作工具,明显地优于旋转式接线模块,且密封、防潮、防尘性能更加完善。

(2) 箱体的选择 交接箱的箱体决定交接箱的使用寿命,一般要求其使用寿命在 20 年以上,目前交接箱的壳体使用的材料有金属板材、不锈钢板材和玻璃钢等。箱体的选择应注意以下几个方面:

外壳应能拆卸,即箱体外壳受到腐蚀或外界损伤,应能拆下来调换新的外壳;

金属板材应能镀锌,以增强其防腐蚀能力,外面再静电喷塑或油漆涂覆;

交接箱的连接件均应采用不锈钢件;

密封条粘接牢固,使交接箱的密封性能好,确保防尘、防潮和防止雨水浸入;

门锁牢固,且开启灵活方便。

(3) 交接箱的型号和规格

1) 规格 根据进、出线对的总数量,交接箱的容量有 150、300、600、900、1200、1800、2400、2700、3000 和 3600 对等规格。

2) 型号 无端子交接箱的型号构成:

XF5—A/B D

XF5——表示通信电缆交接箱;

A——表示进线线对数;

B——表示出线线对数;

D——箱型代号。

Z:窄 K:宽 G:高

卡接式交接箱的型号构成:

XF5 ab — c

XF5——表示通信电缆交接箱;

ab——表示产品的顺序号;

c ——阿拉伯数字,表示总容量。

如:XF590-3600 表示总容量为 3600 对的通信电缆交接箱,90 为该产品的设计序号。表10-6 给出了无端子交接箱和卡接式交接箱的型号及规格:

类型	型　号	外形尺寸（mm）（高×宽×深）	类型	型　号	外形尺寸（mm）（高×宽×深）
无端子交接箱	XF5-300/300Z	1400×660×240	卡接式交接箱	XF523Dd-300	835×680×200
	XF5-400/400Z	1400×660×240		XF523Dd-400	980×680×810
	XF5-600/600K	1400×1200×240		XF523Dd-600	1210×680×310
	XF5-800/800K	1400×1200×240		XF523Dd-900	1210×940×310
	XF5-1200/1200G	2000×1200×240		XF523Dd-1200	1490×940×310
	XF5-1600/1600K	2000×1200×240		XF523Dd-1600	1490×1200×310
卡接式交接箱	XF523Dt-300	876×667×290		XF523Ds-400	930×680×436
	XF523Dt-400	1016×667×290		XF523Ds-600	1210×680×436
	XF523Dt-600	1297×667×290		XF523Ds-900	1210×940×436
	XF523Dt-900	1297×927×290		XF523Ds-1200	1490×940×436
	XF523Dt-1200	1578×927×290		XF523Ds-1600	1490×1200×436
	XF523Dt-1600 .	1578×1187×290		XF523Ds-2500	1770×1460×436

二、分线箱与分线盒

电话分线设备是用来承接配线架或上级分线设备来的电缆并将其分别馈给各个电话出线盒（座），是在配线电缆的分线点所使用的设备。常用的分线设备有分线盒和分线箱两种。

1. 分线箱

分线箱和分线盒的主要区别在于分线箱带有保安装置而分线盒没有，因此分线箱主要用在用户引入线为明线的情况下，由于保安器的作用以防止雷电或其它高压从明线进入电缆。

目前常用的分线箱有如下几种：

（1）WFB-1 型室外电缆保安分线箱　该产品是上海沪新电讯器材厂生产的用于连接架空电缆或地下电缆与用户引入线之间，作保安分线之用。金属避雷器及熔丝管全部装在绝缘瓷板上，有金属罩壳，有良好的防水性能。有关的技术数据：

工作环境：温度　20±5℃，相对湿度　80%

熔断电流：不大于 6A，10s

金属放电器飞弧电压：720~1050V（交流）

绝缘电阻：100MΩ　以上

耐压试验：能承受 50Hz 1000V 交流电压，一分钟无击穿及表面飞弧现象外型规格尺寸见表 10-7。

（2）XF601 型室外圆形分线箱　南京红卫电讯器材厂生产的这种分线箱适用于电缆和

架线之间作保安分线连接之用，防止危险电压及危险电流，起防护作用。它可用 16mm 穿钉安装在木杆上，具有防水性能，在每回线上有管式熔丝管二只和避雷器二只，装在电瓷板上，有关技术数据如下：

负荷电流：最大为 3A

熔断电流：4.5～6A，在 10s 内熔断

放电电压：交流峰值 700～1050V，避雷器在 10s 内放电

绝缘电阻：温度 20±5℃，相对湿度 75±5%时不小于 5MΩ，在相对湿度 81%～90%的箱内放置 48h，取出揩干后应不小于 20MΩ。

耐压强度：能耐 500V 直流电压半分钟

接地电阻：多孔铁板与地线螺钉间的电阻小于 1Ω。

有关规格数据列于表 10-7 中。

分 线 箱 规 格 　　　　　　　　表 10-7

型　　号	容　　量	长×宽×高（mm）	重量（kg）
XF-601-10	10	200×185×400	7
XF-601-20	20	200×185×580	8
XF-601-30	30	310×290×600	16
XF-601-50	50	310×290×750	18
WFB-12	10	175×98×340	4.5
WFB-22	20	175×98×490	6.5
WFB-32	30	175×98×640	8.5

2. 分线盒

分线盒是用在用户引入线为皮线或小对数电缆等不大可能有强电流流入电缆的情况下，其安装位置有室内和室外两种。

（1）NF-1 型室内分线盒　上海沪新电讯器材厂生产的 NF-1 型室内分线盒用来连接进户电缆和室内配线，也可作分线、跳线之用，规格尺寸列于表 10-8 中。

分 线 盒 规 格 　　　　　　　　表 10-8

型　　号	容　　量	长×宽×高（mm）	重量（kg）
NF-1-5	5	185×182×67	
NF-1-10	10	255×182×67	
NF-1-20	20	409×182×67	
NF-1-30	30	493×182×67	
NF-1-50	50	563×312×67	
WF-1-10	10	190×146×86	1.5
WF-1-20	20	294×170×103	3.5
WF-1-30	30	405×206×132	5.2

其工作环境为 20±5℃，相对湿度不超过 80%，绝缘电阻不小于 500MΩ，以工频交流电压 500V 试验一分钟能保证绝缘完好。

（2）WF-1 型室外电缆分线盒　上海沪新电讯器材厂生产的 WF-1 型室外电缆分线盒主要用于室外架空线或地下的通讯电缆与用户引入线之间，作接线和分线等用。

盒内装有接线板及铜质接头。可填充绝缘材料。盒体外部有经烘漆处理的外罩，具有防水性能，其工作环境为相对湿度不超过 80%、温度为 20℃、绝缘电阻在 500MΩ 以上，可承受 500V 工频一分钟内物无击穿。其规格尺寸如表 10-8 所示。

（3）MNFH-1、2 型嵌入式室内分线盒　MNFH 型分线盒为暗设型，盒内可容纳电缆的分支接头。装设后分线盒的盖板可以拆卸，其规格尺寸见表 10-9 和图 10-4 所示。

MNFH 型分线盒规格　　　　　　　　　　　　　　　　　表 10-9

接线端对数	MNFH-1 型					MNFH-2 型				
	外形尺寸（mm）		嵌入墙内尺寸（mm）			外形尺寸（mm）		嵌入墙内尺寸（mm）		
	A	B	C	D	E	A	B	C	D	E
10	305	380	225	300	110	270	310	180	220	90
20	480	600	380	500	125	270	450	180	360	90
30	550	700	450	600	155	340	590	250	500	90
50	720	920	600	800	155					
60						390	590	300	500	90

三、用户出线盒

用户出线盒是用户线管到室内电话机出口装置，用户出线盒分为墙式和地式两种，墙式出线盒是钢皮冲制的镀锌盒子，它与电力插座的暗盒通用。出线盒分为单联出线盒和双联出线盒两种。单联出线盒可安装一只电话插座。

现在较为流行的是采用组合式话机出线插座，它由一个主话机插座、若干个副话机插座和连接话机和插座的组合线构成，如图 10-5 所示。主话机插座内有 6 个接线端子供话机插座与话机及分线盒连接之用，其中 2、5 端之间跨接避雷器用来防止高压波动，以确保话机内元件不受损伤，2、3 端之间跨接 1.8μF 的电容器，以此来代替话机内的电铃电容器，3、5 端之间跨接 470kΩ 电阻构成线路测试网络，方便以后查线和测试。副话机插座

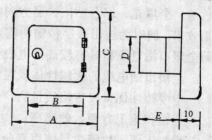

图 10-4　MNFH 型分线盒安装尺寸

和主话机插座基本相同，只是插座内没有电子元件。组合线采用 PVC-0.5/1Q4 芯胶线，一端连于插座，另一端连于话机或分线盒，多功能话机或数字话机用尽 4 根芯线，而普通话机只用其中的两根线，其余两根备用。

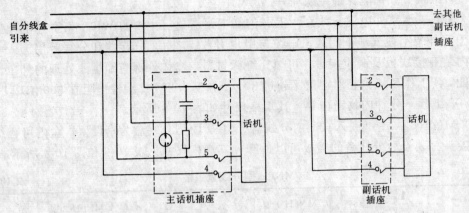

图 10-5　组合式电话出线盒原理图

出线盒的安装高度以安全美观考虑，底边宜离地 200～300mm，如采用地板出线盒，其盒面应与地面平齐。

第二节　用户线路材料

用户线路的另一个重要组成部分是各种电缆、电线以及用于穿线的各种配管。本节着重介绍用户线路的各种缆线材料及管道材料。

一、市话电缆

自 19 世纪末开始生产和使用市话电缆以来，在很长的一个时期内，一直是采用空气纸绝缘铅护套的结构，从 20 世纪 40 年代末和 50 年代初开始，由于塑料工业的发展，逐步应用高分子聚合物塑料作为通信电缆的绝缘与护套材料，我国从 50 年代后期开始采用聚氯乙烯或聚乙烯绝缘和护套的塑料通信电缆。

纵观塑料通信电缆的发展，首先是在小对数的市话电缆中采用实心聚乙烯绝缘、铝-聚乙烯护层（Alpeth 护层），以后又发展了钢-铝-聚乙烯护层（Stalpeth 护层）的电缆以及其他类型的塑料通信电缆。目前全塑市话电缆正在进一步向大对数、细线径、单位式结构、全色谱、全填充、综合粘接护层方向发展，以取得更大的容量、更经济的结构和更方便的使用效果。同时为适用数字传输的需要，还在发展传输脉冲编码调制（PCM 一次群）的内屏蔽全塑市话电缆和具有较高抗电磁干扰性能的屏蔽电缆。

全塑市话电缆的优越性体现在以下几个方面：

电缆特性优良和传输质量高；

运输和施工方便、效率高；

维护方便、故障少且使用寿命长；

经济实用。

由于市话电缆的强大的优越性，因此其应用范围日趋广泛，其结构类型也多种多样，一般可分为填充型和非填充型两大类，更进一步可分为：

按芯线材料分：铜线、铝线；

按绝缘形式分：实心绝缘、泡沫绝缘、泡沫/实心皮绝缘；

按线对绞合方式分：对绞、星绞；

按绝缘颜色分：全色谱、普通色谱；

按屏蔽分：单层金属带屏蔽、多层金属带复合屏蔽；

按屏蔽结构分：绕包、纵包；

按缆心结构分：同心式（层绞）、单位式、束绞式、SZ绞式；

按护套分：单层塑护套、双层塑护套、综合粘接护层（套）、密封金属/塑料护套和特种护套；

按外护层分：单层或双层钢带铠装、钢丝铠装；

按用途分：传输模拟信号、传输数字信号。

1. 通信用电线电缆产品型号

电线电缆产品的型号由7个部分组成，如图10-6所示。

| 类别、用途 | 导 体 | 绝 缘 | 内护层 | 特 征 | 外护层 | —— | 派 生 |

图 10-6　型号组成

型号组成中各项的具体含义列于表10-10中。

型号中的文字与数字代号说明　　　　　　　　表 10-10

类别、用途	导 体	绝缘层	内护层	特 征	内 护 层	
					装 层	外被层
H-市内电话电缆	L-铝	Y-聚乙烯	Q-铅包	Z-综合型	0-无	0-无
HE-长途对称电缆	G-钢（铁）	V-聚氯乙烯	L-铝包	P-屏蔽	1 /	1-纤维层
HD-干线同轴电缆	GL-铝包钢	YF-泡沫聚乙烯	V 聚氯乙烯	L-防雷	2-双钢带	3-聚氯乙烯套
HJ-局用电话电缆	GLD-镀铝钢	B-聚苯乙烯	S-钢-铝聚	B-扁平	3-细圆钢丝	4 /
HP-配线电话电缆	GT-铜包钢	F-聚四氟乙烯	乙烯	C-自承式	4-粗圆钢丝	
HH-海底电缆	HL-铝合金	M-棉纱	H-普通橡皮	J-加强型	5-单层钢带	
HU-矿用电话电缆	HT-铜合金	N-尼龙	N-尼龙	R-软	皱纹纵包	
NH-农话电缆	J-钢铜线	X-橡皮	A-铝聚乙烯	Y-硬	44-双层粗圆	
SS-电视电缆	绞合线芯	S-丝包	Y-聚乙烯	K-空心	钢丝	
S-同轴射频电缆	T-铜	Q-漆	G-钢管	E-话务员	24-钢带粗圆	
SE-对称射频电缆	（省略）	D-稳定聚乙烯	GW-皱纹钢管	耳机线	钢丝	
HB-通信、广播线		空气绝缘	HD-耐寒橡皮	T-石油膏	244-钢带双	
HR-电话软线		YD-聚乙烯垫片	LW-皱纹铝管	填充	粗圆钢丝	
K-控制电缆		YP-聚烯烃泡沫		G-高频隔离		
		/实心皮		D-带型		
		Z—纸（省略）		X-镀锡		

在型号表示中，为了减少型号的字母和数字，作为产品中常用材料或习惯用材料等的字母可以省去，如一般电缆用铜线芯时不列 T 的代号；通信电缆用纸绝缘时不列 Z 的代号等，如 HYFVC 是铜芯泡沫聚乙烯绝缘聚氯乙烯护套自承式市内通信电缆。

HEQ-252　　252kHz 铜芯纸绝缘铅护套高频对称通信电缆

HYA　　铜芯实心聚乙烯绝缘涂塑铝带屏蔽聚乙烯护套市内通信电缆

HYFA　　铜芯泡沫聚乙烯绝缘涂塑铝带屏蔽聚乙烯护套市内通信电缆

HYPA　　铜芯带皮泡沫聚乙烯绝缘涂塑铝带屏蔽聚乙烯护套市内通信电缆

HYFAT　　铜芯泡沫聚乙烯绝缘石油膏填充聚乙烯护套市内通信电缆

HYPAT　　铜芯带皮泡沫聚乙烯绝缘石油膏填充聚乙烯护套市内通信电缆

HYAC　　铜芯实心聚乙烯绝缘涂塑聚乙烯护套市内通信电缆

HYAG　　铜芯实心聚乙烯绝缘涂塑铝带屏蔽聚乙烯护套脉码调制市内通信电缆

2. 电缆的性能指标

通信电缆的性能指标主要包括电特性和机械物理性能两个部分，为了更好地选用电缆，我们分别介绍电缆的特性指标。

(1) 电特性　描述电缆工作回路的电特性参数，可分为一次参数和二次参数，一次参数是指回路电阻 R、回路电感 L、回路电容 C 和绝缘电导 G，它们取决于电缆的结构、所用的材料及工作电流的频率等，也就是说随频率 f、两导线间距离和导线的直径 d 的变化而变化；二次参数主要是指特性阻抗 Z_c、传播常数 γ、衰减常数 α 和相移常数 β，它们与一次参数和传输频率有关，现分别对各参数给予解释：

1) 回路有效电阻 R　全塑市话电缆回路的有效电阻 R 由直流电阻 R_0 和交流通过回路时所引起的附加交流电阻 $R_\sim$ 所组成，对于 5kHz 以下使用的市话电缆，回路的有效电阻 R 近似地等于直流电阻 R_0，即：

$$R \approx R_0 = 8000\lambda\rho/\pi d^2$$

式中　ρ——导线的电阻系数，$\Omega \cdot mm^2/m$

　　　　20℃时，$\rho_{Cu} = 0.01784$，$\rho_{Al} = 0.0283$；

　　　d——导线直径（mm）；

　　　λ——电缆芯线总绞合系数（1.005～1.07）。

从公式可以看出，电缆回路的直流电阻主要与导线的材料的电阻系数 ρ 和直径 d 有关，而且这个有效电阻 R 是对于温度为 20℃时的值，对其它的温度（如 t）时，其回路的有效电阻 R_t：

$$R_t = R(1 + \alpha_{20}(t - 20)) \quad (\Omega/km)$$

式中　R——温度为 20℃时的导线有效电阻；

　　　α_{20}——20℃时电阻温度系数（1/℃）；

　　　　　$\alpha_{Cu} = 0.00393 \quad \alpha_{Al} = 0.00410$

在电缆线对中直流电阻不平衡的值为：

$$\Delta R = \frac{R_{max} - R_{min}}{R_{min}} \times 100\%$$

式中　ΔR——线对直流电阻不平衡，%；

　　　　R_{max}——线对中最大的电阻值，Ω；

　　　　R_{min}——线对中最小的电阻值，Ω。

2）回路电感 L　电缆回路电感的大小，取决于导线的位置、材料、尺寸和外形等，在传输音频信号时，全塑市话电缆的回路电感 L：

$$L = \lambda[9.21g(2a - d)/d + 1] \times 10^{-4} \quad H/km$$

式中　a——工作回路两导线中心间距离，mm。

3）回路电容 C　电缆回路的电容与一般电容器的电容很相似，两根导线相当于两个极板，导线间的绝缘相当于电容器极板间介质，电缆芯线间的电容量均匀分布在芯线回路中。电缆的回路电容是决定电缆传输质量的重要参数之一，其计算公式如下：

$$C = \frac{\lambda \varepsilon_{\infty}}{36\ln\alpha D/d} \times 10^{-6}$$

式中　D——线组直径，mm；

　　　　ε_{∞}——电缆等效介电常数；

　　　　α——修正系数，

　　　　　　对绞：0.94

　　　　　　星绞：0.75。

4）绝缘电导 G　电缆的绝缘电导是表示电缆芯线绝缘层的质量和电磁能在芯线绝缘中的损耗情况，它是由绝缘介质的特性决定的，即由绝缘介质的体积、绝缘电阻系数 ρ_v 和介质损耗正切值 $tg\delta$ 决定的，在市话线路中，回路绝缘电导 G：

$$G \approx Wctg\delta \quad \Omega/km$$

$$\omega = 2\pi f$$

式中　f——传输的电流频率，Hz；

　　　　$tg\delta$——介质损耗角正切值；

　　　　C——回路电容。

5）特性阻抗 Z_c。

回路的特性阻抗 Z_c 是电磁波沿均匀线路传播没有反射时所碰到的阻抗，即线路终端匹配时线路上任意一点的电压波与电流波的比值，它仅与电缆的一次参数和传输频率有关，而与电缆回路的长度无关。

6）传播常数 γ、衰减常数 α、相移常数 β　电磁能沿无反射的均匀回路传播一公里时，其电压或电流幅值的减小和相位变化的数值，称为该回路的传播常数，表示为：

$$\gamma = \alpha + j\beta = \sqrt{R\omega C/2} + j\sqrt{R\omega C/2} \quad dB/km$$

式中　α——衰减常数，dB/km；

　　　　β——相移常数，rad/km。

传播常数是一个复数，其实数部分称为衰减常数，表示每公里电缆回路对所传输的电压（或电流）引起的幅度衰减的程度；其虚数部分称为相移常数，表示每公里电缆回路对所传输的电压（或电流）引起相位变化的数值。传播常数与电缆回路的一次参数和传输频率有关。

7）远端串音防卫度　远端串音防卫度的功率平均值为：

$$P = -10\lg \sum 10^{-F_{ij}/18}/n$$

式中　　P——远端串音防卫度功率平均值，dB；

n——测试线对的组合数；

F_{ij}——主串线对 i 和被串线对 j 间的远端串音防卫度，dB。

8）近端串音衰减平均值及标准差

平均值

$$M = \frac{\sum N_{ij}}{n}$$

标准差

$$S = \frac{\sqrt{\sum (N_{ij} - M)^2}}{\sqrt{n-1}}$$

其中　　M——近端串音衰减平均值，dB；

n——测试线对的组合数；

N_{ij}——主串线对 i 和被串线对 j 的近端串音衰减，dB；

S——近端串音衰减标准差，dB。

（2）电特性指标　邮电部部颁标准的电特性指标见附录一。

（3）机械物理性能　市话电缆的工作环境温度为 $-30 \sim +60$℃，敷设环境温度不低于 -5℃，其绝缘和护套的机械物理性能及指标参数见附录二。

3. 市话电缆的结构

（1）电缆的一般结构　市话电缆主要有缆心、屏蔽、护套和外护层组成。

1）缆心　市话电缆的缆心由心线、缆心扎带和包带层等组成，导线是用来传输电流信号的，因此要求具有良好的导电性能、柔软性和足够的机械强度，同时也要求便于加工、敷设和使用。

导线材料一般采用电解软铜线、无氧铜线或电工用铝线。铜导线的线径主要有 0.32、0.4、0.5、0.6、0.8mm 等五种规格。铝线的电阻率约比铜线大 60% 左右，其电阻温度系数也比铜线大，因此在具有同样导电性的要求下，铝线直径应为铜线的 1.28 倍，实用中常取为 1.3，如 0.5mm 线径铜导线相当于 0.65mm 线径的铝导线。

导线的结构一般为圆柱形结构，要求其光洁圆整、无毛刺、无裂纹、不含杂质等缺陷。

绝缘层主要是使电缆内导线与导线之间相互隔离，以保证电信号顺利传输，心线的绝缘性能对于电缆的传输性能和使用可靠性是十分重要的，理想的心线绝缘层应具有介电常数低、介质损耗小和绝缘强度高，并具有一定的机械强度、耐老化性和性能稳定等特点。

心线的绝缘材料主要为聚乙烯、聚丙烯或乙烯—丙烯共聚物等高分子聚合物塑料（聚烯烃塑料），它们具有优良的电特性、化学特性、防潮且易于加工等特性。

心线的绝缘形式有实心聚烯烃绝缘、泡沫聚烯烃绝缘和泡沫/实心皮聚烯烃绝缘。实心聚烯烃绝缘结构的特点是耐压性、机械和防潮性能好，且加工方便。其绝缘层厚度一般为0.2～0.3mm，这种绝缘结构的电缆适用于架空敷设或要求承受张力较大的场合下安装使用；泡沫聚烯烃绝缘是利用化学发泡的方法制成的，在心线绝缘层中有封闭气泡形式的微型气室，构成空气－塑料复合绝缘，其介电常数小、重量轻、高频性能优良，同时可以节省材料、降低成本，与实心绝缘相比，在相同截面的电缆中可提高容量20%左右；泡沫/实心皮绝缘是一种新颖的复合绝缘结构，它有靠近导线部分的泡沫层（发泡度为45%～60%）及泡沫层之外的实心塑料皮层（厚度约0.05mm），这种绝缘方式具有介电强度高，可防止各种填充剂的渗入，绝缘层的针孔故障率小，在全色谱电缆中，只对表皮着色，减少了染料的用量，且心线表面质量好，外径均匀。

心线的扭绞分为对绞和星绞两种结构，而缆心是由若干个线对或线组按一定的排列方式总绞合而成，其结构形式分为束绞式、同心式，单位式和SZ绞等四种形式。

缆心包带层是为了保证缆心结构的稳定和改善电的及机械物理性能，在缆心之外重叠包复非吸湿性的电介质材料带，包复方式可以是重叠绕包或重叠纵包，并可采用白色的非吸湿性丝（带）将包带层扎牢。缆心包带层应具有良好的隔热和足够的机械强度，以保证缆心在加屏蔽层、挤制塑料护套以及在使用过程中，不致受到损伤，变形或粘结。

2）金属屏蔽层　金属屏蔽层是为了尽量减少电缆线对工作回路受外界磁场的干扰而添加的。其结构有绕包和纵包两种。另外为了进一步改善电缆的防护性能，还采用两种或两种以上屏蔽材料组合构成的复合屏蔽结构。屏蔽外形为圆柱形。根据屏蔽的材料和结构的不同，屏蔽方式及材料有以下几种类型：

裸铝带

双面涂塑铝带

铜带

铜包不锈钢带

高强度改性铜带

裸铝、裸钢双层金属带

双面涂塑铝、钢双层金属带

3）护套　护套是包在缆心色带或屏蔽的外面，其材料主要采用高分子聚合物塑料，其形式主要有单层护套、双层护套、综合护套、粘接护套（层），还有一些特殊护套（层），如用于改善护层机械或屏蔽性能的裸钢、铝双层金属-聚乙烯护层；用于防昆虫（如蚂蚁）叮咬的半硬塑料护套；用于防冻裂的耐寒塑料护套。

4）外护层　整个电缆的最外层是由外护层构成，外护层主要包括内衬层、铠装层和外被层。内衬层是铠装层的衬垫，以防止塑料护套因直接受铠装层的强力压迫而受损伤。当电缆塑料护套达到一定厚度，具有足够的机械强度时，也可不加内衬层，而在塑料护套外直接包复金属铠装层。铠装层一般是在塑料护套或内衬层外纵包一层钢带（厚0.15～0.2mm的钢带或涂塑钢带），并浇注防腐混合物，为了保护铠装层，在其之外加一层厚为1.4～2.4mm的黑色聚乙烯或聚氯乙烯的外被层。

电缆外护层的主要作用是增强电缆的屏蔽、防雷、防腐性能和抗压、抗拉机械强度，加强和保护缆心。

图10-7示出了市话电缆的一般结构。

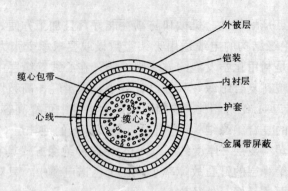

图 10-7　市话电缆的结构

（2）特殊结构的电缆　除了上面叙述的市话电缆的一般结构外，还有一些适用于特殊场合的特殊结构的电缆，如填充型、内屏蔽、自承式和室内电缆等，现将几种常用的特殊结构的电缆结构简要给予叙述，其他的电缆读者可参阅有关的文献。

1）内屏蔽电缆　内屏蔽电缆又叫脉冲编码调制（PCM）电缆，它是为了适应市内通信网的传输向数字化方向发展而产生的，它能实现线路多路复用并在同一条电缆上进行双向传输。

这种内屏蔽电缆在普通屏蔽市话电缆传统的单圆柱形屏蔽结构之内的线对群间，另加用 D 型或 Z 型分隔屏蔽（高频隔离带）结构把线对分成二等分如图 10-8 所示。

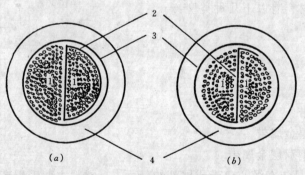

图 10-8　内屏蔽电缆结构

（a）D 型；（b）Z 型

1—电缆心；2—分隔屏蔽；3—总屏蔽；4—粘接护套

这种屏蔽电缆的作用是把缆心中的"来"、"去"线对群用高频隔离带隔开，实现来去电路同缆传输，其导线直径与线对数的系列如表 10-11 所示。

内 屏 蔽 电 缆 规 格　　　　　　　　　　表 10-11

导线直径（mm）	0.8	0.6	0.5	导线直径（mm）	0.8	0.6	0.5
线 对 数	10	10	10	线 对 数	50	50	50
	20	20	20		100	100	100
	30	30	30		200	200	200

此外，还有双 D 型和每对线都包复隔离带的 O 型等内屏蔽电缆。

内屏蔽电缆的主要特点：工作电容值较低；所有线对都可以开通 PCM 一次群，即收容系数为 100％；增加了信号传输的可靠性；解决了电缆的串音等问题。

2）室内电缆　室内电缆又叫成端电缆或局内配线电缆，其绝缘和护套为聚氯乙烯材料制成，有阻燃性，主要用于局内、室内或楼内配线或成端，其结构类似于市话电缆，多为对绞式屏蔽塑套结构，型号为 HPVV，其规格如表 10-12 所示。

室　内　电　缆　的　规　格　　　　　　　表 10-12

标称对数	实际对数	标称对数	实际对数
5	5	50	50
10	10	80	81
15	15	100	101
20	20	200	202
25	25	300	303
30	30	400	404

室内电缆的电特性如表 10-13 所示。

室内电缆的电特性（20℃）　　　　　　表 10-13

直流电阻 （Ω/km）	绝缘电阻 （MΩ/km）	50Hz 交流电压 芯-芯、芯-地 两分钟（V）
≤95	≥60	500

4. 电缆的选用原则

不同结构的市话电缆，有其不同的特点和适用范围，因此必须因地制宜、合理选用。而且正确地选用市话电缆，不仅能提高通信质量，而且能延长电缆的使用寿命，节省投资。

选用电缆，应根据电缆线路的传输要求，使用特点以及安装环境等因素来综合考虑。因此当一条线路使用要求等项确定之后，就要根据厂家提供的电缆类型及特点来选择电缆。

一般来说，厂家对所生产的电缆都有技术标准和性能试验结果，技术标准中说明电缆的结构、型号、特性、用途和使用条件等；性能试验结果则给出了电缆的实际技术状况。用户可根据这些资料，对所需的电缆进行初选。选择时，既要掌握电缆的基本特点，如缆心主要与导电性有关，填充物和护套则主要起到保护缆心的作用，又要充分注意护套的透潮和抗老化性能。对电缆的优良特性既要注意充分运用，又要注意合理运用，方能取得好的结果。

（1）架空电缆的选用　架空安装的市话电缆，容易受周围环境及气候条件的影响，因此选用时要着重考虑电缆的耐老化性、机械特性和适应周围环境要求等因素。首先要搞清楚电缆架设地区的气候特点、环境条件等，特别要注意掌握该地区的日照时间和强度、雨雪期和雨雪量、冰雹、刮风、气温变化、周围环境以及空气中的腐蚀性物质的含量、破坏电缆的昆虫等动物的活动情况等。根据不同灾害出现的程度，选择不同的市话电缆，如冬季气温较低（如零下30℃以下）的地方，要选用耐寒级塑料外护套的市话电缆，对黄蜂等叮咬电缆的昆虫活动频繁的地区，要选用护层机械强度高，不易被叮咬的市话电缆。另外对雨雪期长、雨雪量大、环境空气湿度大的地方，应选用双护层或铝/塑粘接护层的市话电缆。

架空安装的电缆，其垂度和摆幅都比较大，电缆所承受的张力也比较大，要选用抗张性能好的电缆，如铜线实心绝缘的市话电缆，其容量要在2000对以下。

架空安装的市话电缆，主要采用自承式结构。

（2）管道电缆的选用　管道敷设的市话电缆，应着重考虑电缆的耐蚀、防潮以及抗张力性能，且由于故障检修和更换都比较困难，必须注意选择使用可靠性较高的市话电缆。

电缆管道的孔径一般都是确定的，因此应选用外径合适、护套表面光滑圆整的电缆，以做到既不浪费管道空间，又防止电缆拉入管道时，阻力太大，损伤电缆。管道的人（手）孔距离都是一定的，而电缆的接续、测试等操作又只有在人（手）孔处进行才比较方便，所以要选用长度合适的电缆以便于施工操作。

用于管道敷设的市话电缆，一般可选用铝/塑粘接护套（层）结构电缆。对于腐蚀较严重的管道，不应选用无防蚀措施的电缆，尤其不应选用裸钢、铝护层的电缆。对于潮湿或长期积水的管道，可选用石油膏填充市话电缆。

在选用电缆时，应注意选用结构尺寸小的品种，如泡沫绝缘或泡沫/实心皮绝缘的市话电缆，尽可能地扩大电缆的容量。

（3）直埋电缆的选用　选择直埋敷设的电缆，除了掌握电缆的基本特性外，还要搞清楚埋设电缆路由的情况、地理位置、地形地貌等。同时也要了解线路经过处的周围环境及气候等情况。

选用直埋敷设的市话电缆，首先应考虑电缆的防潮性能，其次是电缆的机械强度、防蚀和适应环境性等。

选用市话电缆，对于带有普遍性的问题，也要予以充分的注意，如温度差别大、气温偏高的地区，应选用外护套耐老化性能好的电缆；寒冷地区，应选用外护套具有耐寒抗龟裂特性的电缆；而对于雷电频繁的地区，应选用心线与屏蔽间耐压强度高的电缆；对外界电磁干扰不太严重的地方，为了防止雷电击伤，也可选用无金属屏蔽的市话电缆。

总之，选用市话电缆要从多方面综合加以考虑。既要注意选用结构特性优良、适应性强、可靠性高的电缆，又要考虑电缆的价格不能太高，以尽可能地减少线路建设的投资，以期选中的电缆能获得最理想的使用效果和最长的使用寿命。

二、管材

1. 塑料电缆管的特点

常用的电缆管有混凝土管、石棉水泥管、钢管、铸铁管和塑料管。混凝土管的主要优点是价格低、制造简单、料源充裕。缺点是强度差、密封性差，有渗漏现象；而且施工强度大，时间长；管孔内壁粗糙，对抽放电缆不利等。

和混凝土管相比，塑料管具有以下很多优点：

（1）管子本身和接头的密封性、防水性能好，不会发生因管道漏水而造成电缆腐蚀的问题；

（2）管壁光滑，穿放电缆时对电缆外皮的摩擦力小，因而塑料管道段长可适当加长至200～250m，而混凝土管道段长一般只有150mm左右。

（3）管子重量轻，管长长，减少接续数量，施工、操作技术简单，劳动强度小，进度快，工期短；

（4）管子有一定的柔性，最大弯曲角度可达90°；

（5）在一孔内可穿放几条电缆。

以上的种种优点，加之塑料管的生产工艺简单，生产自动化的水平较高，使得塑料管道已越来越得到普遍的应用。

2. 塑料管的种类及规格

（1）塑料管的种类

塑料管是由树脂、稳定剂和填加剂配制挤塑而成，常见的塑料管有硬聚氯乙烯管（PVC管）、聚氯乙烯管（PE管）和聚丙烯管（PP管）三种。

（2）塑料管的规格与特性

1）PVC管　根据承受压力的情况，PVC管材可分为轻型和重型两大类，在常温下轻型管适用于压力不大于0.6MPa的场合，重型管适合于压力不大于1.0MPa的场合，建筑物内的电话电缆配管承受的压力小，因此多采用轻型管。管材的规格尺寸用$D \times \delta$表示，D为管材外径，δ为管材壁厚，如外径D为40mm、壁厚δ为2.0mm的管材，其规格可表示为40mm×2.0mm，表10-14摘录了轻工部SG78-75标准的电信电缆管道所用的管材规格尺寸。

PVC 管材规模（SG78-75 标准）　　　　　　　　　表 10-14

外径 (mm)	外径公差 (mm)	内径 (mm)	内孔面积 (mm²)	内孔面积 (mm²)			轻　型		重　型	
				33%	27.5%	22%	壁厚及公差 (mm)	近似重量 (kg/m)	壁厚及公差 (mm)	近似重量 (kg/m)
10	±0.2								1.5±0.4	0.06
12	±0.2								1.5±0.4	0.07

外径 （mm）	外径 公差 （mm）	内径 （mm）	内孔 面积 （mm²）	内孔面积（mm²）			轻　　型		重　　型	
				33%	27.5%	22%	壁厚及公差 （mm）	近似重量 （kg/m）	壁厚及公差 （mm）	近似重量 （kg/m）
16	±0.2	13	133	43.8	36.6	29.3	1.5±0.4	0.10	2.0±0.4	0.13
20	±0.3	17	328	75.2	62.7	50.2	1.5±0.4	0.13	2.0±0.4	0.17
25	±0.3	22	380	125.5	104.7	83.6	1.5±0.4	0.17	2.5±0.5	0.27
32	±0.3	29	660	218	182	145.2	2.0±0.4	0.22	2.5±0.5	0.35
40	±0.4	37	1075	355.5	296	213.7	2.0±0.4	0.36	3.0±0.6	0.52
50	±0.4	47	1725	568	474	380	2.0±0.4	0.45	3.5±0.6	0.77
63	±0.5	60	2825	946	777	622	2.5±0.5	0.71	4.0±0.8	1.11
75	±0.5	70	4070	1343	1120	894	2.5±0.5	0.85	4.0±0.8	1.34
90	±0.7						3.0±0.6	1.23	4.5±0.9	1.81
110	±0.8						3.5±0.7	1.75	5.5±1.1	2.71
125	±1.0						4.0±0.8	2.29	6.0±1.1	3.35
140	±1.0						4.5±0.9	2.88	7.0±1.2	4.73
160	±1.2						5.0±1.0	3.65	8.0±1.4	5.72
180	±1.4						5.5±1.1	4.52	9.0±1.6	7.26

管材的颜色一般为灰色。

管材的外观要求：外壁光滑、内外壁平整，不允许有气泡、裂口及显著的波纹、凹陷、杂质、颜色不均及分解变色线等。

管材的弯曲度：

管材的弯曲是指同方向弯曲，不允许出现 S 型弯曲。弯曲度 R 可按下式计算：

$$R = \frac{h}{L} \times 100\%$$

式中　h——弦到弧的最大高度，mm；

　　　L——管材的长度 mm。

管材的弯曲度应符合表 10-15 所列。

外 径（mm）	≤32	40～200	≥225
弯曲度 R（%）	不规定	≤1.0	≤0.5

PVC 管材的物理机械性能见表 10-16。

指标名称	指 标	测试条件
密 度 （g/cm³）	1.40～1.60	
耐蚀度 （g/m²）	33% HCL，≤±2.0 30% H$_2$SO$_4$，≤±1.5 40% HNO$_3$，≤±2.0 40% NaOH，≤±1.5	在温度 60±5℃的化学物质中浸 5h 管材的重量变化
液压试验	保持 1h 不破裂、不渗透 保持 1h 不破裂、不渗透	60±2℃，允许应力 13MPa 20±2℃，允许应力 13MPa
尺寸变化率 （%）	≤±0.4 ≤±2.5	沿长度方向 沿直径方向
扁平试验	压至外径 1/2，无裂缝和破裂	管材外径≤200mm 时试验
抗张强度 （MPa）	＞48	
马丁耐热 （℃）	＞65	
抗拉强度 （MPa）	40～60	20℃时
抗弯强度 （MPa）	80～120	20℃时
抗压强度 （MPa）	70～160	20℃时
抗剪强度 （MPa）	40 以上	20℃时
冲击韧性 （kg·cm²）	7×10⁻⁴以上	20℃时

指标名称	指 标	测试条件
弹性模数 (MPa)	0.23~4×10³	20℃时
线膨胀系数 (1/℃)	6~8×10⁻⁵	
布氏硬度 (MPa)	1.5~1.6	
热容量 (千卡/kg)	0.32~0.51	
电阻率 (Ω·cm)	10¹⁵	
耐电压强度 (V/mm)	30	
燃烧性	不自燃	

PVC管耐电压和绝缘电阻比较高，且有耐燃、耐油、绝缘、耐化学腐蚀和良好的防水性能，具有一定的柔性，便于弯曲。

PVC管在受热、经光线照射，会使聚合物的化学结构发生变化而老化，如埋于地下，且温度在15℃左右的无光照射的情况下，其老化就很缓慢。

2）高密度聚乙烯管（PE管） PE管的规格见表10-17。

聚乙烯管材规格   表 10-17

内 径 (mm)	外径及公差 (mm)	壁厚及公差 (mm)	近似重量 (kg/m)
25	32±1.0	3.5±0.45	0.275
32	40±1.2	4.0±0.5	0.435
40	50±1.5	5.0±0.5	0.558
50	60±2.0	5.0±0.7	0.858
75	85±2.3	5.0±0.7	1.12
100	110±3.2	6.0±1.0	1.84

PE 管无毒、化学稳定性好、耐化学腐蚀、防水性能好，柔性好，便于弯曲。长度可根据工程需要生产成盘圈放，颜色一般为本色，也可按需要掺杂而成其它的颜色。

3. 塑料管的选用

（1）管径　管孔的内径应能容纳敷设的电缆的最大外径，一般对于电缆管材可采用管径利用率或截面利用率描述管材的使用参数

$$电缆管材管径利用率 = \frac{电缆外径}{电缆管内径} \times 100\% \quad 不大于 60\%，且$$

$$用户线管截面利用率 = \frac{导线总截面积（mm^2）}{用户线管内截面积（mm^2）} \times 100\%$$

建筑物内暗敷竖向电缆管内允许穿放多条电缆，其管径利用率应不大于60%，暗敷横向电缆管一般应一管放一条电缆，其管径利用率应不大于55%。电话用户线采用线径不小于 0.5mm 的平行或绞合铜芯塑料绝缘线，穿放用户线的管材可采用钢管或 PVC 管，穿放平行用户线的管子截面利用率为 25%～30%，穿放绞合用户线的管子截面利用率为 20%～25%；用户线管径应在 15～25mm 之间。

根据 CCITT 规定：穿入的电缆截面不要超过管孔截面的 80%，在国内管孔内径一般按下列经验公式选定：

$$D \geqslant 1.2d \quad (mm)$$

式中　D——管孔内径；

　　　d——电缆外径。

（2）管道段长

1）塑料管材长度　PVC 管的长度一般为 5m，必要时也可向工厂定做长规格（如 10m、20m）的管长；PE 管的长度可根据管道设计段长，向工厂定制，这样可以减少接头和浪费。

2）直线管道段长　两个人（手）孔（孔中心至孔中心）间的距离称为管道段长，段长的取定要根据地形、人孔设置位置、电缆分布要求、管道材料、电缆张力强度等因素综合考虑，管道段长越长越经济，但终端所受的张力越大，对电缆的损伤也就越大，因此管道段长的选择要保证电缆所受的张力不应超过电缆容许的抗张力。

实践证明，综合考虑施工维护的方便和电缆制造长度，塑料管道直线段的长度取定为 250m 是可行的。

3）弯曲管道段长　由于建筑物的结构的限制，往往需要采用弯曲管道，以节省人孔的数量，在现行的标准和规范中，对弯曲管道的最大段长尚无具体的明文规定，参照国外的规定，建议如下取值：

在一段管道内只有一个弯曲部分，在曲率半径大于 20m，圆心角为 60°左右时，最大段长为 250m；

在一段管道内只有一个弯曲部分，在曲率半径大于 20m，圆心角为 60°左右时，最大段长应小于 250m，缩短的程度视圆心角的大小而定；

在一段管道内如果弯曲部分的曲率半径不到 10m，最大段长以 150m 为限。

（3）其他　由于聚氯乙烯管每吨价格较聚乙烯管便宜，以往的管道工程中多采用硬聚

氯乙烯管，但是聚乙烯管比聚氯乙烯管密度小，单位重量轻，实际每米价格反低于聚氯乙烯管，且管子长，接头少，施工进度快，故而在工程中多选用聚乙烯管材。

第三节　用户终端设备

用户终端设备有很多种，最常见的如电话机、电话传真机和电传等，随着数字通信与交换技术的发展，各种新的终端设备如数字话机、计算机等也逐步被用到电话通信网中，同时为了保证通信设备的安全，各种保护设备，如用户保安器也属于用户终端设备，本节就电话机和用户保安器的原理和性能分别加以介绍。

一、电话机

1. 电话机的分类

电话机是供用户使用的电话通信系统的终端设备，按电话制式来分，可分为磁石式、共电式、自动式和电子式电话机。

磁石式电话机：

其特征是通话电源和信号电源都由电话机自备。它备有手摇磁石发电机装置，与磁石式交换机配套。通话电源一般为3V，采用两节干电池供电。信号电源由手摇式发电机提供。

共电式电话机：

其特征是所有的电源都由交换局供给，供电电源为24V，这种话机没有拨号盘，其他结构与自动电话机完全相同。

自动式电话机：

其特征是电源由交换机供给，一般为−48V，话机设有拨号盘或按键盘来发送控制信号。

电子式电话机：

功能与自动式电话机完全相同，只是在话机电路中采用电子元器件或集成电路。

按应用场合来分，电话机有台式、挂墙式、台挂两用式、便携式及特种话机如煤矿用话机、防水船舶话机和户外话机等。

按控制信号来划分话机可分为脉冲式话机、双音多频（DTMF）式话机和脉冲/双音频兼容式（P/T）话机三种。

2. 话机的基本功能与组成

电话机一般由通话部分和控制系统两大部分组成，控制系统实现话音通信建立所需要的控制功能，由叉簧、拨号盘、极化铃等组成；通话部分是话音通信的物理线路的连接，实现双方的话音通信，它由送话器、受话器、消侧音电路组成。各部分的功能可描述如下：

发话功能：通过压电陶瓷器件将话音信号转变成电信号向对方发送；

受话功能：通过炭砂式膜片将对方送来的话音电信号转变成声音信号输出；

消侧音功能：话机在送、受话的过程中，应尽量减轻自己的说话音通过线路返回受话电路；

发送呼叫信号、应答信号和挂机信号的功能；

发送被叫号码的功能；

接收振铃信号及各种信号音功能。

3. 电子电话机的典型电路

现在广泛使用的电话机多为电子式电话机，现对它们的典型电路作一些简要的介绍：

(1)振铃电路 交换机控制电路接通被叫用户是向被叫话机发送频率为25±3Hz、峰峰值为90±15V的交流铃信号，在话机中通过振铃电路接收振铃信号，并以声音的形式呼叫用户摘机应答。

常用的振铃方式可分为两大类，一类是交流极化铃，又称机械铃，它是依靠25Hz交流铃流信号产生交流磁通去驱动铃锤打击铃碗而发出声音。从结构上来看，交流极化铃又可分为双线圈和单线圈两种。另一类则是电子铃，它是将25Hz交流铃流转换成直流电源，为集成电路或分立元件供电，产生音频振荡信号驱动扬声器发声。

机械铃声音清脆、经久耐用、故障率低，但结构复杂，不利于小型化；而电子铃重量轻、体积小，可以直接安装在电路板上，易于实现装配自动化；而且其声音柔和，富有音乐感。同时也可对铃的音量和音调进行调节，所有这些都使得电子铃在现代电话机中被广泛地使用。

机械铃和电子铃在电话机电路中的连接方式如图10-9所示，图10-9（a）为机械铃的连接方式，振铃电路始终并接在话机的输入端；图10-9（b）为电子铃的连接方式，这种连接方式在摘机后自动切断振铃回路，以消除电子铃对通话信号和振铃信号的不良影响。

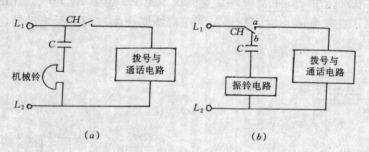

图10-9 电话铃在话机中的连接方式
(a) 机械铃的连接方式；(b) 电子铃的连接方式

现代电话机中广泛采用电子铃，根据电话机的性能的不同，其振铃电路也有较大的差别。最简单的是电子蜂鸣器，它由三极管和压电陶瓷片组成正反馈的振荡电路，并由压电陶瓷片发出单频的声音，而铃流电压经过半波整流和限幅后，正半周向振荡器供电产生振铃声，而负半周时不供电，铃声停止。这种电路简单、体积小、成本低廉，多用于低档的电话机中。

另一类较复杂的振铃电路是音频电子铃，它的振荡器产生高、低两个频率交替输出的音频信号，使得铃声富有节奏感，而振荡器的供电电源取自交换机送来的振铃信号，经过过流、过压保护，滞后和门槛电路等措施确保振铃电路正常地工作，这种音频电路被广泛地应用于按键式电话机上。

第三类振铃电路是变调式或乐曲式电子铃，它采用专用的集成电路，内设有寄存器，可以发出多种乐曲或音调，音量能自动变化，功能较齐全，但成本高，因此一般应用在档次较高的电话机上。

现在广为使用的音频振铃电路是由振铃专用集成电路配以少量的外接元件组成的。音频振铃专用集成电路可分为包含有整流、稳压和保护电路在内的集成电路，如 LS1240、CSC1240、LU1240 和 KA2418 等，和没有整流和稳压电路在内的集成电路，如 CS8204、KA2410 和 HY9106 等。

图 10-10 是 CS8204 的典型应用电路，它由整流稳压电路、CS8204、外接 RC 定时元件和发声器等组成。电路的工作原理是：振铃信号自 a，b 流入后，经过隔直、衰减、整流、稳压和滤波后，在 CS8204 的引脚 1、5 之间形成直流电源电压。CS8204 集成电路的启动电压为 19V，在第 2 脚悬空时，当电源电压大于启动电压时，则超低频振荡器开始振荡，控制音频振荡器的两个频率 f_{H1}、f_{H2} 交替输出，并经功率放大器放大后由第 8 脚输出推动压电换能器发出类似鸟鸣的铃声。一般说来，R_3 或 C_3 选择大些，声音柔和响声自然；反之，R_3 或 C_3 选择小时，声音尖锐，在嘈杂的环境中较容易辨别。当铃流信号的电压较低时，要求降低响铃的起振电压，可在集成电路的第 2 脚与电源 V_{DD} 之间连接一触发电阻 R，该电阻 R 的阻值越小，相应的使振铃电路能在较低的电源电压下响铃。CS8204 组成的振铃器发出的音量与电源电压有关，适当选择稳定电压值较高一些的稳压二极管，提高集成电路 1、5 脚间的电压可使铃声音量增大。电路中采用低阻抗的扬声器发声，由于 CS8204 为小电流铃流电压驱动，其输出阻抗较高，不能直接推动低阻负载，所以采用扬声器发声时，要用阻抗匹配变换器，并加隔直电容 C_5，通过调节电位器 RP 可改变铃声的音量大小，电阻 R_5 与电位器 RP 串联，起限流作用，其阻值决定音量的调节范围。电阻 R_6 并联在变压器的初级线圈上，起阻尼作用，在振流停止时，能限制变压器线圈产生过高的反电动势，保护集成电路不受损坏。

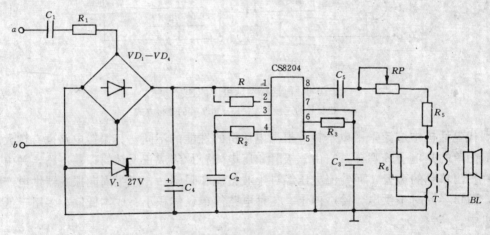

图 10-10　振铃电路

（2）拨号电路　根据号码的构成的不同，拨号方式可分为脉冲拨号（P）、双音多频（DTMF）拨号和脉冲/双音多频兼容拨号（P/DTMF）三种方式。三种拨号方式的电路实现也不相同。

脉冲拨号电路是将键盘输入的信息进行编码，存入存储器内，最后变换成直流脉冲输出，该脉冲可以控制与通话环路相连的脉冲开关饱和导通或截止，从而在环路中形成电流断续的直流脉冲。其基本电路主要包括启动电路、脉冲开关电路、静噪开关电路、拨号集成电路、键盘和恒流源等，我们以 STC2560 为例来加以说明：

脉冲拨号电路如图 10-11 所示，整个拨号电路由电源供给、启动电路、脉冲开关、STC2560 和键盘等部分组成，采用串联式脉冲拨号。$VD_1 \sim VD_4$ 组成极性定向电桥，集成电路有稳压电源来供电，稳压电源由 V_8、VD_9、VD_{10}、R_6、R_{11} 和 C_3 组成。摘机时，正电源通过 R_6、V_8 稳压和限幅后，通过 VD_9 给 C_3 充电，并向 STC2560 的 13 脚提供直流工作电压，由于限流电阻 R_6 阻值较大，因此，通过 R_6 只能供给集成电路较微弱的电流。在集成电路被启动后，$DP/$ 端输出高电平，控制 VT_7、VT_6 饱和导通，于是 A 端的正电压可通过 VT_6 的射-集、VD_{10}、R_{11}、VD_9 向集成电路提供较大的电流，使之进入正常的工作状态。VD_9 为隔离二极管，可以使 C_3 两端的电压较为稳定，少受电话机回路电压波动的影响。在三极管 VT_6 导通后，稳压作用主要由限流电阻 R_{11} 和稳压管 V_8 来完成，R_{11} 还直接影响电话机的交流阻抗，接入 R_{11} 可避免通话信号被 VD_{10}、VD_9 和 C_3 短路到地。

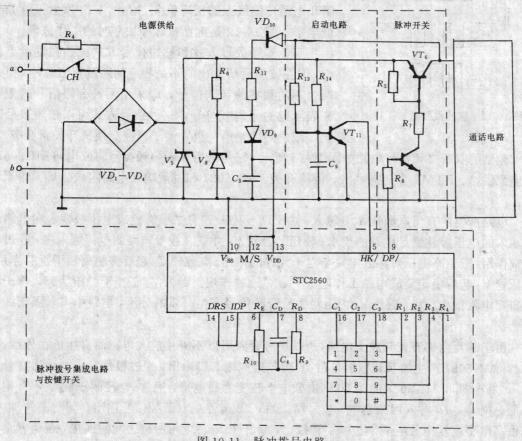

图 10-11　脉冲拨号电路

稳压管 V_5 起过压保护作用，正常情况下均处于反向截止状态。当电话机受到高压的侵袭，V_5 被反向击穿，从而限制了电压幅度，保护了电子器件的安全工作。电阻 R_4 并在叉簧开关 CH 两端，在挂机时，可提供微小的电流给芯片，使片内的存储器能保留存储号码。

启动电路由 R_{13}、R_{14}、C_9、VT_{11} 和集成电路的 $HK/$ 端组成。在摘机后，叉簧开关闭合，正电源通过 R_{14} 给 VT_{11} 提供正向偏压，VT_{11} 的饱和导通就为 STC2560 的启动端 $HK/$ 提供低电平，STC2560 被启动进入操作状态，此时，$DP/$ 端输出高电平，该电平通过 R_8 控制

VT_7、VT_6 饱和导通，A 端的正电源就经过 VT_6 的射—集后，一路通过 VD_{10}、R_{11} 和 VD_9 向集成电路的 V_{DD} 端供电，另一路通过 R_{13} 向 VT_{11} 提供正向偏流，R_{13} 的阻值小于 R_{14} 很多，可确保启动三极管 VT_{11} 可靠饱和导通，不受电源电压波动的影响。

脉冲开关电路由 R_8、R_7、R_5、VT_7 和 VT_6 组成。在摘机不拨号时，STC2560 的 $DP/$ 端保持为高电平，控制 VT_7 和 VT_6 导通，电话机处于通话状态。在拨号时，STC2560 的 $DP/$ 端输出与按键号码相同的一串负脉冲，当 $DP/$ 端输出几个负向脉冲，相应地控制 VT_7、VT_6 将电话机的通话环路断路几次，由此来向外线路发送选号脉冲。也就是说，当 $DP/$ 端输出负向脉冲时，脉冲管 VT_6 截止，电话环路电流非常小，交换机馈电桥路内阻和传输馈线上的压降很小，因此 VT_6 发射极输出高电平脉冲；反之，当 $DP/$ 端无脉冲输出时处于高电平，VT_6 导通，回路电流很大，交换机馈电桥路内阻和电话传输线上的压降就大，因此，VT_6 发射极就处于低电平。图 10-12 是电话机脉冲拨号时的工作波形。

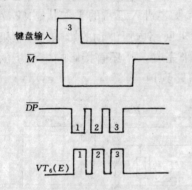

图 10-12 脉冲拨号时的工作波形

双音多频拨号方式和脉冲拨号方式虽然在键盘上相似，但在按键后所发出的不是相应的断续直流脉冲，而是两个不同频率的音频信号，即采用两种音频信号的组合来表示键的号码或符号，这种拨号方式可以缩短拨号时间，减少接续差错，也方便于程控交换机开展新业务。

典型的双音多频拨号电路如图 10-13 所示，它是采用双音多频拨号集成电路 MK5087，由电源供给、DTMF 发送与滤波、静噪开关、MK5087 和键盘输入电路组成。其工作原理是：

电路所需的直流电源从 a、b 输入，由 $VD_1 \sim VD_4$ 四只二极管组成电压极性定向电路保证输入的电压极性满足电路的要求。稳压二极管 V_6 并联在拨号电路的电源输入端，起过压限幅作用，避免高电压对集成电路与电子元件的冲击。电容器 C_1 起着抑制高频干扰的作用。稳压管 V_7 起着稳定集成电路工作电源 V_{DD}、V_{SS} 的作用。因为 V_7 工作于稳压状态，管子反向击穿电阻很小，为了避免 V_7 内阻对拨号音频信号产生严重的分流，电路中串入隔离线圈 L_2。

由于芯片内部有音频放大电路，所以拨号音频可以不外接放大电路而直接送往外线。拨号时，MK5087 产生的双音频信号由 16 脚与接地端 6 脚输出，经过极性定向电路送往外线 a、b。拨号期间 MK5087 的第 10 脚由低电平转变为高电平，通过 R_4 控制三极管 VT_8 饱和导通，则 C_2、R_5 并入回路之中，拨号结束后，16 脚停止双音频信号输出，同时芯片 10 脚也由高电平恢复为低电平，使 VT_8 管截止，断开了 R_5、C_2 与回路之间的连接，避免 R_5、C_2 对通话时的语音信号的分流衰减作用。电阻 R_5 的作用是为 VT_8 发射极提供直流通路，同时在 VT_8 导通时可避免正负电源之间形成过大的短路电流。稳压管 V_7 处于稳压状态，内阻很小，不会影响音频信号的输出。

静噪开关电路由 R_1、R_2 和 VT_5 等元件组成，该电路工作状态是由 MK5087 的第 2 脚送话控制端的电位来控制的，第 2 脚的电平高低变化情况正好与第 10 脚 M 端的变化情况相反。发号时，集成电路第 2 脚为低电平，通过 R_2 控制串联在通话回路的开关管 VT_5 截止，切断通话回路，使集成电路的第 16 脚通过 R_3、L_1 送往外线的音频信号不致被通话回路分

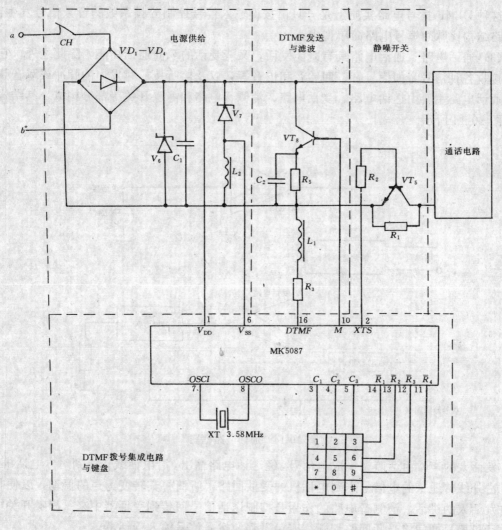

图 10-13　DTMF 拨号电路

流；同时又能对受话器起拨号静噪的作用。R_1 并联在开关管 VT_5 的 C、E 极上，使拨号时用户仍能听到轻微的音频声音，便于监听拨号是否正常。当拨号结束，MK5087 的第 2 脚又恢复高电平，VT_5 组成的静噪开关电路导通，电话机处于正常的通话状态。

　　芯片的第 7、8 脚之间外接 3.5795MHz 的石英晶体，与片内电路配合提供稳定的基准频率。双音多频的按键盘输入方式与脉冲键盘类似。芯片的第 9 脚为键盘的第 4 列输入端，作为备用频率 1633Hz 的键盘输入，若电话机将其悬空不使用，则组成 3×4 的标准矩阵形式。

　　若 MK5087 的第 15 脚 STI 接 V_{DD}，当按下单个按钮时产生双音频信号；若同时按同行或同列的多个键时，则产生单音频信号；若同时按对角线按钮时，则无信号输出。图中 MK5087 的第 15 脚是悬空的，因此该电路只允许产生双音频信号，按同行或同列的多个键时，不能输出单音频信号。

　　MK5087 芯片没有重拨功能，挂机时完全断电，所以它只有正常工作方式，而没有休眠存储状态，这就决定了该电路没有启动电路。

这种DIMF拨号电路实质上是一只由按键输入信号控制分频系数的音频信号发生器，其电路结构比脉冲拨号电路简单得多。

(3) 通话电路　通话电路具有既能发话，又能受话的双向通话功能，除此之外，它还用于接收各种信号音如拨号音、回铃音和忙音等，以及监听拨号时发出的脉冲或双音频信号。通话电路主要由送话电路、受话电路、消侧音电路和静噪开关等部分构成，其结构框图如图10-14所示。

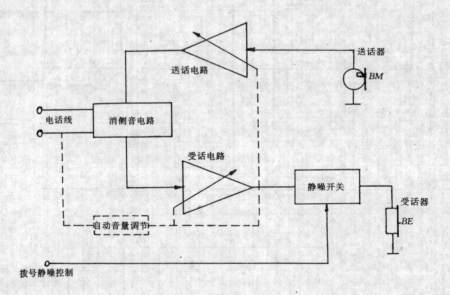

图 10-14　通话电路框图

发话人的声波由话筒转换成电信号，经送话电路输出，沿电话线传送到对方电话机。反之，由外线传递来的电信号送到电话机的受话回路，听筒将其转变为声的振动，以便收听对方发话人的讲话。消侧音电路的作用是抑制送话信号回传到受话器中来。静噪开关电路在电话机拨号期间将受话回路切断，避免过强的拨号信号输入受话器。

图10-15是电话机中的通话电路的原理图。送话信号由VT_5、VT_6组成的复合管进行放大，采用感应线圈电桥进行消侧音，VT_3、VT_4组成静噪开关，拨号期间自动切断通话回路。外线话音信号没经电路放大，由感应线圈直接耦合给受话器使之发声。VT_4为静噪控制管，由R_{12}、VD_{20}、VD_{21}组成的稳压电路为VT_4管的基极提供1.5V左右的基准电压。拨号集成电路的M端输出静噪信号，在摘机不拨号时，M端保持低电平，控制VT_4管的发射极处于低电位，VT_4管由于基极电压高于发射极电压0.7V，因此正偏而导通，进而控制静噪开关管VT_3饱和导通，话音信号能顺利通过VT_3管，电路处于正常的通话状态。在拨号期间，M端由低电平转换为高电平，此时VT_4管发射极电位高于基极电位，VT_4管截止，驱使VT_3管也截止，双音频拨号的信号就不能通过VT_3管进入受话电路，达到消除拨号声的作用，但在VT_3管的发射极和集电极之间并联一只500pF的小电容，因此在拨号时仍有较微弱的双音频声出现在受话器中，用以监听按键是否有效。

送话放大电路的工作电源是由电话线直接提供的，外线的正电源通过VT_3、感应线圈N_1为送话放大电路与驻极体送话器供电，R_{15}与C_{11}组成电源退耦电路，避免话音信号及电

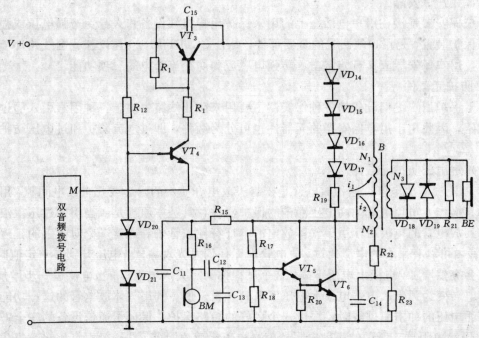

图 10-15　典型通话电路原理图

源电压波动与送话信号混合产生干扰，R_{16}是送话器 BM 的负载电阻，送话器将声波转变成电信号，经隔直流电容 C_{12} 耦合到 VT_5 的基极，经由 VT_5、VT_6 组成的复合管放大后输出，送话的交流通路可描述为：

$$N_1 \rightarrow VT_3 \rightarrow 外线 \rightarrow 对方话机 \rightarrow 外线$$

$$BM \rightarrow C_{12} \rightarrow VT_5、VT_6 放大 \rightarrow VT_6 集电极 \qquad\qquad 地端 \rightarrow VT_6 发射极$$

$$N_2 \rightarrow R_{22} \rightarrow R_{23}、C_{14}$$

从以上的送话交流通路可知，送话输出电流分为两路，一路是电流 i_1，它通过线圈 N_1 送外线，另一路是电流 i_2，流过线圈 N_2 和平衡网络 R_{22}、R_{23} 和 C_{14}，i_1 与 i_2 流过两个绕组的方向相反，两个绕组的交变磁通相互抵消，感应到绕组 N_3 的电动势为零，受话器 BE 中无电流通过，受话器中听不到声音，通过调整电阻 R_{22} 可获得最佳的消侧音效果。

受话信号流过线圈 N_1、N_2 的方向是相同的，N_1、N_2 线圈将信号感应到受话线圈 N_3 上，使受话器发声。VD_{18}、VD_{19} 构成限幅器，用以消除"喀呖"声。$VD_{14} \sim VD_{17}$ 与 R_{19} 起受话音量自动调整作用。环路直流电在线圈 N_1 的导线电阻上会形成直流电压，近线时，环路电流较大，N_1 上的直流电压降也较大，使 $VD_{14} \sim VD_{17}$ 二极管的内阻下降，对 N_1 线圈的受话信号有较大的分流作用，从而减弱了 N_3 线圈感应的话音信号。反之，远线环路电流较小时，$VD_{14} \sim VD_{17}$ 的内阻较大，分流作用小，N_1 线圈上的信号少受衰减，因此起到自动稳定受话质量的作用。$VD_{14} \sim VD_{17}$ 二极管还可以使送话电流 i_1 较为稳定，少受近线、远线阻抗 Z_L 变动的影响，这样消侧音的效果就不会因通话距离不一样而发生过大的变化。与 $VD_{14} \sim VD_{17}$ 串联的电阻 R_{19} 是一个微调可变电阻，如 R_{19} 阻值调得过大，自动音量调节效果就不明显；反之，R_{19} 阻值调得过小，有可能出现近线音量反而比远线小的异常情况，R_{19} 调整合适可使远、近距离的通话质量差异很小。

二、用户保安器

用户保安器是接在用户电话线上的用来保护用户终端设备和人身免遭强电压或强电流冲击的保护装置，是用户线路上的重要部件，结合 CCITT k. 20 建议和我国线路环境的实际情况，用户保安器应具有防雷击、防强电感应和防交流市电的三项功能。

1. 防护元器件

用于保护用户终端设备的各种保安器主要用来防止线路中由于各种因素引入的过电流或过电压，因此用于用户保安器的元器件也可分为两种，即过电流防护和过电压防护元器件。

(1) 过电压防护元器件

1) 陶瓷气体放电管　这种放电管是密封于放电介质中的一个或几个放电间隙，用以保护设备和操作人员免遭瞬间高电压冲击的保护器件，其基本原理是：当瞬间过压（浪涌电压）加到放电管的电极后，由于气体放电的本征特性，管子导通有一个时间上的延迟，在开始，管内可以有微小的电流通过，放电管内无任何发光现象，当电压升到某一定值时，管内电流会突然增加，电极上电压下降，这个过程称为辉光放电过程；当电流进一步增加，则辉光放电转变为弧光放电，电极上电压下降到一恒定值。利用气体放电管的这一功能，在受到浪涌电压的冲击而过载时，提供一个良好的短路保护，保证了通信设备的安全。

2) 压敏电阻器　所谓的压敏电阻器就是电压敏感电阻器，它一般由氧化锌等氧化物为主要原料，采用电子陶瓷工艺制成的半导体电阻器件，其伏安特性是非线性的。这种压敏电阻器可用范围相当广泛，小到几伏，大到几万伏的交直流电器设备和线路上都有相应的产品。其基本原理就是在保护电压值以下的电压作用下，它具有很高的电阻值，即其中流过的电流值很小，当电压达到某值以后，电流值急剧上升，即压敏电阻的电阻值变得很小，相当于短路，这时线路中引入的高电压全部降到压敏电阻器上，保证了其后连接的通信设备。

(2) 过电流防护元器件

1) 热线圈　热线圈是在过载电流下动作，对电话通信装置起到保护作用的元件，它一般由线圈架、装在线圈架上中间孔中后仍能滑动的芯棒、一头焊接在线圈架上并整齐地缠绕在线圈架上的丝包电阻丝（即线圈）组成，芯棒穿过线圈架定位后用低温焊锡焊牢。

使用时，将热线圈串联装配在线路上，当通信线路遭受潜电流侵袭而出现过流现象时，热线圈上的线圈发热，经过一定时间后，当热量达到焊接芯棒与线圈架的低温焊锡的熔点时，低温焊锡熔化，这时芯棒受外力（一般在保安器内安装弹簧）推动而滑动，使外线接地，保护通信设备，同时保安器发出信号。已动作过的热线圈，加热复位后可再使用，但一般不宜超过三次。

2) 熔丝　熔丝一般使用的为德银丝，它对短时的大电流有防护功能，它的防护特性曲线（即 I-t 曲线）与热线圈的防护特性曲线具有互补性，因此近年来被用于原来只有热线圈进行保护的保安器中。

在使用方法上有直接把熔丝焊接在保安器内连接元件上的，也有焊接在印刷电路板上的，或把熔丝焊在组件上的，有的地方也把熔丝先焊接在两头有封套的玻璃管中，然后装配在保安器内。

3）热敏电阻PTC*R* 所谓的热敏电阻是指当温度增加到某一特定值时，其电阻值呈阶跃式增加的热敏感半导体电阻器。其温度变化可以由流过热敏电阻器的电流来获得，也可由环境温度的变化或两者的叠加来获得。

热敏电阻的电阻-温度、电压-电流及电流-时间特性兼有上述过电流保护元器件热线圈、熔丝的优点，即当通信线路遇有潜电流时，能与热线圈一样动作，当遇有大电流时，能与熔丝一样快速动作，且能在动作之后自动恢复，因此得到了广泛的应用，依生产PTC*R*的主要原料来分，主要有陶瓷PTC*R*和高分子PTC*R*，依使用方式来分，PTC*R*有带两脚焊接和不带脚装配两种方式。

4）热熔块（FS） 这里所指的热熔块一般由熔点在70℃左右的低温焊锡制成，当线路遇有过电压、过电流后，环境温度升至热熔块的熔点时，FS熔化，保安器发出告警信号，由于FS可以做成各种形状，且动作时有一定的特点，故应用相当的广泛。

2. 用户保安器

用户保安器是采用上述保安元器件做成的器件，现在通用的保安器有很多种，其原理及保护性能也各有差异，我们从原理的角度来介绍几种保安器，为了区别起见，我们给他们赋予序号。

（1）Ⅰ型用户保安器 其原理电路如图10-16所示，它由两个陶瓷气体放电管和接地插头组成。

这种保安器主要用于防雷击，当用户线路遭受雷击后，放电管放电，两端导通，强电压经由保安器的接地插脚，通过系统的接地装置引导入地，从而保护了通信设备。

Ⅰ型保安器动作后无告警信号。

（2）Ⅱ型保安器 由于Ⅰ型保安器缺乏告警信号，使用上诸多不便，对Ⅰ型保安器改进，加装告警信号，即为Ⅱ型保安器，其原理如图10-17所示。

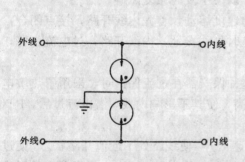

图 10-16　Ⅰ型保安器原理电路

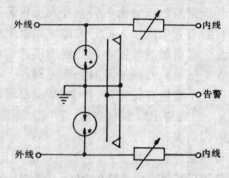

图 10-17　Ⅱ型保安器原理电路

比起Ⅰ型保安器，Ⅱ型保安器增加了告警信号端，热线圈或FS等保安元件，它在动作时能发出信号告警。放电管的直流点火电压一般为250～350V，Ⅱ型保安器既能防止雷击，又可以对交流市电起到一定的防护作用。

（3）Ⅲ型用户保安器 Ⅲ型用户保安器是在Ⅱ型的基础上改进的一种保安器件，它具有过压热熔保护和开路保护的双重功能。加快了热线圈的动作时间，增加了防护范围，其原理图如图10-18所示。

这种保安器将热线圈与放电管安放在一起，当放电管放电时，将热量直接传递给热线圈，当热量达到一定的温度时，热线圈中低温焊锡熔动，这时内线脚上的簧片与动作后的热线圈上受弹簧压力移位的导电体脱离，使内线开路，同时外线接地，保安器发出告警信号。

（4）Ⅳ型用户保安器　Ⅳ型用户保安器具有潜电流保护、过压保护和大电流毫秒级保护的三保险防护特性。其原理图如图 10-19 所示。

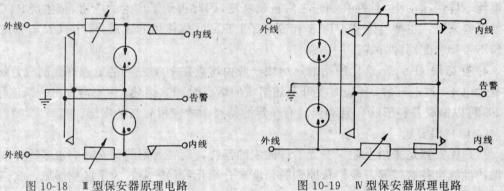

图 10-18　Ⅲ型保安器原理电路　　　　图 10-19　Ⅳ型保安器原理电路

Ⅳ型保安器的过电压保护采用陶瓷放电管，对雷击强电感应的瞬间脉冲，放电管过压保护并具有自复功能，当外来有害电源侵入时间较长，则由过流保护来处理，但由于热线圈与放电管相互靠近，由放电管发热而致热线圈动作的过压保护也能兼顾，即当放电管放电 30s 内放电管的热量使热线圈熔动，外线接地，内线开路（熔丝已断）过电压告警。

对潜电流则采用热线圈保护，当外线绝缘不良、间接碰触和远距离用户直接线路造成 130~140mA 的潜电流侵入时，虽然电流较小，但时间长，产生的热量 $Q=0.239I^2Rt$ 和时间成正比，采用热线圈这种独特的传统机械时延热熔功能，能够比较可靠地使接点熔动闭合，外线接地、过电流告警，并发出告警信号，以便于及时修复障碍。

只要有大电流侵入，开关熔丝则以毫秒级的速度熔动，首先内线开路，接点闭合，外来电流全部流过热线圈，使热线圈迅速熔动，这时外线接地，内线开路，过电流告警，并发出告警信号，以便于及时处理障碍。

（5）Ⅴ型用户保安器（PTCR 保安器）　这种保安器在过流保护时，采用了热敏电阻 PTCR，当线路出现潜电流时，PTCR 电阻值增高，使其不影响内线，潜电流过后，PTCR 电阻值自动恢复。

当线路受到大电流侵袭时，PTCR 电阻值迅速上升，使线路处于近似开路状态，使过电流现象得以控制，如持续时间短，PTCR 自动恢复，如持续时间长，则当保安器内的温度达一定值时保安单元的低温锡块（FS）动作发出告警信号。每次出现故障后需换上新的 FS 方能重复使用，其原理如图 10-20 所示。

（6）Ⅵ型用户保安器　这种保安器区别于前几种保安器在于：在外线上焊接有外线熔断丝，簧片座内焊接固定的接地簧片及告警簧片的告警装置，如图 10-21 所示。

当潜电流侵入时，热线圈动作告警，当 1A 左右的电流侵入时内线开路，簧片座上的告警组合发出告警信号，在大电流侵入时内线开路，外线开路并发出告警信号，因此这种保安器具有过流、过压时发出告警信号，强电侵袭时内线开路并发出告警信号，当电流达到一定值时外线也随之开路等功能，是一种较为完善的用户保安器。

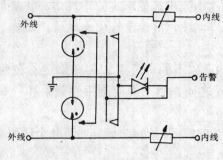

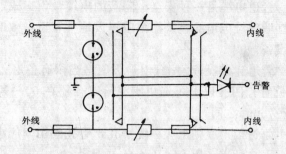

图 10-20 Ⅴ型保安器原理电路　　　　　　图 10-21 Ⅵ型保安器原理电路

　　根据使用场合的不同，用户保安器的接续方法有多种，对于交换机室，它根据接线排的种类的不同而不同，有卡接式、绕接式和半卡接半绕式等，而用于用户电话机连接的保安器，其连接方式多为端子式连接。

第四节　用户线路的敷设

一、用户线线径的选择

　　用户线路是包含有主干电缆、配线电缆和用户线的线路，电缆芯线和用户线线径的选择应根据传输信号的质量，以及传输通道的大小来选择。

　　为节约管孔，提高管孔的含线率，主干电缆应根据管孔直径大小选用，在管孔占有率不高于 85% 的情况下，应选择大对数细线径电缆。

　　由于传输和交换技术的发展，用户线的传输衰减限值已由原来的 4.34dB 改变为 7.0dB，加上电话密度不断增加，电话局、所增多，一个电话局的服务面积越来越小，用户线采用 0.4mm 线径均能满足要求。

　　实际设计中，在满足用户线传输标准的条件下均采用 0.4mm 线径的电缆，这样一方面可以节约有色金属铜。另一方面可以提高管孔含线率，减少因线径变化引起的信号传输反射，有利于提高非话业务和长途通信的传输质量。只有在特殊情况下才使用 0.6mm 和 0.32mm 线径的电缆，前者用于 PCM 传输，后者用于出局管道拥塞处。对少数高损耗长距离的分散用户可采用提高馈电电压或带增益的长距离延伸器、高效话机等措施来满足传输的需要。

二、用户线路的敷设

　　用户线路的敷设，应为居民安装电话提供方便，对新建的建筑物应根据设计规范，采用暗配管线到户，安装电话插座，对于旧的多层建筑物，应把分线盒装在楼层内，以缩短引入线长度，减少通信故障。

　　1. 室外线路的敷设

　　室外线路的敷设方式大致可分为挂墙式和管道式两种，挂墙式电缆线路一般选择在结构坚固、墙面比较平直的建筑物上，其敷设方法有卡钩式和吊线式两种，卡钩式一般用于电缆拐弯或墙面要求不影响美观的地方。

　　在墙面凹凸不平，有障碍物或房屋之间跨越时，宜采用吊线方式敷设。

挂墙式电缆敷设方式，便于安排分线设备、施工速度快、维护方便、节约工程投资。

管道电缆是一种安全、隐蔽的电缆敷设方式，新建小区或其他形式的建筑物，以及无法挂墙敷设电缆的建筑物都应建设地下管道，敷设管道电缆，用出土管引上电缆，安装分线设备。

管道建设投资大，管道建设应适当留有备用孔，四孔以下的可选用 PVC 聚氯乙烯硬管或钢管；四孔以上可选用水泥管，孔径在 50～90mm 之间。引上管应选用钢管，孔径在 50～76mm 之间。

管道敷设原则上应一缆一孔，管孔利用率应小于 85%，管径的选择有如下几个原则：

入户管道采用 60～75mm 的管径；

总配线箱至配线箱的管道可选用 35～50mm 的管径；

配线箱至用户室内管道可选用 15～30mm 的管径。

2. 楼内电缆的敷设

现代建筑不仅要求电信等各项设备齐全，而且要求管线装设隐蔽，外表美观，因此在楼宇建筑时，应预设暗管暗线，以满足用户目前装机和进一步发展的需要，但是各类建筑物对通信设备的要求有所不同，过多过大的线路建设会带来浪费，而设备不足或无预设电信管线，则会给今后增设管线带来极大的困难，也会浪费人力和物力，给室内装潢和美观带来不良的影响。

根据国外电信的发展以及我国电信状况和经济发展的潜力，我们必须对所建的楼宇内的电话数量进行预测，并预埋暗线管道，为了更准确地预测楼预内的暗配管线数量，做好暗配线工作，必须遵循如下原则：

(1)电缆线对的估计　根据国外的统计资料，建筑物中所需的电缆线对数如表 10-18 所示。

电缆线对数估计(/10m²)　　　　　　　　表 10-18

建筑类型		中继线	分机线	建筑类型		中继线	分机线
商业机构		0.3	1.5	医院	办公室	0.15	0.15
银行		0.3	1.5		病房	0.03	0.03
一般办公室		0.15	1.0	证券公司		0.6	1.5
商场	门市部	0.03	0.3	报社		0.2	6.0
	办公室	0.15	0.6	住宅（户）		1	1
政府机关		0.2	0.5				

在我国的居民住宅中，一般高级住宅每套 2～3 对，一般住宅当面积在 70m² 以上时需要 1.3 对，70m² 及以下者，需要 1 对，一般商店、饭馆等服务行业，按 1 对/户来处理。

(2) 楼内进线和配线　楼房内有用户交换机，则在靠近它的附近进线，如无用户交换机，则应在楼的中部或靠近配线线路汇集点进线，进线后应设总配线箱（架），然后根据用户情况，再分设若干个配线箱（或暗线箱）。

对于大型的建筑，如电话线超过 2000 对以上的建筑物，可采用 6～8 孔管道引进大楼，电缆进楼后，沿地下室墙壁上安装的电缆支架（约三层左右）敷设，或把电缆平放于地下室暗沟处（沟宽 400mm、深约 300mm、上有盖板）。也可以采用将电缆走道铁架固定于地下室天花板上的吊装方式，这是一种安装维护方便，且适合于地下室地面高度有复杂变化的建筑物的方式。

在未设有暗管的建筑物中，也可加装 U 形电缆槽，其结构如图 10-22 所示。

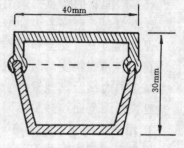

图 10-22　U 形槽

U 形槽的底部用胶粘附或用螺栓固定于墙上，然后扣上其帽盖，线路装设或检修时，只要打开帽盖即可施工，它的材料多为聚氯乙烯，有各种颜色，可选用与墙壁协调的颜色。

也有用铝冲压件与塑料制成的电缆槽，它们均采用凸凹口镶接，开合方便，并有十字分歧接口和丁字分歧接口，其底部装于建筑物上（如天花板），分支线由丁字或丁字分歧处引出。

（3）新建楼房内均设有暗管　暗管包括话机到配线箱暗管、配线箱至配线箱和配线箱至总配线箱暗管。

根据建筑物使用的要求的不同，电话通信电缆或软线的暗配管的设计也有所不同：

1）多层或高层住宅楼　多层住宅楼的暗配管网是以每栋楼房单独进出的门为单元组成一个暗配管系统，它包括进户管、竖向电缆管和用户线管等。

电缆进户管由电缆敷设方式决定，当采用挂墙式或架空式的电缆线路时，应采用穿墙进入楼内的方式，将电缆管伸出墙外且管口向外倾斜；当采用地下管道敷设时，通过暗敷引上管引至分线箱或配线箱。

通过竖向电缆管道连通各楼层分线箱，竖向管一般应敷设 1～2 根，其中一根作为备用管。每层分线箱至每户住户布放用户线管连至用户出线盒。

对于高层住宅楼，由于其用户数量较多，在系统中一般设有交接间和过路箱，在管路中也多采用竖井和暗管结合的方式。电话交接间需设在靠近引入电缆的一侧并接近竖向电缆管上升的底层，交接间通过管道与市话通信管道和建筑物内的暗配管网沟通。电缆路由由竖向电缆管路和横向电缆管路组成，竖向电缆管路有竖井或上升通槽组成，分线盒装在竖井或上升通槽内，而壁龛分线箱则装在外面。

竖井内应安装电缆支架，以便固定电缆，各层的电缆穿线管及预留管应做好防火隔离措施，并留有门锁以确保安全。

2）综合办公楼或商场　综合办公楼或商场系大面积建筑，综合办公楼是根据单位租赁需要进行房间分隔，而商场则根据柜台布置而设置，办公室一般也不靠近墙边，所以多采用墙上安装壁龛分线箱，在地面上做槽式或管式出线盒的方式。

（4）暗配管设计要求　暗管敷设时，每隔 30m 的电缆暗管中间应加装过路箱，用户线暗管中间应加装过路盒。住宅楼内过路盒应安装在建筑物的公共部位。

暗管必须弯曲时，其路由长度应小于 15m，且该段内不得有 S 弯，连续弯曲超过两个时，应加过路箱（盒），管子弯曲处应安装在过路箱（盒）的近端部位，弯曲不得小于 90°、且电缆暗管的弯曲半径不得小于管子外径的 10 倍，用户线暗管的弯曲半径不得小于该管外径的 4 倍。

用户线暗管应避免穿越沉降缝和伸缩缝，以避免两段房屋可能沉降不均或膨胀收缩时造成暗管断裂，如果一定要穿越，应采取补偿措施。

敷设暗管时，应在管内穿入 $\phi1.6mm$ 的镀锌铁丝。

(5) 暗配管的特点　采用暗管和暗线，有以下几个方面的优点：

建筑美观，良好的设计把全部线路设备隐蔽起来；

保障线路设备安全和工作可靠，从而使通信的可靠性有了保证，用户满意；

在扩容和线路变动时，也比较方便；

减少电力线及其他管线于电信线的平行或交叉；

延长线路寿命，减少障碍发生。

3. 用户配线架或配线箱

用户配线架或配线箱相当于一个交接箱，它们的使用能大大提高电缆心线使用率及灵活性，配线一般都可由终期容量一次建成。

根据楼房大小和用户数量，用户配线架和配线箱的类型可按以下原则来选择：

1500 对及其以上采用直立式用户配线架；

400～1200 对采用装墙式用户配线架；

50～300 对采用配线箱。

用户配线架应设在某一专用的房间内，有时称为交接间，房间应能加锁，以保证设备的安全。为了引入配线的方便，交接间应设在一层，如果地下室不十分潮湿，也可设于地下室。

配线箱箱体材料可为木材、塑料或钢板，内装若干块 20 或 50 对线的穿线板与挂线板，箱的上下壁均设有电缆引入引出孔，外侧设有箱门，配线箱既可以装于墙内，又可以挂在墙上。

根据楼内用户数的多少和建筑物的特点，配线箱的设置有如下的特点：

墙内配线箱适用于单元式住宅楼；

在电话的需用量较大而又不适合于安装用户交换机的建筑物中，可单设小间专用房安装配线箱；

在无法放暗箱的住宅楼，可以用楼梯道墙角隔出单间来装设配线箱。

4. 配线方法

建筑物内的电话配线线路应根据房屋的结构及用户的性质，选用合理的配线方案，以达到既经济，又便于施工和管理，同时也要留有足够的裕量能够适应未来技术发展的需要。电缆的配线方式有单独式、复接式、递减式和混合式五种。

(1) 单独式　各个楼层的电话电缆分别直接取自总交接箱，因此各楼层之间的电话电缆线对之间毫无任何关系，其数量也分别由各楼层的用户性质和数量决定。这种配线方式适用于各楼层需要的电缆线对数较多，且较为固定的场合。这种方式的故障影响范围较小，便于检修，且对某一楼层的改建或扩建也不影响其它楼层，缺点是电缆数量较多，工程造价高。

(2) 复接式　各楼层的电话电缆由同一条上升电缆引出，不是单独供线，各楼层之间的电缆线对部分复接或全部复接，这样各层的线对可以适当调度，灵活性较大，且所需的电话电缆数较少，工程造价低。

（3）递减式　各楼层的电话电缆由同一条上升电缆引出使用后，上升电缆逐段递减，这种方式的各楼层电缆不复接，在发生故障时易于检修和判断。

递减式配线方式的电缆长度较少，工程造价较低，适合于各层所需的电缆线对数量不均匀且有变化的场合。缺点是灵活性较差，线路利用率不高。

（4）交接式　将整个建筑物的电缆线路网分成几个交接配线区域，除离总交接箱或配线架较近的楼层采用单独供线外，其它各层电缆均分别经过有关交接箱连接。

这种交接箱配线方式的主干电缆使用率较高，适用于各楼层需要线对数量不同且变化较多的场合。

（5）混合式　这种方式是根据建筑物内的用户的性质及分区的特点，综合利用各种配线方式的特点而采用的配线形式，如递减式和复接式的组合等。

三、用户线安装要求

挂墙电缆敷设位置的标高应尽量一致，一般为 3.0～3.5m，尽量选择敷设在隐蔽和不受外界损伤的地方，避免穿越高压、高温、潮湿易腐蚀和有强烈机械震动的地段，也应尽量避免与各种管线接近，如必须接近，其净距应当满足表 10-19 所示的要求。挂墙电缆在穿越电力线时应加保护套管，以防止电力线触碰电缆，造成人身和设备事故。

墙壁电缆与其他管线的最小净距（mm）　　　　　　　　　　　　表 10-19

净距类别	避雷引下线	保护地线	电力线	给水管	压缩空气管	不包封热力管	包封热力管	煤气管
平行	1000	50	150	150	150	500	300	300
交叉	300	20	50	20	20	500	300	20

管道电缆宜埋深 400～600mm，与其他管线及建筑物的最小净距如表 10-20 所示。

电信电缆管道与其他管线间平行、交叉净距（mm）　　　　　　　表 10-20

净距类别	自来水管（直径）			下水管	热力管	煤气管（压力：MPa）		电力电缆	
	≤300	300～500	≥500			≤0.3	0.3～0.8	≤35kV	≥35kV
平行	500	1500	1500	1000	1000	100	200	500	2000
交叉	150	150	150	150	250	30	30	500	500

注　1. 在交越处 2m 的范围内，煤气管不应作接合装置和附属设备，如上述情况不能避免时，地下管道应作包封 2000mm。

　　2. 如电力电缆加保护管时，净距可减少至 150mm。

第十一章　程控用户交换机的工程设计

第一节　程控电话站对环境及建筑总平面的要求

一、概述

程控电话站应设置在良好的地理环境之中。因为，程控电话站的站址若选得不合适，则需要采取大量的防护措施，以满足环境要求，但这往往是事倍功半，很难达到所期望的防护要求。这就要求程控电话站选址时，要避免设置在温度高、灰尘大、有害气体多、易爆、易发生火灾及低洼地区；要避开经常有较大的震动或强噪声的地方；要避开总降压变电所和牵引变电所。总之，在工程设计时，应根据通信网的规划及业务预测要求，结合水文、地质、地震、气象、电源及交通等因素综合考虑，选择符合环境要求的站址。

程控电话站的房屋建筑与一般的民用建筑是不同的。这与它在社会上的重要性及其独有的特殊性所决定的。第一，由于社会各方面都离不开通信联络、传递信息，所以要求电话站应随时处于正常的工作状态，以保证通信畅通。第二，通信网络庞大，复杂。处于网络中心位置的电话站，若想要变动一下位置，则非易事，或者说，这将是一件工作量大而复杂的工程。基于以上两点，程控电话站一经建成，则轻易不能做翻修或者搬迁。这就要求对程控电话站的房屋建筑考虑其耐久性。耐久性分为两种：50～100 年，100 年以上，究竟采用哪一种，则应根据其重要性确定。

程控电话站的房屋建筑、结构、采暖通风、供电、照明等项目的工程设计由建筑设计部门承担。为了使房屋能够适应通信设备的安装及生产维护的需要，通信专业设计人员应该提出比较详细的建筑要求，如房屋的室内净高、地面荷载、电缆出入孔洞位置、门窗位置大小、室内装修、湿温度和强度要求条件等。以便建筑设计部门在进行房屋建筑设计时，通盘考虑。

程控电话站的土建设计应贯彻适用，经济、合理、安全实用，确保质量。

若程控用户交换机设备安装在旧房屋内时，一般可以根据具体情况，结合程控用户交换机应满足的环境条件，分别采取适当的措施，对旧房屋加以改建。

程控电话站房屋设计还应符合工企、环保、消防、人防等有关规定，符合国家或部颁的现行标准、规范以及特殊的工艺设计中有关房屋建筑设计的规定和要求。

二、程控电话站的布局要求

在满足生产安全、防火、卫生、日照及施工方便等条件下，程控电话站内的各种建筑物的布局，应该力求紧凑合理，节约用地。由于程控电话站的重要性及其特殊性，因此，在安排电话站的位置时，还要注意考虑满足其保密、安全、安静、便于管理等条件。所以，所有生活福利房屋，如食堂、宿舍、托儿所等建筑，应布置在生活区，并设有单独出入口，与通信机房隔开，避免非生产人员及外来人员随意进入机房，为程控电话站处于良好的工作环境，创造必要的条件。

（1）生产房屋宜有较好的朝向，在一般情况下，应充分利用天然光进行采光。

（2）布置锅炉房、食堂等会散发烟灰粉尘的建筑物时，应该根据当地常年风向，将这些建筑物安排在生产房屋影响最小的位置，即位于相对生产房屋而言的下风位置，使生产房屋受烟灰粉尘的危害程度降至最低，以保证生产房屋所处的卫生环境保持良好。

（3）为了安全起见，生产房屋的入口处应设置警卫室和警卫设施，以防止非生产人员及外来人员随意进入。程控电话站应设有围墙。围墙高度不能低于 2.2m。围墙至电话站生产房屋外墙的间距，不能小于 4.0m。这是根据《建筑设计防火规范》中有关建筑的防火间距的规定推算得知的。例如：《建筑设计防火规范》第 5.2.1 条规定，耐火等级为一、二级的建筑物之间的防火间距为 6m；一、二级建筑物与三级建筑物之间的防火间距为 7m；一、二级建筑物与四级建筑物之间的防火间距为 9m。按规划要求，两个相邻单位之间的围墙一侧的建筑物与围墙之间的距离各为 $\frac{1}{2}$ 的防火距离。通信建筑的耐火等级通常为一、二级，若相邻单位建筑物为三、四级，则取 7～9m 的一半为 3.5～4.5m，则取 4m 做下限为宜。

（4）程控电话站站内道路设计应符合以下规定：

1）车行路面的宽度为 3.5m，按通行检修车的单行线设计，在主要出入口处可适当加宽路面宽度。

2）人行路面宽度一般为 1.2～1.5m，人流量较大的地段，可根据需要适当加宽。

3）路面铺设材料应选用耐久，且不容易起灰的材料。

4）在程控电话站主楼安全出口附近，应该留有一定面积的室外平坦空地，以便于进行安全疏散。

（5）为了方便排出积水，程控电话站内场地应考虑有不小于 1% 的排水坡度，但此坡度的大小应以不影响人员出入方便及畅通为宜。

（6）程控电话站内应设有必要的空间场所，其面积的大小，应由建筑系数确定。建筑系数的计算公式为：

$$建筑系数 = \frac{各建筑物占地面积总和}{用地面积} \times 100\%$$

临时性建筑不列入建筑系数的计算之内。

当建筑系数在 30% 左右，站内有一定的活动场所和停放车辆以及堆放少量材料的场所；若系数再高些，则会使空间场所有所减小，显得有点紧张。建筑系数最高不能超过 45%。因此，一般情况下，可取建筑系数为 25%～35%。

（7）为了改善环境条件，程控电话站应进行绿化建设。但绿化建设仍应该满足安全、消防的要求，不能种植会散布花絮及容易寄生较多虫类的树木。在不扩大用地的情况下，锅炉房、厨房、油库等容易发生火灾及散发烟灰的建筑物四周宜种植阔叶树木。

三、程控电话站的工艺要求

程控电话站的生产房屋的建筑平面设计应该满足工艺要求，主要从建筑构造、屋高、内部交通、楼面荷载等几方面考虑，并且注意为远期生产房间的扩充与调整创造条件。程控电话站主机房的楼面荷载要求，应该采取全楼层的标准一致的措施，以及减少机房楼面荷载要求的档次等办法，为远期机房的通用性创造良好的条件。

（1）若生产房屋内近期只需安装部分程控用户交换机设备，则应该将暂不装机的空闲部分，加临时隔断暂做其他用房，如可做为临时性生产管理用房或辅助生产房间使用。但应该采取一些必要的措施，以保证在远期改建需要拆除临时隔断时，不影响所有设备的正常运转。

（2）行政办公、生活福利等非生产性建筑，应与生产性建筑分开建造，即形成独立的部分，并且应该满足防火规范的要求。由于生产性建筑与非生产性建筑的防火要求和建筑标准不同，若两者混合建造，不仅会影响生产管理工作，而且也会使非生产性建筑造价提高。如果生产性建筑与非生产性建筑因条件所限，不能分开建造时，则应分成两个独立单元，以免互相干扰，并应该按照不同的建筑标准来考虑。

（3）锅炉房、电力变压器室是不能与程控电话站主楼同楼合建。

（4）生产房间及辅助生产房间的上层尽量不要布置容易产生积水的房间，如厕所、水房等，以免上层漏水影响下层机房设备的正常运转。若情况不得已，只能如此布置时，上层房间的地面应做防水处理。

（5）建筑物的变形缝不应设置在生产房间内部。这是因为建筑物的伸缩或沉降将会引起地面、墙壁和顶棚变形；缝内堵塞材料开裂，将会引起渗漏，这些都将影响通信设备的安装结构的牢固性，有可能造成通信设备故障。

（6）对于一些产生较大噪声的房间，比如，空调压缩机房、油机房、通风机房、水泵房、电缆充气控制室等，不仅房内的设备本身应该采取消声措施，而且应该将这些房间设置在地下室内为宜。若上述房间布置在底层或楼层时，其围护结构的材料应采取减震或隔声措施，降低噪声对周围各生产房间的干扰，以符合环保要求。

在总平面布置上，应该考虑对电话话务室等房间的噪声干扰，按噪声标准规定，不得超过在这类房间的墙外 1m 处 60dB 的要求。

第二节　程控电话站对房屋的一般要求

一、一般要求

为了满足设备安装和生产维护的要求，对程控电话站的房屋的一般要求规定如下：

（1）程控电话站应有专门的房屋建筑。小容量的程控电话站可以从其他建筑物中分出一部分房屋，构成独立的单元，作为程控电话站使用。程控电话站的生产房屋应包括：程控交换机室、控制室、磁带机室、计算机室、传输设备室、电力室、测量室、电池室等。各房屋建筑应符合二级防火标准。若程控电话的房屋是利用现有的房屋时，也应该尽可能达到所要求的防火标准。若高层建筑，防火标准为一级。

如果程控电话站与其他厂房、办公室或住宅建在同一建筑物内时，应该根据具体情况，考虑是否有必要对程控电话站的程控交换机室、话务台室、测量室、控制室、传输室等生产房间采取隔音措施。生产房间与办公室之间应设隔断墙，可用铝合金框架玻璃隔断。其他房间的隔墙，均可以采用轻型防火隔音材料制作。大容量的程控交换机室与外墙间应该用一走道隔开，即设置外走道。走道与程控交换机室间可以用铝合金框架玻璃隔断墙隔开。这样，既可以起到隔音、防尘的作用，又可以供参观者在机房外观察机房内的设备动态情况。

（2）所有生产房间的顶棚、墙、门、窗、地面等各种建筑物构件的材料选用及构件设计，应有足够的牢固性和耐久性。蓄电池室则注意考虑其耐酸（碱）性；电缆进线室应注意防水、防火。并且要求具有防止尘砂的侵入、存积和飞扬的功能。

（3）程控电话站单独建设时，房屋的抗震设计应按本企业的重要建筑物确定抗震设计烈度。程控电话站与其他建筑物合建时，在一般情况下，应与其合建的房屋采用同一抗震设计烈度；当本企业的重要建筑物的抗震设计烈度高于程控电话站建筑物抗震设计烈度时，应当采取适当的防护措施，提高程控电话站的房屋抗震能力。

（4）各生产房间的外门宜向走道开启或采用拉门。用于进出通信设备或电源设备的房间外门，其洞宽度不宜小于 1.5m。各种不安装通信设备及电源设备的房间外门，其宽度可以根据实际需要来确定，但至少不能小于 0.9m。

生产房间（蓄电池室、电缆进线室等除外）天然采光的窗洞面积与地板面积之比，一般为 1:6。

电力室、电池室、测量室、传输设备室、控制室、空调室、程控交换机室的内外窗均应按防尘窗设计。有条件时采用铝合金双层密封玻璃窗，玻璃厚度可较一般民用建筑要求提高一级（即增加 1mm），以减少破碎的可能。若受条件所限，不能满足此要求时，最低限度也应将程控交换机室和控制室的内外窗，按密闭窗设计，窗要求双层。其他房间可按一般窗要求设计。电缆进线室不应设窗户。

开启的外门、窗户宜设置纱门、纱窗扇。程控电话站生产房间若有临街的底层窗户，为了安全起见，应加装金属栅栏。底层的外门宜采取安全措施或安装防盗铁门。内门应采用耐久、不易变形的材料，外形应平整光洁、减少积灰。电力室、测量室、传输设备室、控制室、程控机房等可采用铝合金双开推门或拉门，其余房间可采用木制门。电池室的门、窗应选用耐酸（碱）腐蚀的材料，或涂耐酸（碱）油漆。电缆进线室入口处可采用防火铁门，门向外开，门宽不小于 1m。

除蓄电池室、过道、楼梯间、厕所间及无人停留的房间外，其余房间的外墙，应设窗帘盒和滑轨。

（5）通道、楼梯和门的宽度应不妨碍各项设备的搬运。程控电话站主楼应有一座楼梯兼供搬运程控用户交换机等设备使用，此种楼梯不能采用螺旋楼梯，其楼梯净宽不得小于 1.5m，平台宽度不得小于 1.8m，楼梯的净高不能小于 2.2m，楼梯的坡度即踏步高与踏步深的比为 1:2，楼梯间的门洞宽度不得小于 1.5m。楼梯间在各层的平面位置应上下一致，楼梯宜靠外墙并应自然采光。

各生产房间之间的通道净宽度要求为：单面布房时，一般不能小于 1.5m，双面布房时，一般不能小于 1.8m，通道的净高不能低于 2.4m。

任何生产房间都应独立门户，其任何部分都不允许作为通入其他非生产房间的走道。例如，电缆进线室应有单独门户，而不能作为进入地下室的通道。

（6）屋顶应严格防止漏雨及掉灰。

各生产房间的顶棚，在安装工作开始前应完成最后一次粉刷和油漆。而墙壁的最后一次油漆，应在安装工作结束后进行。天花板、墙壁的上部，应涂浅颜色的无光油漆（一般宜采用白色），在墙壁的 1.5m 以下的部分（护壁）可涂比护壁以上部分较深的浅颜色油漆（一般用湖绿色或米黄色较好）。在油漆中，不应含有像松节油之类带挥发性的油质。顶棚也可以采用铝合金吊顶顶棚。对于电池室则应采用耐酸油漆。

（7）由于加固设备的要求，例如程控交换机采用螺栓、螺母固定在地板上。往往在房屋建筑时，要提出预埋铁件（或加固件）的安装图。为了避免施工误差太大，或适应设备安装时小范围的变动，可在预埋铁件处留出孔洞或沟槽，待设备安装时再用水泥填塞补平，尤其是墙体上预留孔洞、沟槽的抹灰填平工作，应在油漆墙面以前完成，以免影响整体美观。

（8）若程控交换机室、控制室、测量室、电力室同层相邻时，它们之间的隔墙上。在离地面1m以上的部分可以做成玻璃隔断，便于维修。

（9）生产房间的地面，首先满足设备承重的要求，并按其功能的不同，满足防尘、绝缘、耐磨、吸声、防火、防酸等要求，并参考其造价。程控电话站房屋地面通常有以下几种：

1）水泥地面：水泥地面施工简便，造价低廉，但容易起尘，用久了会产生磨面，甚至在局部地方出现坑洼不平。所以，一般只用于非技术性生产房间，如办公室、仓库等。

2）水磨石地面：水磨石地面不起尘，容易清洁，耐水洗刷和耐磨擦，刚度较好。但它同一般水泥地面一样，传热快，空气中的水份容易凝附在其表面，因而，绝缘能力较差，尤其是湿度较大的地区，更为突出。其次，在音响方面也不够理想，吸音的能力较弱。但是，由于它的造价比较经济，而且具有上述的一些优点，所以，它常用于程控电话站的辅助生产房间及走廊等。有时，除程控机房、控制室以外的其他生产房间也有采用它的。

3）地漆布地面：水泥地上铺地漆布，表面光而不滑，耐摩擦，不起尘，容易清洁，并且有一定的弹性，冲击声响小，除此之外，它的绝缘程度、吸音及耐火性能也比较好。这是一种较为理想的地面。

4）木板地面：木板地面要求选用硬木良材并经精密加工后做成企口木板地。木地板坚硬、牢固、平整。与地漆布相比，除了耐摩擦、耐火、防水和绝缘等方面稍差外，其他性能并不比地漆布差。但需用优质木材，造价也高，为了节省木材，一般不采用这种地面。但在特殊情况下，确实需要用木地板时（例如为布线方便而采用的活动木板地），也可考虑采用。

5）化纤地毯或塑料薄板，此种地面都要求防静电。

6）活动地板：用铝合金、薄钢板或木板为基材，抗静电塑料贴面制作成的活动地板具有抗静电效果好、防火、绝缘性能良好、方便电源走线等优点，工程设计时，应按选用的程控用户交换机的要求选用合适规格的活动地板。

7）沥青砂浆或沥青混凝土地面：沥青砂浆或沥青混凝土地面的特点是耐酸、防火、绝缘性能好、有弹性而不易破裂，一般可用在蓄电池室、储酸室。但沥青砂浆或沥青混凝土地面施工较困难。

8）缸砖地面：缸砖地面分为两类，即陶质和瓷质。由陶质的表面又可为上釉和不上釉两种。它们的优点是防火、防水、易清洁、绝缘程度高。若蓄电池室中采用酸性电池时，选用缸砖地面还应有耐酸的性能，即应该为耐酸缸砖地面。缸砖地面比沥青砂浆或沥青混凝土地面抗压强度高，而且布置电池木架方便（不必在酸性电池下面另放耐酸砖）；其次，其工作环境也远比沥青砂浆或沥青混凝土地面好。缸砖地面的缺点是承受冲击的能力差，容易破裂，在施工时，各砖的平面不容易保证一致，砖与砖之间的勾缝不易处理好。这些缺点容易导致蓄电池室内出现酸液的积聚、渗漏，从而会使缸砖地面底下的混凝土因长久被酸侵蚀而损坏。另外，缸砖地面的造价也比较高。

9）过氯乙烯地面：过氯乙烯地面是以过氯乙烯树脂为基料配制成的涂料，均匀地涂在比较光平的水泥地面上；经干燥、养护而成。表面光洁美观，有较好的耐磨性能，地面不易起灰，易于清洁，造价低廉，施工、维修方便，但耐火、耐水（长时间受水浸泡后，表面脱皮）性能差，表面经不起尖硬的刻划。

（10）屋面设计：程控电话站的屋面构造，应防渗漏并有足够的耐久性和隔热性能。平屋顶应按能够上人进行检修设计考虑。当屋面上设有天线杆、微波天线基础、工艺孔洞时，应采取防漏措施，并应考虑这些设施的荷重。穿设电缆、导线的钢管，在屋面上一定要做成弯管，防止雨水顺着电缆、导线下流。当穿设电缆、导线的管道穿过建筑物时，必须与房屋结构分离开，管道上不得承受压力，在交越处必须留有空隙，中间填塞沥青等具有弹性的材料。不宜将水落管埋于墙内，并且，落水管不能从生产房间通过。

（11）安装各种设备的机房平面布局应考虑各类管线联系方便、距离短、便于施工和分期扩建以及日常维护。需要空调的机房应包括安装空调设备所需要的面积。

（12）在选型未定的情况下，市话程控交换机房的面积可按每个交换系统 10000 门 80m²，大于 10000 门时，每增加 10000 门其面积增加 40m² 估算；长话程控交换机房的面积可按每个交换系统 10000 路端 160m²，大于 10000 路端时，每增加 10000 路端其面积增加 70m² 估算。

（13）数字传输设备机房的面积，从长远考虑，可按每 140Mbit/s 系统 2～2.5m² 估算。

（14）有人值守的各类集中管理机房应根据业务需要合理设置，并宜按大开间布局，其面积按实际需要增加。在难以具体估算面积时，可按表 11-1 参考面积指标取定。对于这类集中维护管理的有人值守机房的用电总量因通信局房而异，工程建设中，应按实际设置情况核算楼内油机、高低压变电设备机房面积。

各类集中维护中心机房面积表（m²）   表 11-1

机房名称 \ 等级	中 等 城 市	特 大 城 市 大 城 市
交换维护中心	200～280	280～320
传输维护中心	280～320	320～360
线路维护中心	200～300	500～600
电源空调维护中心	150～200	180～240
备品资料库及修理中心	80～100	120～150
软件中心	200～240	220～300
申告受理服务中心	200～250	400～500
网管中心	230～320	420～500
计费中心	160～200	300～400
话务员中心	4.5m²/席	

由于这类"中心"机房设置不定因素较多，国内也还处于试验和摸索阶段，需要实践总结。本书根据一些不完整的统计调查资料，对各类生产维护管理中心所需的机房面积提出一个初步意见，各地可根据工程具体情况和通信楼功能需要有选择地设置。一般情况，通信楼由低层到高层应优先考虑安装通信设备的机房，然后再安排这类机房。

（15）如果微波通信、移动通信等机房需要和长、市话交换局房合建时，应按实际需要增加相应机房面积。一般情况下，可按下列参考面积指标估算。

移动交换机房（包括电力电池室）：100～150m²；

微波机房（包括电力电池室）：150～200m²。

（16）程控电话站应装设防雷保护系统。

（17）程控电话站各生产房间的最低净高（自地面至顶棚主梁下或通风管下的高度）、地面负载、地面要求、内部装修、门窗要求等，应符合表11-2的规定。

房 屋 建 筑 要 求 表　　　　　　　　　　表 11-2

编号	房间名称	室内最低净高(m)	楼地面等效均布活荷载(N/m²)	地面类别	室内装修 墙面	室内装修 顶棚	窗地面积比	门	窗	备注
1	程控交换机室	3.0（低架） 3.5（高架） 若采用活动地板时，不包括地板内净空高度	≥4410（低架） ≥5880（高架）	活动地板，或地漆布或过氯乙烯	塑纸贴面，或水泥石灰砂浆粉1.5m以下，浅色，1.5m以上白色无光漆	铝合金吊顶层或水泥石灰砂浆粉，表面涂白色无光漆	1：6	铝合金或外开双扇门宽度1.2～1.5m	双层铝合金窗或严密防尘窗	低架即低于2.4m一般为2.0～2.4m 高架即2.6m或2.9m的机架
2	控制室	3.0	≥4410	活动地板或地漆布或过氯乙烯	塑纸贴面，或水泥石灰砂浆粉1.5m以下，浅色，1.5m以上白色无光漆	铝合金吊顶层或水泥石灰砂浆粉，表面涂白色无光漆	1：6	铝合金或外开双扇门宽度1.2～1.5m	双层铝合金窗或严密防尘窗	
3	测量室	3.00（100或120回线配线架）	≥4410	地漆布、过氯乙烯或塑料面	水泥石灰砂浆粉，表面涂无光漆1.5m以下浅色油漆。1.5m以上白色油漆	水泥石灰砂浆粉，表面涂白色无光漆	1：6	双扇门宽度1.2～1.5m	良好防尘	
		3.5（202回线配线架）	≥4410（总配线架下其他部分） ≥7350（总配线架下）							
		3.5（600回线小型架）	≥7350（总配线架下其他部分） ≥9800（总配线架下）							

编号	房间名称	室内最低净高(m)	楼地面等效均布活荷载(N/m²)	地面类别	室内装修 墙面	室内装修 顶棚	窗地面积比	门	窗	备注
4	话务员室、转接台室	3.0	≥2940	木地板地漆布、过氯乙烯	水泥石灰砂浆粉，表面涂无光漆1.5m以下浅色油漆。1.5m以上白色油漆	水泥石灰砂浆粉，表面涂白色无光漆	1:6	一般防尘		
5	传输设备室或模块交换机室	3.0或3.5与程控交换机室相同	≥4410或≥5880	木地板地漆布、过氯乙烯	水泥石灰砂浆粉，表面涂无光漆1.5m以下浅色油漆。1.5m以上白色油漆	水泥石灰砂浆粉，表面涂白色无光漆	1:6	同程控交换机室	同程控交换机室	
6	电力室	3.0	≥4410	水磨石	水泥石灰砂浆粉，表面涂无光漆1.5m以下浅色油漆。1.5m以上白色油漆	水泥石灰砂浆粉，表面涂白色无光漆	1:6	外开双扇门宽度1.2～1.5m	一般防尘	
7	电缆进线室	2.5		水泥地面	表面水泥砂浆粉，刷白地下要求防水防潮	水泥石灰砂浆粉，表面刷白		外开防火门，宽度不小于1.0m	地下时不开窗，地上窗内不加木板扇	应注意上线孔与梁的关系
8	电池室	3.0	≥9800(2K-10型)≥5880(1K-5型)	耐酸或耐碱	水泥石灰砂浆粉表面涂耐酸或耐碱油漆	水泥石灰砂浆粉表面涂耐酸或耐碱油漆	1:10	外开双扇门，宽度1.2～1.5m	良好防尘	电池如为其他型号时，荷载另行取定
9	电池前室	3.0	≥9800(2K-10型)≥5880(1K-5型)	耐酸或耐碱	水泥石灰砂浆粉表面涂耐酸或耐碱油漆	水泥石灰砂浆粉表面涂耐酸或耐碱油漆		外开双扇门，宽度1.2～1.5m	良好防尘	酸碱依电池定
10	贮酸室	3.0	4410	耐酸地面	水泥石灰砂浆粉表面涂耐酸或耐碱油漆	水泥石灰砂浆粉表面涂耐酸或耐碱油漆				

注：净高＝电信设备的高度＋走线槽（道）及电缆的高度＋施工、维护所需要的高度。

（18）局内辅助建筑、食堂、餐厅、锅炉房、车库等建筑按相应等级的民用建筑考虑。

二、房屋平面布置

1. 程控电话站房屋的设置

程控电话站房屋的设置可能有下列三种情况:

(1) 单独建程控电话站。这种情况只有在比较大的设置容量时才考虑,并要根据实际需要与客观条件的可能性进行全面分析,再会同有关单位共同磋商确定。

(2) 一般工业企业的程控电话站,多附设在其他建筑物内,如办公楼或车间生活间内。在这种情况下,为了维护上的方便和安全起见,最好把程控电话站的有关房屋部分形成独立的单元。

(3) 程控电话站利用旧有房屋。在这种情况下,则应由建设单位会同有关人员根据房屋要求(主要是楼层荷载、高度)对安装机械设备的建筑物进行鉴定。

2. 程控电话站的房间分类和名称

程控电话站所用的房间大致分为生产房间与辅助生产房间。一个完备的程控电话站大体上包括下列各房间:

(1) 生产房间一般有程控交换机室、测量室、控制室、电力室、电池室、话务员室、油机室、电缆进线室和充分维护室等。在小容量的程控电话站内设备安排得紧凑些,有些生产房间可以适当合并,既利维护,又省面积。

(2) 辅助生产房间一般有储酸室、空调室(通风机室)、磁带室、储藏室、线务人员的候工室,生产人员的休息室以及车库等。

(3) 非生产房间一般有办公室,学习室、厕所等。

以上这些房屋并非都是必需的,要结合具体设计考虑,主要取决于通信规模的大小、设备的技术条件与其他通信设备的连带关系、维护生产人员的编制、是新建房还是改建房、是单独建筑还是合用建筑以及当地气候条件等因素。

3. 房屋布置次序

具体安排房屋平面布置时,一般应遵循先主要后次要的原则。即首先考虑主要的生产房间,而其中交换机室与测量室又是应当先考虑的(这是因为程控交换机室面积大,与其他房间在设备安装和生产维护上的联系较多;测量室除了与交换机室关系十分密切外,又是外线与局内设备的连接点,它的位置还涉及到外线走向,所以,二者同为生产房间的中心),其次考虑的是与交换机室和测量室有直接关系的话务员室、电力室、电池室和电缆进线室等,再其次是辅助生产房间,它们的位置安排可以有一定的灵活性。

4. 生产房间与辅助生产房间的位置

(1) 程控交换机室的位置　程控交换机室是整个程控电话站的中心,与很多房间都有关系,同时又是程控电话站内面积最大的生产房间,在条件允许时,以设于二层楼为宜。这样能改善程控交换机室的环境条件,即可以减少外界直接干扰,并有利于防尘、防潮(相对底层而言),同时,有利于把生产房间组织得紧凑一些。如图 11-1 所示的平面配置。

(2) 测量室的位置　测量室可以在程控交换机室同层为宜,这主要考虑维护方便,即当容量小的情况下,两室的维护人员可以兼顾,节省人力。终局容量在 2000 门以内的程控电话站还可以考虑把测量室和交换机室合并在一起。

(3) 话务员室的位置　话务员室(转接台室)应紧靠测量室或程换交换机室,这样,可以节省电缆,有利维护。

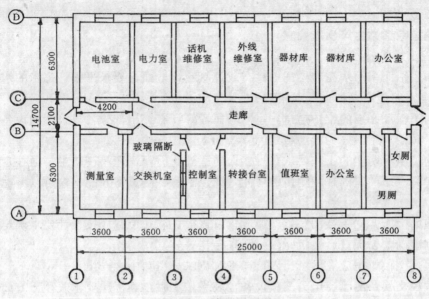

图 11-1　房屋平面图

说明：1. 交换室与控制室间采用的铝合金玻璃隔断，也可用轻质隔墙开玻璃窗代替。

2. 单位：mm

（4）控制室的位置　控制室应设在和程控交换机室同层且相邻的房间内，这样在必要时，可以并入程控交换机室，平时维护也方便，在中小容量的程控电话站中，此室常与程控交换机室合并为一室，由于两室之间关系密切，为了维护方便，两室之间常用玻璃隔断，以利于观察。

（5）电力室和电池室的位置　电力室和电池室总是紧挨着的。一是由于馈电线电压降的限制，二是为了维修方便。而电力室又应该靠近程控交换机室，这是为了缩短直流供电线的长度，减小直流供电电缆导线的截面积。在容量较大的程控电话站内，由于所采用的电力设备较大，较多，负荷较重，为了减轻建筑困难，电力室或电池室常设置于底层。对于中小型的程控电话站，还可以把没有转动机械的整流设备和配电设备安装在程控交换机室内，不设单独的电力室。即，中小型的程控电话站的程控交换机室、测量室、电力室可以合并为一间。但话务员室（转接台室）、电池室总是应该有单独的房间。

为了延长蓄电池的寿命，电池室宜设置在阴面。为了避免电池室的有害气体侵入其他房间，有时在电池室的出入口设有一个前室，但小容量的电话站或采用密闭防爆型电池时，则不可设置前室。

（6）电缆进线室的位置　程控电话站设有电缆进线室，而又和测量室同层时，两室应相邻布置；当不同层时，应上下相对布置，这样可以节省电缆。小型程控电话站还可以用电缆沟把电缆引入测量室的配线架下面。电缆进线室应有单独门户，而不应作为其他地下室的走道。

（7）油机室的位置　有条件时，油机室应设置在附属建筑物内。若油机室不得不设进程控电话站的主楼内，则必须设置在楼底层。而且，还应解决排烟、通风、防潮、防震和消噪音等技术问题。

（8）业务台的位置　在大容量的程控电话站内，需要设置业务台时，则可把业务台装

199

置设在话务员室内。

三、程控电话站生产房屋要求

1. 程控交换机室

(1) 如果地面采用水泥地上铺地漆布或过氯乙烯地面，要求平整，每米的水平差不超过 2mm，全室的最高点和最低点相差不宜大于 10mm。

(2) 为了保证必要的维护通道，室内墙面最好没有突出部分，建筑上的设备最好都隐蔽在墙内，暖器片组最好为半隐蔽式。

(3) 为了满足防尘的工艺要求，直接通向室外的门窗，应严密防尘，通往走廊的门窗也应防尘。只有通向室内环境相仿的房间（如控制室、测量室）的门窗可以考虑采用普通门窗。

(4) 地面上所开的走线洞孔，一律应覆以盖板。洞孔位置应按设计要求确定，有关尺寸都应力球准确，以免日后装机时发生困难。

(5) 程控交换机室应有两个出入口，平时可以只用其中之一出入。

(6) 程控交换、测量、电力三项设备合装于一室时，其房屋要求兼顾三方面需要。

2. 测量室

(1) 测量室的最低高度与地面荷载和总配线（柜）的型式有很大的关系，其一般要求可参看表 11-2。

(2) 测量室内地面的工艺要求比较复杂，尤其在没有单独的电缆室的程控电话站里，室内既有地沟（槽），电缆孔洞，又有加固的构件等，因此，应充分注意到施工的可能和方便。

(3) 总配线架（柜）底座与地面的加固点，最好能预埋螺栓。但考虑到安装施工时，可能会有小的变动，加固点的固定螺栓也可在装机时施工，以保证准确加固和组装。

另外，还需安排成端电缆的上线洞孔。其洞孔规格：直列为 200 回线者做成 60mm×90mm 椭圆洞；直列为 100 回线者，做成直径为 50mm 圆洞，洞壁要求上下大小相同，光滑无刺。洞孔的数量、型式和位置要根据程控电话站终期容量和总配线架（柜）的型式确定。当采用小型配线柜时，宜采用集中上线方式；当采用大型配线架时，上线洞孔也可采用在配线架的直列底部开一条宽为 100mm 的窄条形长孔洞，孔洞的长度依配线架的列数而定。

3. 电缆进线室

电缆进线室位于地下室或半地下室应设有通风设备，工作时应达到普通的通风。其围护结构应有良好的整体性，地面、墙面、顶面应有较好的防水（或防潮）性能。

4. 电力室

(1) 电力室的最低净高应结合所采用的配电屏、整流器等设备，以及它们的布线所需位置高度的要求来考虑，其一般要求可参见表 11-2。

(2) 地槽和暗管等应和地面施工同时完成，否则应作适当措施预留位置，以免装机时破坏地面。

(3) 墙上或顶棚上的馈电线洞孔、壁龛、暗管或加固点等，都应在土建施工时完成。

5. 蓄电池室

(1) 铅蓄电池在充电过程中产生氢气和硫酸雾，在使用过程中也有硫酸雾发生，为了不使电池室（包括前室和贮酸室）内的设备器材受到硫酸雾的腐蚀，室内的设备器材等必须采取防酸措施。

（2）电池室内的地面应由耐酸材料做成，一般采用下列各项：

A．耐酸陶砖：需铺平整，工艺水平要求高，嵌缝处应能耐酸（耐酸砖的要求相同）。

B．沥青：没有接缝，但要求施工工艺高，如施工不良，可能出现电池木架脚凹陷现象。

C．耐酸的水磨石地面。

D．耐酸塑料地面：塑料板铺地面也是小块拼成，要求工艺水平高，嵌缝处应能耐酸，为了得到较好的防酸效果，可在地面易腐蚀处刷一层防酸漆；或用整张的塑料铺地，接缝处焊接而成。

为了得到较好水平面安装电池，地面要求光洁平整，以 2m 直尺度量，任何两点之间水平差距（直尺与地面的空隙）不得大于 6mm，为了排除积水，地面还应以 $\frac{1}{1000}$ 左右的坡度坡向地漏中心，但对于电池室的基础则应保持水平。

（3）从安全考虑，电池室及前室的门一律向外开。前室的大小，至少应使一门关闭时，另一门能开或关。

（4）电池室应保持干燥，尽可能保证有自然采光，但要避免阳光直射电池上；为了防

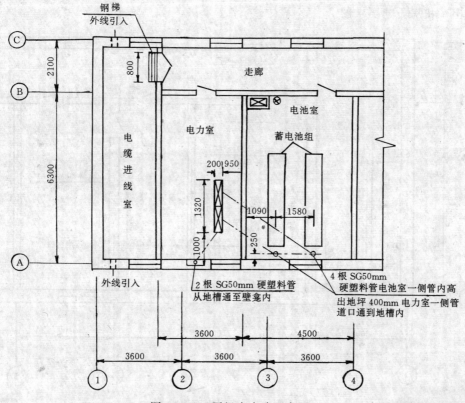

图 11-2　一层机房土建要求图

说明：

1. 地下埋管的埋深为 40～100mm，埋管为硬塑料管

2. ⊠　地槽净深 150mm

3. — ·— ·— 埋管中心线

4. ⊠　水池

5. ⊗　地漏

6. 单位：mm

201

止阳光的直射，门窗一般应装磨砂玻璃。

（5）电池室内的所有铁制部件（例如汇流条走线支架、自来水管、暖水设备等），至少应涂二次耐酸油漆，在涂油漆之前，铁制部件的表面应先涂以铅丹，如电池室内有埋设铁件时，亦应采取防酸措施。

（6）为了洗涤方便，一般在电池室内的一角设一小水池，水池的大小，以可容纳两个电池缸为宜，具体尺寸，可根据实际需要决定，水池的排水管与地漏的排水管应用耐酸材料做成。小容量的电话站电池室的清洗污水，可经下水道排出。大容量的电话站则应单筑一个渗井，作电池室排除污水用。

（7）电池室内的洞孔、出入线口都要用沥青玛琋脂填料堵塞。

（8）电池室内应设有单独的机械排风系统。室内空气中所含氢气浓度不大于 0.7%；室内空气中所含硫酸雾浓度不大于 $0.002\,\text{mg/1}$。为使室内保持负压，排风量比进风量大 20%。由于目前和今后基本采用密闭防酸隔爆电池，所以，通风次数暂为 5 次/h。排风道口应避开生产房间，排风机和排风道的内壁和表面，均应涂以防酸材料。

为了进一步说明各生产房屋的土建要求，现举一实际案例。如图 11-2 及图 11-3 所示。图中给出了机房土建要求图。

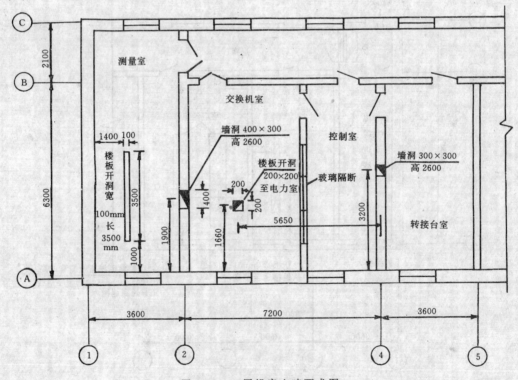

图 11-3　二层机房土建要求图

说明：

1. 孔洞

2. ▭▭▭▭ 电缆上线洞

3. 本图适用于交换机室、控制室、转接台室不采用活动地板的方案

4. 单位：mm

202

第三节　程控电话站对采暖、空调通风、消防、给排水的设计要求

一、采暖设计

1. 程控电话站集中采暖装置的设置

根据《采暖通风与空气调节设计规范》，采暖地区可以分为以下三类：

(1)集中采暖地区—日平均温度等于或低于+5℃的日数历年平均为60天以上的地区；

(2)过渡地区—日平均温度等于或低于+5℃的日数，历年平均为45～60天，但历年1月份的平均相对湿度等于或大于75%，或者冬季平均日照率等于或低于25%，或者等于或低于+8℃的日数大于或等于75天的地区；

(3)非集中采暖地区—凡不符合上述两类规定的地区。

程控电话站位于集中采暖地区的，应设置集中采暖装置（地下进线室一般不采暖）；位于过渡地区的，可设置集中采暖装置；位于非集中采暖地区的，应经上级主管部门批准后，方可设置集中采暖装置。

室外气象参数，应按采暖通风与空气调节设计规范的有关规定采用。

山区的室外气象参数，应根据当地的调查实测的数据并与地理和气象条件相似的邻近台站的气象资料进行比较确定。

2. 集中采暖机房的室内温度要求

(1)程控交换机室、控制室、测量室、转接台室、电力室等房间及辅助生产房间的室内温度范围为16～28℃；

(2)电池室的室内温度范围为14～16℃；

(3)油机房及设在地上的电缆进线室的室内温度范围为10～12℃。

3. 集中采暖的建筑物、围护结构（包括墙、屋顶和门窗等）的传热阻值

应根据技术经济比较确定，但不应低于卫生条件所确定的最小传热阻值。同时在满足采光要求的前提下，其开窗面积应尽量减小。

4. 集中采暖采用热水采暖系统

热媒宜选用供水95℃、回水70℃的低温水。若采用更合理的其他采暖方式，需要有技术经济比较说明。凡装有通信设备的生产房间，不得采用火炉采暖；蓄电池室的室温可稍低，但不能低于0℃，且严禁用明火采暖。

5. 程控交换机室、控制室采用热水采暖系统

其采暖管道中热水的最大允许流速不应超过1.0m/s。

6. 酸性蓄电池室室内的管道、散热器等采暖设备

应采取防止酸性腐蚀的措施。

7. 室内采暖系统的管道

管道宜采用明敷设，有特殊要求时，方可暗装。穿过建筑物基础或变形缝的采暖管道，应采取预防由于建筑物下沉而可能损坏管道的措施。

8. 生产房间的管道

通过生产房间的管道，一般不敷设保温层，如必须敷设时，保温材料应有良好的耐久

性，以防止在使用过程中掉灰和需要经常维修，影响生产。

二、空调通风设计

1. 温湿度对程控电话站内设备的影响

程控电话站内的设备根据其性能要求，生产房间及一些辅助生产房间的室内温湿度需维持在某一范围内。温湿度过高或者过低，对通话质量和设备都会带来不良的后果。

室内相对湿度过低，有时绝缘垫片会干缩引起紧固螺丝松动。

室内相对湿度长期过高，对设备危害很大。

（1）当相对湿度超过 75% 时，某些绝缘材料的单位体积所吸收的水分量显著增加。易造成绝缘不良，串话、漏电等障碍。

（2）当相对湿度超过 80% 时，有些绝缘材料的单位体积所吸收的水分量急剧增加，若长期如此条件，则容易发生材料机械性能的变化。例如，线圈会从空气中吸附水份，在表面上形成水膜，引起漆皮皱裂，使导线金属表层直接接触潮气，而发生断线或短路等障碍。此外，设备的各种金属易发生锈蚀，晶体管器件接插件生锈会增大接触电阻等（各机房的湿度要求可参看表 11-3）。

各机房温度、湿度要求表   表 11-3

房间名称	室内最高、最低温度（℃）	相对湿度（%）
程控交换机室	18～28 长期，10～35 短期	30～75 长期，10～90 短期
控制室	18～28 长期，10～35 短期	30～75 长期，10～90 短期
测量室	10～32	20～80
话务员室、转接台室	10～30	40～80
传输设备室	10～32 长期，0～40 短期	20～80 长期，10～90 短期
电力室	10～35	45～75
电池室、电池前室、贮酸室	10 以上	
电缆进线室		

（3）室内温度过高，也会引起一些问题。例如，当室温超过晶体管电路实际性能允许限度时，晶体管电路工作不稳定，影响交换机的正常工作。过高的室温将加速绝缘材料的老化。室温过高，也会引起室内工作条件变差，按照卫生要求，当室外温度为 29～32℃ 时，工作地点温度不超过室外 3℃；当室外温度为 33℃ 及 33℃ 以上时，工作地点温度不超过室外 2℃。实际上，由于机房很少开窗，往往室内尚未超过卫生要求的温度时，维护人员已感到热得难受了。

2. 空气调节的设置

（1）空调设备的采用条件 根据通信设备长期正常运转的需要，表 11-4 列出各类机房设置空气调节装置的要求。

设置空气调节装置的机房   表 11-4

机房名称	空调装置要求
程控交换机室、控制室	不论气候条件，均应设置长年运转的空调装置
转接台室	不论气候条件，宜设置季节性运转的空调装置
电力室 PCM 传输设备室	根据各地气候条件或设备厂家的要求，可设置季节性空调装置

从发展的眼光看，随着我国工业水平的不断提高，程控交换机的性能将逐步改进，对温湿度也会有较大的适应能力。另一方面，对通话质量和维护要求的逐步提高，对劳动条件也应进一步改善，随着空气调节设备产量的增多，其采用范围将日益普遍，因此，在什么条件下采用空调设备，必须根据当时不同的因素，经过调查分析后确定。

（2）空气调节装置的设计参数及要求　程控电话站采用空调设备时，通信设计部门需向建筑设计部门提供下列资料：

1）房间温湿度要求　首先应考虑程控交换机室、控制室、测量室和转接台室的室内温度，在满足设备性能要求的前提下，还应考虑工作人员劳动条件、节约空调设备造价及维护费用等问题。夏季空调房间温度应在18～28℃内选用，相对湿度允许范围为30%～75%，但室内相对湿度在50%～75%范围内，对设备更为有利。

在满足生产要求的条件下，应尽量缩小使用空气调节房间的容积。条件许可时，宜采取局部性的空气调节。

空气调节房间的外窗面积应尽量减少。采用空气调节的房间围护结构的传热系数，应根据技术经济比较确定。空调房间应尽量集中布置。室内温湿度和洁净度等要求相近的空气调节房间，宜相邻布置或上下对应布置，上下层空气调节房间温差≥7℃者，楼板应设保温层。

2）近期和远期机器发热量　为了计算近期和远期的空调负荷的需要，以便全面考虑空调设计方案，必须提供空气调节间内近期和远期的机器发热量或消耗电量在内的电功率数，供建筑部门换算使用。

略去室外线路的电能损耗不计，室内机器发热量计算公式如下：

$$H = 3.6I \cdot V$$

式中　H——自动机键室机器发热，kJ/h；

3.6——每瓦电能转换为热量（kJ/h）的换算系数；

I——最忙小时平均电流，A；

V——额定电压，V。

除自然采光很差的情况外，程控交换机室内开灯较少，计算时可加少量的发热量。一般程控机房可按电能全部变为热能计算。

3）近期及远期各空调房间工作人员数包括经常在室内的所有工作人员。此数据供空调设计人员复核新鲜空气量及计算空调冷负荷之用。

4）室内空气温湿度要求应按设备生产厂家提出的要求进行设计。如因建筑工程设计在工艺设计之前而未能取得具体的数据时，可暂按温度18℃≤t≤28℃，相对湿度30%～75%进行设计，并要求机房在任何情况下均不得出现结露状态。

5）为保证室内的温度和相对湿度全年内部能满足通信设备运行及维护人员维护卫生条件的要求，选用空调设备时应设50%～100%的备用设备。

6）空气调节装置的新风量。对于人员较多的转接台室等应按每人每小时不小于30m³计算，室内人员不多的机房新风量可按总风量的10%计算。对于程控交换机室空调装置的新风量，由于机房内人员少，但送风量大，可按总风量的5%采用。

7）采用全年使用的集中式空气调节系统时，过渡环节应尽量使用新风。

8）当采用集中式空气调节系统时，交换机室的送、回风方式，应根据设备生产厂家的要求设计。此项要求应由工艺设计提出。凡采用活动地板的机房，其空调系统宜采用下送上回的方式，进风口在活动地板底下。采用下送上回的方式，有利于机器散热，一般热空气气流向上，送风管不在上处安装，不会产生送风管结露现象。至于应该采用下送上回，还是上送下回的方式，主要依据程控交换机机器内部散热风扇及整个空调的风路系统而定。

（3）程控交换机室安装的磁带机的磁带对长年平均温度的要求比程控交换机更严格些，必要时可采用将磁带分隔开的办法处理。

3. 程控交换机室内灰尘限度要求

室内灰尘落在机件上，可以造成静电吸附，使金属插接件或金属接点接触不良。室内含尘量高，不但能影响设备寿命，而且极易造成通信故障。尤其是在室内相对湿度偏低的情况下，上述的现象更为严重。

一般大于 1000 门的程控交换机室内灰尘粒径尺寸及含量要求见表 11-5。

程控交换机室内灰尘限度要求　　　　　　　　表 11-5

最大直径 （μm）	0.5	1	3	5
最大浓度（每立方米内所含颗粒数）	1.4×10^7	7×10^5	2.4×10^6	13×10^5

小于 1000 门的程控交换机室室内灰尘粒径尺寸及含量要求见表 11-6。

小容量程控交换机室内灰尘限度要求　　　　　　表 11-6

最大直径 （μm）	1	3	5	10
最大浓度（粒子数/m³）	1.4×10^7	7×10^5	2.4×10^6	13×10^5

程控交换机室对空气中的盐酸、硫化物等有一定的要求，这些有害气体会加速金属的腐蚀和某些部件的老化过程。表 11-7 规定了室内空气中有害气体的限定值。

有 害 气 体 限 值　　　　　　　　表 11-7

气　　体	平均浓度（μg/m³）	最大浓度（μg/m³）
二氧化硫（SO_2）	0.2	1.5
硫化氢（H_2S）	0.006	0.03
二氧化氮（NO_2）	0.04	0.15
氨（NH_3）	0.05	0.15
氯（Cl_2）	0.01	0.3

4. 通风

（1）采用机械通风的生产房间，除电缆进线室、电池室保持负压外，其他房间及采用空调设备的房间均应保持正压。为了减少灰尘进入室内，当工艺部门没有特殊要求时，室内正压为 0.1～1mm 水柱，当使用大量新风时，室内正压不应超过 5mm 水柱。

（2）地下电缆进线室通风，设在地下的电缆进线室应用独立的通风设备，进风利用进线室的进口，排风一般采用轴流式通风机从进线室的另一端排至室外。排风口在外墙外须设铁百页或铸铁篦子。排风量应按每小时不小于5次换气计算。

（3）电池室通风，装有开口式蓄电池的电池室在充电过程中产生硫酸雾和氢气，排除硫酸雾所需的风量远比排除氢气所需的风量大，这样电池室的通风量即按排除硫酸雾所需的通风量计算。一般电话站电池室通风量应按每小时换气18次计算。

装有密闭防爆式或防酸隔爆式蓄电池的电池室通风量不应小于每小时换气5次。

电池室在通风对室内应保持负压，以免硫酸雾外溢影响邻室。进风须经过滤尘，电池室内送风口下边距地约1米。除很小的电池室外送风口应均匀分布，不宜用一个风口集中送入，从电池室排出含有硫酸雾的空气一般送至屋顶以上，如需要的通风量不大且对周围环境影响很小时可直接排至室外。

通风系统中凡有可能受硫酸雾腐蚀的金属均应涂以防酸漆。

装有密闭防爆式蓄电池室，进风一般不必滤尘但须设有进风口。排风宜用单风扇直接排至室外。单相风扇噪声小对邻室工作影响小，但此种风扇的风量受室外自然风力的影响很大，选用时应注意加大风量。对于容量很小的封闭式蓄电池，因排除氢气所需的通风量极小，可利用通风口或窗口进行自然通风。

（4）程控交换机室通风量按每小时换气12～14次计算。控制室、测量室通风量按每小时换气5～6次计算，电力室一般设风扇，如需与程控交换机室共用一个通风系统时，通风换气次数与程控交换机室相同。

装有通信设备的房间；包括电池室在内，凡直接通向室外的进排风口，应设有易于启闭的小门，或者应有防止灰尘进入室内的措施。

三、给水、排水和消防设计

1. 给水、排水设计

给水、排水设计的任务是将需要的水量送到程控电话站，并将污水、雨水收集和排放出去，以及设置必要的消防设施以满足建筑物的防水要求。供水水质必须符合《生活饮用水卫生标准》，供水的水量水压必须满足各种不同用水点的需要。程控电话站的给水、排水、消防系统设计应符合国家制定的有关规范规定。

当按防火规范的规定需要设置消防水池时，消防水池的容量应满足在火灾延续时间内连续补充的水量，消防用水与生产、生活用水合并的水池，应有确保消防用水不作他用的技术措施。

给水管、排水管、雨水管不宜穿越生产房间，消火栓不应设在生产房间内，应设在明显而又不易取用的走廊内或楼梯间附近。

2. 消防设计

在高建筑及建筑群体中，除了应设置重要的消防设备——消火栓以外，还应设置自动水喷淋灭火器。在《高层民用建筑设计防火规范》中规定：建筑物内同时设有室内消火栓给水系统和自动喷水设备时，在起火后10min内的消防用水量（由消防水箱或气压水罐供给）不应小于$20dm^3/s$，其中$10dm^3/s$供自动喷水设备用，其余供室内消火栓用。

起火后10～50min内，消防用水量（由消防水泵供给）不应小于$50dm^3/s$，其中供室内消火栓用的水量不少于$20dm^3/s$。

为了防止建筑物受到邻近火灾的侵袭或阻挡内部火势的蔓延，在高层建筑的疏散入口（如电梯前室处，消防电梯、疏散楼梯间等），防火分区门口处可装设防火卷帘门。

自动水喷淋灭火系统、消火栓灭火系统及水幕灭火设备系统设计，应紧密配合给排水专业，按有关消防规范要求进行。

装有通信设备的房间应装设自动报警装置，除了蓄电池室外，各生产房间宜选用感烟探测器，感烟探测器分为离子感烟探测器和光电感烟探测器。不宜选择离子感烟探测器的场所是：

(1) 相对湿度大于 95%；

(2) 气流速度大于 5m/s；

(3) 有灰尘、细粉末或水蒸汽大量滞留处；

(4) 有可能产生腐蚀性气体者；

(5) 厨房及其他在正常情况下有烟滞留处；

(6) 产生醇类、醚类、酮类等有机物质者。

不宜选择光电感烟探测器的场所是：

(1) 有可能产生黑烟处；

(2) 大量积聚灰尘和污物地点；

(3) 有可能产生蒸气和油雾的场所；

(4) 工艺过程产生烟雾；

(5) 存在高频电磁干扰场所。

另外，光电感烟探测器对火灾的阴燃阶段比离子感烟探测器灵敏，因此更适用于安装在有电子设备的地方和易出现阴燃的场所。发电机房和变配电室也可选用感温探测器。蓄电池室应采用可燃气体探测器。在自动消防系统设计中，只有根据被监视场所的实际情况和可燃物的燃烧特征，选择合适类型和灵敏度的探测器，才能充分发挥探测器应有的效能。

容量较小的程控电话站，各生产房间应设置一定数量的卤代烷"1301"灭火装置。

容量较大的程控电话站可设置固定式全淹没卤代烷"1301"自动灭火系统。对于这类需要安装自动灭火系统或要求报警控制器与消防设备实现自动联动的场所，应采用感烟探测器与感温探测器的"与"逻辑组合。

凡设有火灾自动报警系统的电信建筑，均应在其主要的部位、通道、出入口等处设置火灾事故照明和疏散指示标志，供疏散用的火灾事故照明的最低照度（地面照度）不应低于 0.5lx。但消防控制室、消防水泵房、配电室和油机房的火灾事故照明应能保证正常的工作。

第四节　程控电话站对供电、照明和防雷的要求

一、供电要求

程控电话站的供电与民用建筑或工业企业供电相比，具有许多不同的特点。首先在于它的重要性，通信供电的故障，将在政治、经济上造成重大损失的；其次是复杂性，程控电话站用电功率虽然不大，但要交流供电安全性和可靠性。并且需要不同电压种类的多种直流供电电源。这些特点，使程控电话站的供电除具有与工业企业供电相似的交流供电系统外，还具有一套独特的直流供电系统。

程控电话站的供电一般可以分为两类，一类是通信设备的供电，另一类是建筑电气供

电。

供给通信设备的电源，大部分为直流供电制。根据不同的通信设备对电源电压的不同要求，组成不同电压的直流电源。程控交换机供电系统主要由整流器、蓄电池，交直流配电设备和监控系统组成。这些设备一般都安装在中央电力室，称为基础电源。图 11-4 表示程控交换机供电系统方框图，由图可见，程控交换机的供电系统和机电制交换机的供电系统类似，也是直流不停电供电系统，油机保证了交流供电的不间断；而蓄电池则保证了直流供电的不间断。蓄电池不仅作为直流备用电源，同时也起着平滑滤波的作用。

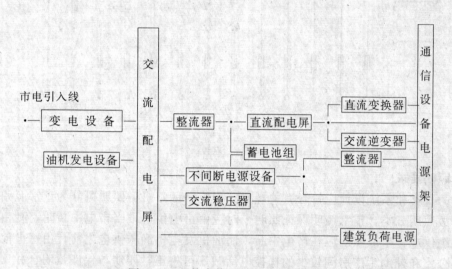

图 11-4 程控交换机供电系统方框图

建筑电气供电分为电网工频电源、自备油机电源和蓄电池直流电源三种。

电网工频电源由当地电网供电，以 10kV 高压配电线引入局内，经专用变压器降压，变成 380/220V 低压供电。从低压配电室引出，供给正常照明、采暖、通风、空调、给水排水设备、电梯、维护机械、仪表、办公和生活用电设施。

. 自备油机电源供给保证照明，局部照明、消防控制室、消防水泵、火灾自动报警、自动灭火设备以及程控机房空调设备等用电。

直流事故电源应从电力室低压配电屏上引用。

程控电话站内有些技术室的事故照明，要求在任何时间都必须保证一定的照度，不能中断灯光，其电源一般取自站内的蓄电池。为了保证在交流电源中断时，直流电源能迅速自动投入，事故照明的总开关可采用自动空气断路器，由交流电源的中断为条件，来控制其直流电源的自动投入。

大、中型程控电话站的交流电源一般按一级负荷供电。小型程控电话站，可按二级负荷供电，因有两路线路可以轮流检修，排除了线路的检修停电，也缩短了事故停电时间。

一般情况下，程控电话站都装有交流配电盘，站内各交流用电设备所需的电源都在交流配电盘上进行配电和保护。在盘上备有数量不同的分别引出端子，站内各换流设备、空调设备、通风设备、给排水设备等所需电源均可由此接出。若交流电源系采取两路引入，两路电源之间的切换也可以在交流配电盘上进行。

进行供电系统的设计时，除了考虑到站内电源的需要情况外，还应该了解设备的供应情况，结合可能采用的交流配电盘的电气原理图来设计。

图 11-5 为交流供电系统图的一例。在为具体工程设计的系统图上，应当注明各设备的型号和规格。

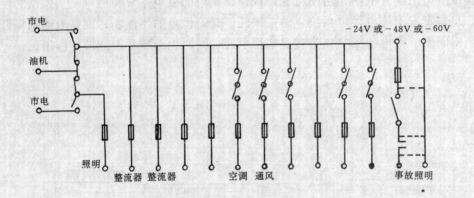

图 11-5　交流供电系统图

二、照明要求

照明的种类和系统设计应符合有关规定。程控电话站机房照明可分为正常照明、保证照明和事故照明三类，正常照明保证照明平时应由市电供电；当市电中断时，则由自备油机发电机组供电；事故照明应在市电中断，而油机发电机尚未供电之前，由蓄电池供电。

对办公室和辅助生产房间较少的程控电话站，可将正常照明与保证照明合并。

正常照明的照明方式分一般照明、局部照明和混合照明三种。不考虑特殊局部的需要，为照亮整个假定工作面而设置的照明称为一般照明。测量室、话务台室、电力室、电池室、电缆进线室、油机室的正常照明属于这种方式。为增加某些特定地点（如实际工作面）的照度而设置的照明称为局部照明。一般照明与局部照明共同组成的照明称为混合照明。

凡是需要局部照明的生产房间，其局部照明部分的用电电源应纳入保证照明系统。对无局部照明的生产房间，如电力室、电池室、电缆进线室等，其正常照明的电源也应该纳入保证照明系统之中。电力室、电池室、油机室等还应安装事故照明，其他生产房间的事故照明应根据工艺提出的具体要求进行设计。主楼的事故照明采用自动合闸装置，不另设手动开关。油机房的事故照明电源，可利用油机起动电池。

照明光源的选择：生产房间及办公用房等的照明光源应采用荧光灯作为主要照明光源。电缆进线室、油机房、压缩机房等应以白炽灯作为主要照明光源。对于需要防止电磁波干扰的场所，或因频闪效应影响视觉时，不宜采用荧光灯作为照明光源。

电池室应采用防爆型的安全灯，室内不得安装电气开关，保安器等。管线的出口和接线盒等安装时应用沥青填塞密封，灯具不得布置在电池组的正上方。

地下进线室应采用具有防潮性能的安全灯，灯的开关装于门外，室内插座安装高度视工艺设计的要求确定。

列架照明由工艺方面进行设计。建筑设计时，应按工艺要求，设置列架照明配电箱。程控交换机室的事故照明一般用 25 瓦白炽灯，沿主要走道每隔 10～15m 装一盏，话务台室及测量室的事故照明一般用 15W 灯具 1～2 盏。

各房间的照度标准应符合下列要求：

照明设计计算点的参考平面高度应以距地面 0.8m 的水平工作面为计算点；垂直面照度（直立面照度）的参考高度应为距地面 1.4m 垂直工作面为计算点，厕所，走道，门厅等均以地面为计算点。

程控电话站各房间的照度，应按工艺的具体要求进行设计。可参考各种房间的照度推荐表如表 11-8 所示。

各种房间的照度推荐表　　　　　　　　　　　　　　　　表 11-8

序号	房 间 名 称	被照面	照明方式	照度 (lx)	备 注
1	电缆进线室、电池室、油机室、门厅	水平面	一般照明	30～50	
2	程控交换机室、控制室、磁带室、计算机室	水平面	一般照明	150～200	
3	电缆充气控制室、测量室、传真机室、空调机室、材料配件室、办公室、资料室、会议室	水平面	一般照明	75～100	
4	各专业控制室、业务操作室 PCM 传输设备室、转接台室	水平面	一般照明	100～150	
5	修机室、调整室、软件室	水平面	一般照明	100	可有局部照明
6	电力室、数字终端室、变配电室、微波机室、地球站机房	直立面	分区一般照明	50～60	
7	各种储存室、卫生间	水平面	一般照明	15～30	
8	变压器室	水平面	一般照明	20	
9	楼梯间、走道等	水平面	一般照明	10	被照面为地面

注：1. 有局部照明的房间，其一般照明的照度按 30～50lx 设计。

2. 采用荧光灯照明时，其照度不宜低于 30lx，表中 30lx 以下为白炽灯的照度。

3. 表中未列出的房间，可根据性质相类似的房间照度值套用。

4. 有列架照明的房间，列架垂直面的照度要求达到 30～60lx。

5. 没有天然采光的连续工作房间的照度宜将本表中的照度值提高一级。考虑房间深处由于天然采光不足而且在白天工作需要相当的照度，应使电气照明与天然采光相配合，也宜按本表的照度提高一级。

6. 在同一照明房间内，其工作区的某一部分和几个部分需要较高照度时，应采用分区一般照明。

7. 局部照明宜在局部需要有较高的照度，由于遮挡而使一般照明照射不到的某些范围，以及为了加强某些区域的局部光照等场合使用。

三、防雷要求

建筑物的防雷分类：按照建筑物的重要性、使用性质、发生雷击事故的可能性及后果，其防雷等级可分为三类：

一类防雷的建筑物：

1. 具有特别重要用途的建筑物

如国际性航空港、通信枢纽、大型博展建筑、特等火车站、国宾馆、大型旅游建筑等。

多功能金融商贸大厦等。

2. 超高层建筑物

如 40 层及以上的住宅建筑，建筑高度超过 100m 的其它民用以及一般工业建筑物。

3. 国家级重点文物保护的建筑物和构筑物。

二类防雷的建筑物：

1. 重要的或人员密集的大型建筑物

如部、省级办公楼、省级大型的集会、博展、体育、交通、通信、广播、商业和影院建筑等。

2. 省级重点保护的建筑物和构筑物。

3. 19 层及以上的住宅和高度超过 50m 的其他民用和一般工业建筑物。

三类防雷的建筑物：

1. 10～18 层的普通住宅。

2. 建筑高度不超过 50m 的教学楼和普通的旅馆、办公楼、科研楼、图书楼、档案楼和省级以下的邮政楼等。

四、防雷措施

程控电话站高度在 15m 及以上的烟囱、天线等建筑物和构筑物应按第二类民用建筑物和构筑物的防雷要求采取措施。

1. 防止直击雷措施

(1) 一般采取在建筑物易受雷击部位装设避雷带作为接闪器。屋面上任何一点,距避雷带均不应大于 10m。当有 3 条及以上平行避雷带时,每隔不大于 30m 应相互连接。突出屋面的物体,一般可沿其顶部装设环状避雷带保护,若为金属物体可不装,但应于屋面避雷带连接。突出屋面的物体如烟囱、天线等,应在其上部安装架空防雷线或避雷针进行防护。

(2) 防雷装置的引下线不应少于 2 根,其间距不应大于 24m。

(3) 每三层设沿建筑物周围的水平均压环,所有引下线,建筑物内的金属结构和金属物体均连在环上。

(4) 接地装置围绕建筑物成闭合回路,冲击接地电阻应不大于 5Ω。小于 5Ω 有困难时,可采用接地网均衡电位,网格尺寸不大于 24m×24m。

2. 防止侧击雷措施

高层程控电话站主楼和多雷区应采取措施防止侧击雷。

(1) 自 30m 以上,每三层沿建筑物四周设置水平的金属避雷带。30m 以上的金属栏杆,金属门窗等较大金属物体,与防雷装置连接。

(2) 防侧击避雷带,均压环、引下线、闭合接地装置,可以利用建筑物钢筋混凝土中的主钢筋。

3. 防止雷电侵入的措施

(1) 进入建筑物的各种线路及管道宜采用全线埋地引入,并在入户端将电缆的金属外皮、钢管与接地装置连接。当全线采用埋地电缆有困难时,可采用一般长度不小于 50 米的铠装电缆直接埋地引入;其入户端电缆的金属外皮与接地装置连接;在电缆与架空线连接处,应装设阀型避雷器,并与电缆金属外皮和绝缘子铁脚连在一起接地。

(2) 进入建筑物的埋地金属管道与防雷接地装置连接。

（3）垂直敷设的电气线路，在适当部位装设带电部分与金属外壳间的击穿保护装置。

（4）除有特殊要求的接地外，各种接地与防雷装置共用。

（5）建筑物的变形缝处，每层至少要有 2 处用软导线连接断开的钢筋。

第五节　程控电话通信初步设计文件的编制

程控电话站设计一般分为两个阶段，即初步设计和施工图设计，本节着重介绍初步设计，施工图设计则在下一节中介绍。

程控电话站的初步设计的设计内容，应包括三部分，即设计说明书、工程概算以及图纸部分。

一、工程设计文件的封面、扉页和首页

设计文件的封面和扉页的格式如下：

1. 封面格式

> ××××××××××工程
> 程控用户交换机设备安装
> 单项工程
> 初步设计

设计编号：×××××××
建设单位：×××××××
设计单位：×××××××
设计执照：国家计委印制、部颁××证×字×××号

> ××××××××××
> 19××年×月

2. 扉页的格式

> ××××××××××工程
> 程控用户交换机设备安装单项工程初步设计

院（所）主管：
院（所）总工程师：
设计总负责人：
单项设计负责人：

注意：

（1）封面和扉页中的工程名称应全名填写，各分册的名称应该一致；

（2）设计编号按院（所）计划编号填写；

（3）院（所）主管、院（所）总工程师、设计总负责人及单项设计负责人的签字，均应是本人签字，不能由设计负责人代写。

3. 发送份数说明

（1）设计文件的首页为"设计文件分发表"。用户交换机工程一般不属部管工程，但文件总份数应该不超过部管工程，可与委托单位协商办理。如超过部管工程份数，应按设计单位规定付款。

（2）工程设计如有补充修改文件时，包括修改概算文件，应按原单位及份数发给。

（3）设计文件分发份数，可根据主管部门的规定分发。

二、初步设计文件的内容

1. 工程说明

（1）本设计的依据和设计时所根据的基础资料。

（2）初期及终期程控电话站容量、设备型号的确定以及原有设备的概况。

（3）扼要说明本期工程的性质，局站位置、规模、设备的选定及投资额度。简述本期工程有关重大技术原则的考虑，以及采取的主要技术措施。

（4）说明设计单位与建设单位及其他设计单位的设计分工。

（5）对需要组网的工程，要对网路的结构，对话务量较大的相邻局间是否设高效直达路由和迂回路由及传输损耗等问题须加以说明，并作多方案技术经济比较。

（6）说明本交换机用户呼出呼入方式。

（7）说明本交换机有无国际与国内全自动半自动呼叫性能，如何连接。

（8）说明程控用户交换机与市话局之间及用户交换机之间采用的中继方式，并做方案比较。对自成网的用户交换机，还应对站间路由选择及传输手段作方案比较及说明。

（9）说明专用网与公用网之间采用什么线路信号和记发机信号。所采用的信号方式应符合国家标准。

（10）中继方式图中应标明各方向中继线数或 PCM 系统数。

（11）如果用户有连接计算机、传真、移动电话、寻呼系统等要求，并在中继方式图中加以表示。

中继方式有多方案时，应进行技术经济比较。

（12）说明本用户交换机内部呼叫拨几位号码，出局进网拨什么字冠，与整个市话网等位还是号长多一位的拨号方式。如果与市话网统一编号，需确定局号、千位号或百位号。如果是饭店型还应说明房间号怎样与电话号对应及各种服务项目的电话呼叫编号等。用户拨出网上的特种业务应符合国家标准的规定。

（13）设计中应说明用户交换机的话务容量，提出出局话务量的百分比，由此确定中继线数量及 PCM 系统数。对设备更新的用户交换机应做话务量调查，说明调查方法、情况并列表整理出用户忙时平均发话话务量、中继线话务量和取定的结果。对新建局的调查工作应细致。根据电话使用情况，取定话务量，算出中继线数目，并说明计算的条件和方法。

长话话务量应说明调查情况及取定理由。

（14）根据交换机容量的大小，话务量及处理能力，组网能力，路由数量，控制方式，复原方式，所能满足的功能，可靠性如何，故障诊断率高低，信号方式能否满足要求、平均每门的价格等方面进行选型。

程控用户交换机的选型还应符合下列几条：

①符合邮电部关于《程控用户交换机接入市话网技术要求的暂行规定》和现行国家标准《专用电话网进入公用电话网的进网条件》；

②应选用符合国家有关技术标准的定型产品，并执行有关通信设备国产化政策。

③同一城市或本地网内宜采用相同型号和国家推荐的某些型号的程控用户交换机，以简化接口，便于维修和管理；

④除应满足近期容量的需要外，还应考虑远期发展进行扩容改造，逐步发展综合业务数字网（ISDN）的可能性；

⑤宜选用程控数字用户交换机，以数字链路进行传输，减少接口设备。数字接口参数应符合国家标准《脉冲编码调制通信系统网络数字接口标准》（GB7611—87）的规定。当程控用户交换机的容量较小，且中继方式采用接入市话局用户级的半自动方式，可采用程控模拟用户交换机。

（15）对原有设备应提出处理意见，包括原有设备情况的说明以及调用或者报废的处理意见。

（16）根据所选用户交换机型号及其他各种设备的耗电量，选择所用整流器、交流配电屏、直流配电屏或组合电源柜，计算出电池容量并选定蓄电池型号。说明交换系统所使用的直流电源的电压值及电源设备输出直流电压的变化范围。提出工程所需提供的电源设备的范围及设备的技术指标和性能要求。

对于选择配电设备还应注意：

①为了保证交流供电的可靠性，要求交流配电设备具有两路市电自动转换性能及断相告警性能。

②对于窄电压范围的程控交换机，由于具有电压补偿装置，要求直流配电设备具有自动加撤尾电池性能或者是降压硅管的自动接入和拆除性能。

③对于宽电压范围的程控交换机，直流配电屏应有自动充电控制性能。

有多种选择方案时，应进行方案比较。如有没有专用变压器，有则提出型号、容量；设不设油机发电机，说明理由，设则应选定型号容量，并说明油机市电的切换操作方式及对逆变器和不间断电源和选用。

通信接地电阻应满足部颁"用户交换机进网要求"，说明电阻率及接地装置的根数及位置。

（17）房屋平面布置、设备布置及土建要求

无论单独建立电话站还是与其他建筑物合建，其土建要求一定要满足通信设备安装及走线的需要。设计中要说明电话站在总平面布置中的位置，楼层安排或在建筑物内的位置，各类机房的相对位置的考虑因素及方案比较。说明建筑物的跨度、开间、梁柱等的考虑。说明工程中影响房屋平面布置的因素，在布置中所采取的临时措施和可能发生的问题。

设备布置应包括程控交换机室、控制室、转接台室、测量室、电力室、电池室、PCM传输室等，应说明本期布置和适应发展、近远期结合的考虑。安装各种设备的机房的平面

布局还应考虑各类管线联系方便、距离短，便于施工和分期扩建以及日常维护。需空调的机房应包括安装空调设备所需的面积。

土建要求应包括层高、荷重、楼板洞、过墙洞、预埋件、地槽、吊顶、照明等要求。同时，视建筑设计的需要提出墙面、地面、天花板、门窗、温湿度及对尘埃等要求。此外还应提出抗地震烈度要求。但一般土建要求不列入初步设计文件中，由工艺设计单位向建设单位及建筑设计单位另提。

(18) 计费部分说明本用户交换机是否需要计费是否设单独的计费设备，采用什么样的计费方式。如不单独设计费设备采用怎样的计费办法。

由于市话局采用主从同步方式，所以以 DID 方式进网的用户交换机也采用主从同步方式，接受市话局的时钟控制。同步信号由 PCM 信号中提取。

专用网若有一个以上的数字程控用户交换机，且局间采用数字传输也要考虑同步问题。计费和同步的要求应满足邮电部关于"自动用户交换机进网要求"中提出的要求。

(19) 工程注意事项及工程中有关协议应着重说明前面未能包括的特殊问题，摘录工程设计过程中各单位间订立协议的文号、事由和协议过程。对这些文件也可列入附录以备考查。

2. 概算部分

概算部分应说明所依据的文件，各种费率的取定，设备材料总价来源，总投资额是多少含外汇时，应说明数量和比价以及其它需要说明的特殊问题。

概算的编制应按《通信工程建设预算编制办法及费用定额》编制。

概算的编制应按《通信工程建设概算预算编制办法及费用定额》编制。

3. 图纸部分

初步设计一般应附以下图纸：

(1) 房屋总平面图（单独建站时需要），见图 11-6 所示。

(2) 电话站机房相关位置图（见图 11-7）。

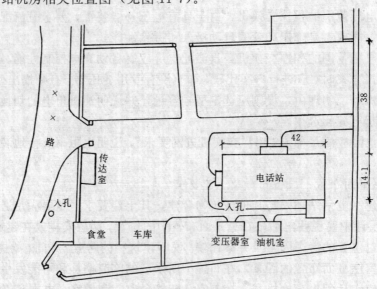

图 11-6 房屋总平面图

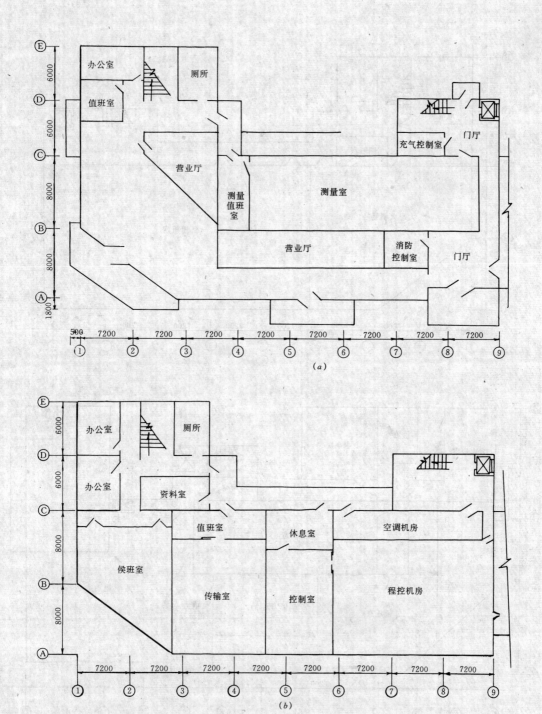

图 11-7 电话站机房相关位置图（一）

(a) 一层机房相关位置图；(b) 二、三层机房相关位置图

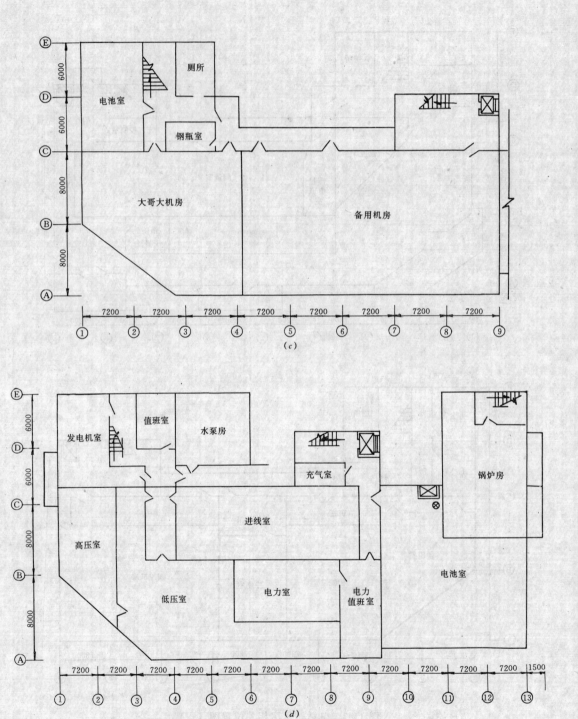

图 11-7　电话站机房相关位置图（二）

(c) 四、五层机房相关位置图；(d) 地下室机房相关位置图

（3）电话站机房设备平面布置图（见图11-8及设备表）。

（4）专用交换网网路结构图（见图11-9）。

（5）中继方式图（见图11-10）。

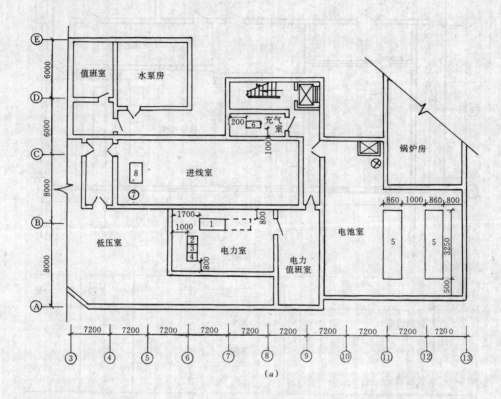

(a)

设备表

代号	名　称	型　号	单　位	数　量
1	整流器	SL—1XN 配套	套	1
2	直流配电屏	DP013Ⅱ—48/200G	台	1
3	自动稳压稳流硅整流器	DZ603—48/200G	台	1
4	交流配电屏	DP114—380/100G	台	1
5	—48V 蓄电池组	GF—800	只	48
6	电缆充气机	QZK—24 型	套	1
7	储气罐 $7kg/cm^2 0.25m^3$		个	1
8	无油空压机	W0.2/7	个	1

图 11-8（a）电话站机房设备平面布置图

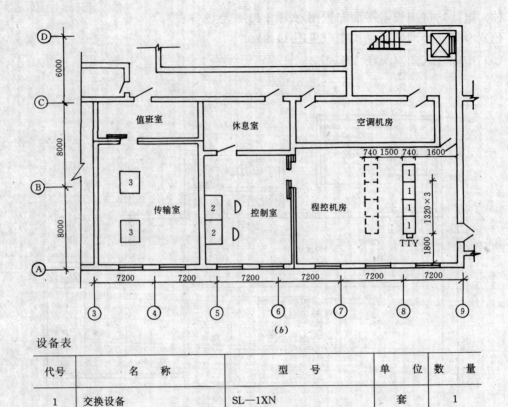

值班室　　休息室　　空调机房

传输室　　控制室　　程控机房

TTY

（b）

设备表

代号	名　　称	型　　号	单　位	数　量
1	交换设备	SL—1XN	套	1
2	控制台	SL—1XN	套	1
3	传输设备		套	1

图 11-8（b）　电话站机房设备平面布置图

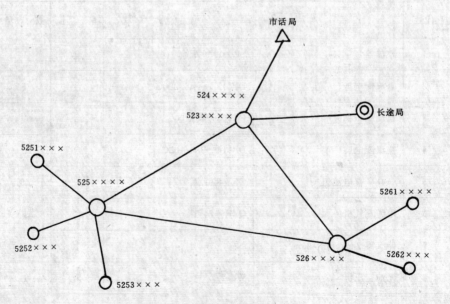

市话局

长途局

524××××
523××××

5251×××
525×××××

5261××××

5252×××
526××××

5262×××

5253×××

图 11-9　专用交换网网路结构图

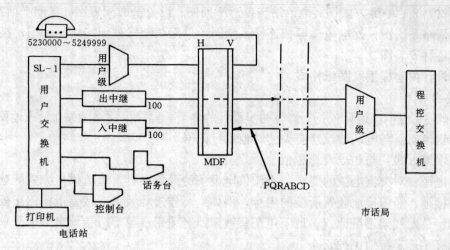

图 11-10　中继方式图

（6）**话务量流向图**（见图 11-11）。

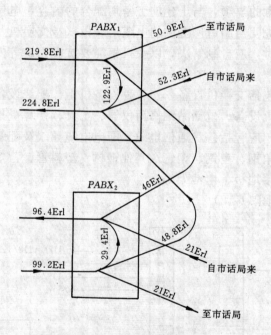

图 11-11　话务量流向图

应说明：初步设计所附图纸不具有工程图纸的实用性，也不是推荐方案，仅是为了更清楚地说明设计内容所举的案例。图纸格式，图幅大小应按规范要求办理。

第六节　程控电话站的施工图设计

一、概述

程控用户交换机的电话站施工图的图纸图少。施工图设计一般包括的内容有：说明书；

221

主要设备材料表；中继方式图；电话站房屋总平面图；设备平面配置图；房间平面配置图；电缆连接概略系统图；配电电缆导线连接系统图；总配线架横列面接线排列图；接地装置系统图；各种安装图。

二、设计内容提纲及图纸格式

1. 说明书

(1) 概述：应说明设计依据，修改初步设计的内容，程控电话站的站址，占地面积，电话站建筑物说明，与电话站设计有关的其他设计图号。

(2) 中继方式：与初步设计相似。

(3) 电源：对交流电源的要求，直流供电设备的设置内容，直流供电方式的选择。

(4) 接地：通信接地装置所接的内容，例如：工作接地装置应接蓄电池组正极、主机机柜外壳、总配线架避雷地线、地下电缆室铁架及电缆铅皮等等，接地电阻值要求，交流设备采用接零还是接地保护。

(5) 有关施工图设计中要说明的其他问题。如说明交换机机柜之间以及机柜与总配线架等设备之间的连接电缆是否由制造厂厂方供给。若由厂方提供则电缆连接的施工也要由制造厂负责，在此情况下，施工图设计中的电缆连接系统图仅是大概的示意图。

(6) 施工中必须注意的事项，与土建施工密切配合的内容，电信设计在施工中要注意的有关问题，例如：要说明当制造厂提供的电缆上线柜（指交换机及电力室等室内各机柜旁的上线柜）数量不够时，应自制解决，以及机柜需要抗震固定等内容。

2. 主要设备材料表

(1) 设备部分：应包括交换机设备——各种设备机柜、配线设备、电源配电及电池设备、充气维护设备、灭火设备、电话站维修用仪器、工具、计算机桌等。

(2) 电缆导线部分：应包括各种通信电缆、配电电缆导线及配线设备用跳线。

(3) 材料：应包括角钢、扁钢、钢管及其他钢材、塑料管、蓄电池用溶液等。

(4) 加工件：包括接地板、电池架等。

3. 中继方式图（见图 11-12）。

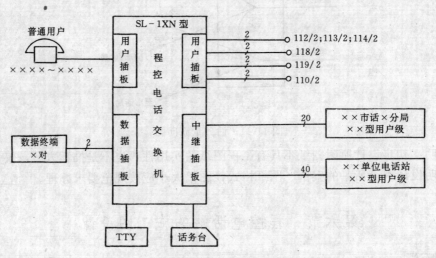

图 11-12　SL—1 型程控电话站中继方式图

4. 电话站房屋总平面图（参见图 11-6）。

5. 设备平面配置图（见图 11-13）及设备材料表。

设备平面配置设计既是电话站房屋平面布置设计的主要依据之一，又是其他施工图设计的依据。设备平面配置图主要确定本期设备的布置，包括维护走道的位置和尺寸，见缆上线穿线洞以及电源线上线穿线洞的位置和尺寸等，设计该图时，还应考虑终局期间设备平面配置的情况以及所有穿设线缆的孔洞位置。

设计设备平面配置图时要考虑维护便利，扩充方便，配置紧凑，节省电缆等，还要注意近斯和远期的结合，做到近期设备配置合理，扩建时不零乱，终期设备配置有条不紊的进行。设计时，必须和各房间的平面布置密切结合起来统盘考虑。设备的安装净距离应按有关规范要求设计。

设备平面配置图如图 11-13 所示。

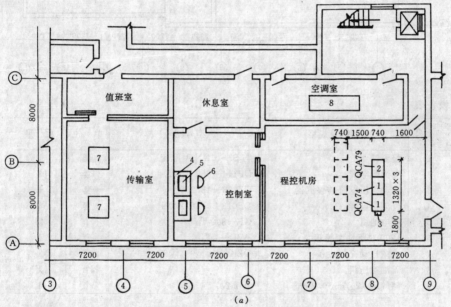

(a)

设备材料表

图位号	名称及规格	型号图号	单 位	数 量
1	外围主机柜	SL—1 型	套	1
2	公用	SL—1 型	套	1
3	固定角钢 40×40×4 $e=1400$		根	2
4	计算机桌子		张	2
5	TTY 维护终端	与 SL—1 型配套	套	1
6	椅子		把	2
7	传输设备		套	1
8	空调机组		套	1

图 11-13（a） 二、三层设备平面配置图

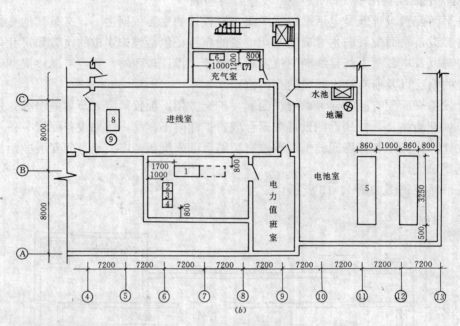

设备表

图位号	名称及规格	型号图号	单 位	数 量
1	整流器	与SL—1XN型配套	套	1
2	交流配电屏	DP114—380/100G	套	1
3	自动稳压稳流硅整流器	DZ603—48/200G	套	1
4	直流配电屏	DP013Ⅱ—48/200G	套	1
5	蓄电池组	GF—800型	个	48
6	1200对落地交换箱	WJD—1型	套	1
7	电缆自动充气设备	QZK—24型	套	1
8	无油空压机		个	1
9	储气罐 7kg/cm²0.25m³	W0.2/7	个	1

图 11-13 (b)　地下层设备平面配置图

6.房间平面配置图

(1)在单建程控电话站中一般应设置生产性房间、辅助生产房间以及非生产性房间。如果由于条件所限，不能单建时，程控电话站在合建中应形成独立的一部分，在容量小的电话站中，可以适当合并某些房间。

例如，SL—1型程控交换机的专用整流器应靠近主机柜。在容量较大的电话站，此整流器可以和充电整流器、交直流配电盘等设备共同设置在电力室内。在容量较小的电话站内，SL—1型整流设备可以与程控交换机主机机柜合并设置在程控交换机室内。也可将交换机室、测量室、电力室都合并为一间，但是电池室、转接台室应该有单独房间。

(2)电话站对土建、采暖通风、水道、电气等的要求。

为了保证各项设备能顺利安装、正常运行以及维护方便，应该对房屋建筑、采暖通风、水道、电气等专业提出各项要求，所提要求应符合有关国家标准、部颁标准的规定。

1) 对土建的要求　土建方面的要求应包括：抗震设计烈度数，房屋的防火等级，房间层高，地坪荷重，地面、墙面、顶棚、门、窗等各项要求，地坪留洞、过墙洞、地坪留槽、墙槽、地坪及墙上的预埋件等的具体位置，整个房屋建筑物一层的标高等。

例如，在建某一电话站中，提出土建要求为：

抗震裂度：通信楼、油机房、配电室的抗震裂度按 8 级加强设防。

耐火等级：通信楼的耐火等级不低于二级。表 11-9 为室内净高度、地面荷重要求表。

室内净高度、地面荷重要求

表 11-9

机房名称	室内净高（m）（梁下或风管下）	地面荷重（N/m²）
程控交换机室	3.5	5880
控制室	3.5	5880
磁带机房	3.5	5880
传输设备室	3.5	5880
测量室/电力室	5.2/3.5	9800
电池室/电缆进线室	3.5/4.8	14700/9800

注：机房按 S—1240 高 2100mm 机架考虑，配线架按 HPX—06Ⅱ 6000 线高 3752mm 考虑。

楼内的隔墙要求：程控机房、控制室、传输室、电力室、测量室等生产用房一律采用铝合金框架玻璃隔断墙，其他房间的隔墙均采用轻型防火隔音材料制作。

通信楼的门窗的要求：电力室、电池室、测量室、传输设备室、控制室、空调室、移动通信基站、程控机房均采用用铝合金双层密封玻璃窗，玻璃厚度可较一般民用建筑要求提高一级（即增加 1mm）。其余房间全部采用双层铝合金开启窗（一层为玻璃窗，一层为钢纱窗）。电缆进线室不设窗户。

电力室、测量室、传输设备室、控制室、程控机房、移动通信基站机房均采用铝合金双开推或拉门，其余房间全部采用木制门。电池室的门应涂耐酸油漆。电缆进线室入口处采用防火铁门，门向外开，门宽不小于 1m。

楼梯的要求：主楼梯间为 4.8m，主楼梯宽为 2.2m，楼梯的坡度即踏步高与踏步深的比为 1：2，楼梯平台底下过渡的净高不能低于 2m，安全楼梯间为 3m。

地面要求：程控机房、传输室、控制室均铺设防静电活动地板，其余机房地面均采用水磨石地面，电池室地面和墙裙为防酸瓷砖。

其他结构方面的要求：室内不应有突出的横梁或壁柱，不应有其他管道通过。进局管道采用钢筋混凝土基础，管道穿过建筑物时，必须与房屋结构分离开，管道上不得承受压力，在交越处必须留有空隙，中间填塞沥青等具有弹性的材料，本次工程采用 ϕ110 塑管，上面应用钢筋混凝土盖板，并且保证管道不受压力。

墙面要求：所有承重墙均采用砖墙，测量室四周也采用砖墙。有防水、防火特殊要求的采用钢筋混凝土墙。

墙面要求平整光洁、无裂缝，不掉灰并尽量减少不必要的线脚。

墙体上的预留孔洞，沟槽、预埋加固件等应抹灰补平，并在油漆墙面以前做好。各房间的油漆应在基本干燥后施工，防止起皮脱落。油漆采用无光漆，程控机房采用不含硅化物的白色油漆，电池室采用耐酸油漆。

2）对采暖通风的要求　对采暖、通风、空调温湿度等项提出要求，管路材质、管路设置等要求。在需要设置空调设施的生产性房间除了提出温度、湿度的要求以外，还需提出各设备的最大耗电功率或散热量。

例如，某一工程对采暖通风的要求为：

A. 程控机房内灰尘含量及灰尘粒径的要求：

①尘埃颗粒的最大直径　　0.5μm

　尘埃颗粒的最大浓度　　1.4×10^7/m^3

②机房设窗时要采取防尘措施，门缝要严密，尽量减少灰尘进入。

B. 空调气体的流动：地板上 1.8m 的空间，空调气体的流速约 20m/min。

C. 温、湿度的要求：

①由于各种机型对温、湿度的要求不同，在未确定设备前暂按一般要求设计。

室内温度：20～26℃　±2℃　相对湿度：50%　±10%

②电池室的温、湿度要求可放宽一些，但不能超过：

温度：10～30℃　　湿度：50±20%的范围。

D. 电池室应设独立的通风系统，室内应保持负压，排风量要比送风量大20%，室内空气所含氢气最大浓度不得超过 0.7%，同时在一立方米中含酸气的浓度最多不超过 2mg，室外出风口的下缘应高出屋面 1m 以上，并设有防止雨雪落入的设备。

E. 电缆进线室也应有单独的机械通风装置，排风量应按每小时不少于 5 次换气次数计算。

F. 各生产机房的发热量，均按设备量的功率估算，见表 11-10。

各生产机房的设备发热量　　　　　　　　　　　　表 11-10

初装 6 万门各机房的发热量（kW）	终局 12 万门时各机房的发热量（kW）	初装 6 万门各机房的发热量（kW）	终局 12 万门各机房的发热量（kW）
程控机房 210	420	测量室 14	25.2
控制室 5.8	11.67	传输设备室 14	25.2
电力室 75	126		

SL—1 型程控用户交换机各机柜设备的最大耗电功率见表 11-11。

交换机的耗电功率　　　　　　　　　　　　表 11-11

机　柜	耗电功率（W）	机　柜	耗电功率（W）
QCA96	1700	QCA13	1400
QCA97	2400	QCA74	1000
QCA98	1600		

3）对水道的要求：包括生产、生活用上下水设施，消防用水的要求以及管路设置等要求。

4）对电气的要求：程控用户电话交换机用交流供电电源的电压、电流、容量等，电池室，地下电缆进线室通风设备用交流供电电源的电压、容量、电缆充气维护设备以及其他设备（如：火灾自动报警设备）所需交流供电电源的电压、容量等，除此以外还应提出各房间的照明用电，维修用电等电量以及一般照明及事故照明的照度，灯具结构维修插座位置等要求。

例如，某一工程对电气的要求：

照明部分：

（1）所有照明管线均采用暗管敷设。

（2）所有照明开关一律采用密封式扳动开关。

（3）各房间最低照明度，见表11-12。

各房间最低照明度　　　　　　表11-12

机房名称	最低照明标准 （荧光灯 LUX）	规定照度的被照面	备　注
程控交换机室	200/150	直立面	无机架照明/有机架照明
控制室	200	水平面	
磁带机房	200	直立面	
传输设备室	200/150	直立面/直立面	无机架照明/有机架照明
测量室	200/150	直立面/直立面	无机架照明/有机架照明
电缆进线室	50	水平面	

（4）高低压配电室、油机房、电力室、电池室、电缆进线室的照明采用墙壁式照明。

（5）电池室、电缆进线室应采用具有防爆、防潮性能的安全灯，灯外应设铁防护灯罩，开关设在门外。电缆进线室灯位的设置应根据电缆铁架布置形式而定。照明设置要求见表11-13。

照　明　要　求　　　　　　表11-13

名　称	设　置　要　求
交流照明	一般每隔3～4m设置一盏，每灯60W，均匀布置，采用白炽灯
直流照明	根据电缆进线室面积大小，选择适中位置设置4～5盏，每灯60W
插座	在两侧侧壁，一般每隔4～5m装设一个，离地1.4m
电源开关	设在入口门外，每个开关控制2～3个灯，开关箱嵌入墙内，距地1.2m
事故照明	每6～7m一盏，每灯25W

（6）机房内一般要求有三种：

常用照明：即市电供电照明系统。

保证照明：即局内备用电源（油机发电机）供电的照明系统。

事故照明：即用蓄电池供电的照明系统。

动力设备：

1）高压进局要求按两路引入，接至变电室。

2）变压器容量（自动调压）：近期500kVA（2台），远期750kVA（2台）。

3）油机容量：近期 500kW（1 台），远期 500kW（2 台）。

4）主机设备耗电功率如下：

初装容量 6 万门　　　　　　终局容量 12 万门

直流　　3600A　　　　　　直流 7200A（48V）

功率　　175kVA　　　　　　功率 350kVA

消防系统：

整个生产楼要求设防火栓等消防设施，各生产机房设烟雾报警器。根据邮电部规定：超过万门机房内应设自动灭火装置。局内各建筑采用设分散消防设备，并设消防通道。

7. 电缆连接系统

在 SL—1 型程控电话站设计中，交换机的电缆芯数和条数均由设备制造厂确定，其电缆的施工也均由制造厂厂房负责，故在 SL—1 型程控电话站施工图设计中的电缆连接系统仅简单地表示了总配线架及各机柜、话务台以及 TTY 等设备之间电缆连接关系，其示例图见图 11-14。

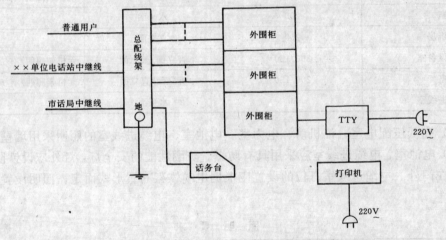

图 11-14　电缆导线连接概略系统图

注：以上电缆，除地线外，均由设备制造厂成套提供。

8. 配电电缆及导线连接系统

配电电缆及导线连接系统实际上是指由交流配电盘至整流器以及整流器经直流配电盘直至交换机机柜的交直流馈电线路系统。

直流馈电线的截面的大小，应经过计算确定。

（1）配电电缆及导线连接系统如图 11-15 所示。

（2）直流馈电线截面积的计算：直流馈电线截面积应按电话站终期容量所消耗的电流、馈电线长度以及所允许的电压降进行计算。

直流馈电线路上的总电压降即指由蓄电池组到机柜的全部压降。总压降一般不超过1.0V，其中包括配电屏上的全部压降，以及各段馈电线上的压降。

在额定电流下，配电设备和元器件的直流压降参考值参看表 11-14。

程控交换机的供电电压为 48V。

1）在正常情况下，SL—1 型程控交换机的直流电源采用 QCA—13 型整流器全浮充方

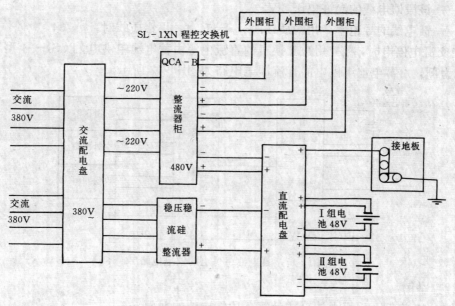

图 11-15　配电电缆、导线连接系统图

注：直流配电盘至电池组的导线共有二对，其中一对为主母线，另一对为信号线。

式供电。其馈电电路如图 11-16 所示。

配电设备和元器件直流电压降参考值　　　　　　　　表 11-14

名　　称	额定电流下直流压降（mV）	名　　称	额定电流下直流压降（mV）
刀型开关	30～50	直流配电屏	≤500
RTO 型熔断器	80～200	直流电源架	≤200
RL 型熔断器	200		
分流器	有 45 及 75 二种，一般按 75 计算	列熔断器及机器引下线	≤200

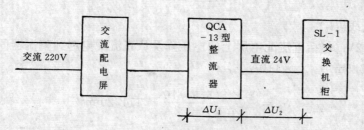

图 11-16　全浮充供电的馈电电路

馈电线截面按照公式计算：

$$S = \frac{2lI}{\rho \cdot \Delta U}$$

式中　S——馈电线截面，m²；

　　　l——该段馈电线的长度，m；

　　　I——馈电电流，A；

ΔU——该段馈电线的允许电压，V；

ρ——馈电线的导电率，用铜质线时，$\rho=54.4$，用铝质线时，$\rho=34$。

2）当交流电停电时，程控用户交换机的直流电源由蓄电池组供电，以SL—1型程控用户交换机为例，由蓄电池组供电的直流馈电电路如图11-17所示。

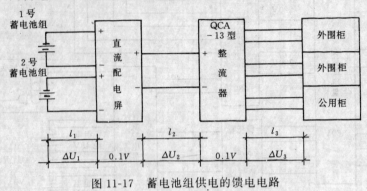

图 11-17 蓄电池组供电的馈电电路

3）计算举例

以图11-17为例，采用上述公式计算各段馈电线的截面。

第一段馈电线（l_1）：

设 $\Delta U_1=0.3$V　　$l_1=8.6$m　　$I_1=110$A

$$S_1=\frac{2\times 8.6\times 110}{54.4\times 0.3}\doteq 116\text{mm}^2$$

选用 $S_1=150\text{mm}^2$ 的铜质馈电线。

为了安装方便，当馈电线截面大于 95mm^2 时，可以选用母线。

由于第一段馈电线经电池室到直流配电屏，考虑到电池室内的环境条件有腐蚀性气体，故宜选用铜质馈电线。

$$校核：\Delta U_1=\frac{2\times 8.6\times 110}{54.4\times 150}=0.232\quad\text{V}$$

第二段馈电线（l_2）：

设 $\Delta U_2=0.2$V（包括直流配电屏上的电压降及从直流配电屏到整流器间的馈电线上的电压降）　　$l_2=5.5$m　　$I_2=110$A

$$S_2=\frac{2\times 5.5\times 110}{54.4\times 0.2}=111.2\text{mm}^2$$

选用 $S_2=120\text{mm}^2$ 的铜质馈电线。

若按照以铝代铜来选择馈电线的原则，则铝馈电线的截面为

$$S_2=\frac{2\times 5.5\times 110}{34\times 0.2}=177.9\text{mm}^2$$

选用 $S_2=180\text{mm}^2$ 的铝质馈电母线。

校核：　　　　　$$\Delta U_2=\frac{2\times 5.5\times 110}{54.4\times 120}=0.185\quad\text{V}$$

或
$$\Delta U_2 = \frac{2 \times 5.5 \times 110}{34 \times 180} = 0.198 \quad V$$

第三段馈电线（l_3）

若选用铜质馈电线，则

$$\Delta U_3 = 1 - (\Delta U_1 + \Delta U_2 + 0.1) = 1 - (0.232 + 0.185 + 0.1)$$

$$= 0.483V$$

ΔU_3 按 0.48V 计算

$l_3 = 15m \qquad I_3 = 45A$

（I_3 为 SL—1XN 型程控用户交换机公用柜的耗电电流），

$$S_3 = \frac{2 \times 15 \times 45}{54.4 \times 0.48} = 51.7mm^2$$

选用 $S_3 = 55mm^2$ 的铜质馈电线。

若选用铝质馈电线，则

$$\Delta U_3 = 1 - (0.232 + 0.198 + 0.1) = 0.53V$$

$$S_3 = \frac{2 \times 15 \times 45}{34 \times 0.53} = 74.9mm^2$$

选用 $S_3 = 75mm^2$ 的铝质馈电线。

校核：
$$\Delta U_3 = \frac{2 \times 15 \times 45}{54.4 \times 55} = 0.45V$$

或
$$\Delta U_3 = \frac{2 \times 15 \times 45}{34 \times 75} = 0.52V$$

9. 配电电缆导线连接表形式如表 11-15 所示。

配电电缆导线连接　　　　　　　　　　　　　　　表 11-15

电缆号	敷设地段	电缆、导线型号、规格	段数	段长（m）	总长（m）	敷设方式

10. 总配线架横列面接线排排列图

一般与各程控交换机要求及所采用的配线设备有密切关系。

11. 接地装置系统

程控电话站的接地装置十分重要，接地电阻值应符合设备要求。SL—1型程控交换机的接地电阻值最好不大于 0.5Ω。按接地电阻值的要求再根据电话站周围的土壤导电系数,确定须作多少根接地线,接地装置系统图如图 11-18 所示。

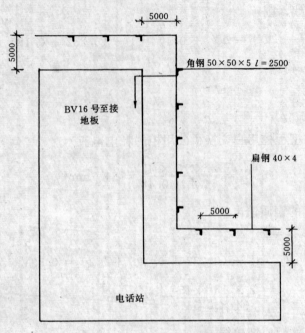

图 11-18　接地装置系统图

12. 各种安装图

根据各工程具体情况确定有关安装图,例如:蓄电池组防震架,蓄电池组木架,接地板等。

附　录

附录一

电缆的电气性能

序号	项目	单位	指标					
1	单根导线直流电阻+20℃	Ω/km	导线标称直径(mm)	0.32	0.40	0.50	0.60	0.80
			最大值	236.0	148.0	95.0	65.8	36.6
2	线对直流电阻不平衡+20℃	%	平均值≤	2.5	2.0	1.5	1.5	1.5
			最大值	6.0	5.0	5.0	5.0	4.0
3	每根绝缘导线与其余接地及接屏蔽的绝缘导线间的绝缘电阻+20℃DC100～500V	MΩ·km	最小值	非填充电缆 10000		填充电缆 3000		

序号	项目	单位		实心聚烯烃绝缘		泡沫、泡沫/实心皮聚烯烃绝缘电缆	
4	绝缘电气强度	kV	承压时间	3s	1min	3s	1min
				2	1	1.5	0.75
				6	3	6	3
				5	2.5	5	2.5

序号	项目	单位				
5	工作电容	nF/km	线对数	10		>10
			平均值	—		52±2
			最大值	61.0		
			最大值/平均值≤			1.09
6	电容不平衡 线对与线对间 线对与地间 10对以上电缆 10对及10对以下电缆	pF/km	导线标称直径(mm) 最大值 平均值≤ 最大值	0.32 350 570 2630	0.40 350 570 2630	0.50 350 570 2630	0.60 350 570 2630	0.80 225 570 2630
7	固有衰减+20℃ 标称值	dB/km	150kHz 1024kHz	实心聚烯烃绝缘填充电缆 15.1 11.2 7.8 6.4 4.5 27.44 22.5 17.7 15.0 11.7
	固有衰减平均值与标称值的偏差 10对电缆 10对以上电缆	%	150kHz 1024kHz	其他电缆 15.8 11.7 8.6 6.9 5.4 31.1 26.0 21.4 17.6 13.0 −10～+15 −10～+15

序号	项　目	单位	指　标	
8	远端串音防卫度			非内屏蔽电缆(150kHz)　内屏蔽电缆(1024kHz)
	任意线对组合	dB/km	最小值	58　　　　　　41
	SZ绞或螺旋绞电缆：		功率平均值≥	68　　　　　　51
	交叉绞电缆：		功率平均值≥	68　　　　　　51
9	近端串音衰减 1024kHz 长度≥0.3km			
	非内屏蔽电缆：			
	10 对电缆内线对间的全部组合			(M-S)≥53
	子单位内线对间的全部组合			(M-S)≥54
	20 对电缆或基本单位内线对间的全部组合			(M-S)≥58
	相邻子单位线对间的全部组合	dB		(M-S)≥63
	相邻基本单位线对间的全部组合			(M-S)≥64
	不相邻基本单位或子单位线对间的全部组合			(M-S)≥79
	内屏蔽电缆：			
	10 对电缆高频隔离带两侧线对间的全部组合			(M-S)≥70
	20 对电缆高频隔离带两侧线对间的全部组合			(M-S)≥77
	30 对电缆高频隔离带两侧线对间的全部组合			(M-S)≥80
	50 对及以上电缆高频隔离带两侧线对间的全部组合			(M-S)≥84
10	屏蔽铝带和高频隔离带的连续性	—	连　续	
11	线芯混线、断线	—	不混线、不断线	

附录二

电缆的机械物理性能

序号	项　目	单位	指　标				
1	铜导线接头处的抗拉强度	—	不低于相邻无接头铜导线抗拉强度的85%				
2	铜导线的断裂伸长率	%	导线直径(mm)　0.32　　0.40　　0.50　　0.60　　0.80				
			最小值　　　　10　　　10　　　15　　　15　　　15				
3	绝缘颜色及不迁移	—	绝缘颜色应符合 GB6995.2 的规定,并不迁移				
4	绝缘抗拉强度	MPa	绝缘材料　PP　　HDPE　　MDPE　　LDPE				
			中值≥　　20(12)　16(10)　12(7)　　10(6)				
5	绝缘断裂伸长率	%	中值≥　　300(200)　300(200)　300(200)　300(200)				
6	绝缘冷弯损坏系	个	0/10				
7	绝缘热收缩率	%	最大值　　　5				

序号	项 目	单位	指 标
8	绝缘热老化后的耐缠绕性能 100±2℃14×24h	—	不开裂
9	绝缘抗压缩性能	—	加力时间≥1min,导体间无接触
10	成品电缆填充混合物滴点	℃	不低于 65
11	涂塑铝带与聚乙烯护套间的剥离强度	N/mm	平均值　　　　0.8
12	护套抗拉强度	MPa	中值≥　　　　10
13	护套断裂伸长率	%	中值≥　　　　350
14	护套热老化后的断裂伸长率 100±2℃10×24h	%	中值≥　　　　300
15	护套热收缩率	%	最大值　　　　5
16	护套耐环境应力开裂性能	个	96h 失效数　　0/10
17	填充电缆护套和安装电缆外护套的火花试验	—	应能承受 AC8kV 或 DC12kV 的电压(在挤塑流水线上进行)

主 要 参 考 文 献

1 吴达金编.市内电话线路技术手册.第 1 版.北京:人民邮电出版社,1985

2 邮电部电信总局主编.市内电话线路维护手册.第 1 版.北京:人民邮电出版社,1993

3 叶敏等编著.程控用户交换机实用技术.第 1 版.北京:人民邮电出版社,1993

4 全国通信工程标准技术委员会北京分会.程控用户交换机工程设计.第 1 版.北京:人民邮电出版社,
   1993

5 国际电报电话咨询委员会.市内电话网规划手册.北京:人民邮电出版社,1985

6 李文海,王钦笙,刘瑞曾等编.电信技术概述.北京:人民邮电出版社,1993

7 周宝德,崔纪平等编.电信新业务.北京:人民邮电出版社,1993